中国孝文化丛书

以孝治国

——孝与家国伦理

秦永洲 杨治玉 著

中国国际广播出版社

图书在版编目（CIP）数据

以孝治国：孝与家国伦理 / 秦永洲，杨治玉著.— 北京：中国国际广播出版社，2014.1（2019.6重印）
（中国孝文化丛书）
ISBN 978-7-5078-3669-1

Ⅰ.①以… Ⅱ.①秦…②杨… Ⅲ.①孝—文化研究—中国—古代②伦理学—思想史—中国—古代 Ⅳ.①B823.1②B82-092

中国版本图书馆CIP数据核字（2013）第249208号

以孝治国——孝与家国伦理

著　　者	秦永洲　杨治玉	
责任编辑	廖小芳　何宗思	
版式设计	国广设计室	
责任校对	徐秀英	

出版发行	中国国际广播出版社（83139469　83139489[传真]）	
社　　址	北京市西城区天宁寺前街2号北院A座一层	
	邮编：100055	
网　　址	www.chirp.com.cn	
经　　销	新华书店	
印　　刷	河北锐文印刷有限公司	

开　　本	640×940　1/16	
字　　数	200千字	
印　　张	15.5	
版　　次	2014 年 1 月　北京第一版	
印　　次	2019 年 6 月　第二次印刷	
定　　价	24.80元	

出版说明

孝是中华民族的传统美德，是千百年来中国社会维系家庭关系的道德准则。在中国人的心目中，孝是立身之本，是家庭和睦之本，是国家安康之本，也是人类延续之本。

在我们今天的社会生活中，因为孝文化意识的淡漠而引发的矛盾和纠纷层出不穷：子女虐待老人；因赡养问题父母与子女对簿公堂；子女殴打老父老母甚至弑父弑母的骇人听闻、丧尽天良的恶劣事件时有发生，这极大地阻碍了社会主义精神文明建设，甚至影响到了社会的稳定与发展。这决非故意夸大孝的作用和功能，而是一个不容忽视的事实！先圣云："忠良出孝门"。一个连自己的爹娘都不孝顺的人，他怎么可能去真心地爱他人、爱社会，如何能够勇敢地担负起时代所赋予的责任呢？

孝与慈，是国人的基本道德规范。慈指的是父母对儿女的责任和义务。在独生子女时代，父母的慈可谓是达到了登峰造极的地步，对孩子是捧在手里怕摔了，含在嘴里怕化了，惟恐自己的孩子受到一丝一毫的委屈，心甘情愿让孩子做皇帝，自己做奴隶，甘愿代替孩子承受所有的痛苦与不幸，恰恰是这种畸形的慈爱，造成了现在越来越多的"啃老族"、"拼爹者"。面对这种现实，加强孝的教育，已刻不容缓。

在当今社会，由于人均寿命不断延长，人口老龄化的问题已经成为21世纪中国面临的一大挑战。我国现在有一亿多60岁以上的老年人，我们已经进入老龄化社会，养老问题已成为整个社会的重大问题。据有关统计和预测，到2025年，我国的老年人口将达2.8亿，占当时人口的20％，比世界平均水平高出近7％。面对未富先老的未来局势，我国当前的经济发展水平还不足以完全解决老年人的生活物质需要，这就决定了家庭养老仍然是社会养老体系的最主要方式。而如今社会中，许多年轻人对孝敬老人采取漠视的态度，或者错误地认为孝道就是封建道德糟粕，不需要继承和发扬，少数人甚至以不孝为荣，这种观念和趋势的发展值得警惕。面对着日益加快的老龄化进程，重振孝道迫切而必要。

弘扬孝文化，对于敬亲孝亲、养老事业的发展、人际关系的和睦、社会的稳定都有重大的现实意义。甚至对我们国家来说，与时俱进地赋予孝以新的内容和时代精神，确立其在中国特色社会主义新文化中的地位，发挥其在社会主义和谐社会的构建和"中国梦"的实现中的重要价值都有重要的战略意义。

正是基于以上种种原因，我社组织编写了这套全面系统展示中国孝文化的读物。本着通俗易懂，理论与实践相结合的原则，对孝文化进行多方面解读，分别从孝与家国伦理、孝与社会风俗、孝与古代教育、孝与古代法律、孝与古代选官制度、孝与古代旌表制度、孝与古代丁忧制度、孝与古代养老八个方面进行了详细的论述。我们希望通过这套中国孝文化丛书的出版，能够对当代中国人的孝意识的增强起到积极的作用。

孝，作为中国传统文化的一个重要组成部分，其蕴含的内容是博大而精深的，而我们所做的仅仅是揭开了冰山的一角，还有更多的内容值得我们去探索和研究。此外，对于本套丛书存在的不妥之处，还希望各界人士不吝赐教。

前　言

　　《礼记·大学》称："古之欲明明德于天下者，先治其国。欲治其国者，先齐其家。欲齐其家者，先修其身……身修而后家齐，家齐而后国治，国治而后天下平。"孝是儒家修身、齐家、治国、平天下必备的道德素质。

　　"百善孝为先。""孝"，是子女后辈对父母尊长的奉养、敬爱、恭顺。《孝经·圣治章》讲："孝子之事亲也，居则致其敬，养则致其乐，病则致其忧，丧则致其哀，祭则致其严。"这里的敬、乐、忧、哀、严，都是孝。"养父母为孝，善兄弟为悌。""悌"，是兄弟姐妹之间团结、友善、敬爱的横向关系。

　　家国伦理即家庭伦理和国家政治伦理。家庭伦理是指父子、兄弟、夫妇、长幼之间应遵守的伦理道德，简单说即父慈、子孝、兄友、弟恭、夫义、妇听。国家政治伦理实际是家庭伦理的政治化。因此，孟子讲的"父子有亲，君臣有义，夫妇有别，长幼有序，朋友有信"，以及本书叙述的五伦、六顺、七教、八德、十礼等，既有父子、兄弟、夫妇间的家庭伦理，也有君臣、臣民之间的政治伦理。

　　孟子讲："天下之本在国，国之本在家，家之本在身。"孔孟的高明之处，就是把社会政治收缩为家庭人伦，再由家庭人伦发散到社会政治。"家"是中国传统社会的组织核心，叫作"天下一家"。国是大家，家是小国；君为国父，父为家君；家国同构，君父同伦。"国"和"家"，"君臣"和"父子"，"忠"和"孝"是统一的。孝道转化为治国之道，渗透到国家制度的方方面面。君长"以孝治天下"，家长"以孝齐家"。国家由天子这个大家长以及各级"父母官"来实行"父权制"管理。政治上统治与被统治的关系同时还是一种家庭伦理道德上的血缘情感关系。为政者是"爱民如子"的父母官，是造福天下的"家主人"。老百姓是他们的子民、赤子。政治上的忠也是宗法上的孝，接受君父、"父母官"的统治就是恪尽孝道。为国家、为民族建功立业，既是忠臣事君报国，又是孝子扬名显亲。

家国伦理相结合的孝文化，培养了中国人对祖国、炎黄子孙、父母之邦强烈的认同感和归属感，成为中华民族凝聚力和爱国主义的精神源泉。它铸造了中华民族最神圣、最震撼、最具典型价值的大忠大孝。尤其是在民族危亡的紧要关头，一句"骨肉同胞们"、"兄弟姐妹们"，就能使人们热血沸腾、同仇敌忾。附丽于固定的血缘，附丽于固定的地缘，附丽于固定的文化，中国孝观念无疑会升华为对祖国的大爱。同时，孝还是一种不可抗拒的道德约束力量和维存力量。光宗耀祖，不辱没祖先，不辜负父母的观念，激励着人们加强道德的自律和事业的进取，为国家、为民族立事、立功，甚至是从容牺牲。

本书立足于新的时代进程和学术研究成果，对孝的产生和嬗变、家庭伦理、国家政治伦理等进行系统介绍和深入剖析。其中孝的产生和嬗变包括：孝的初始、孔孟的孝道、孝的经典、孝的范式化、孝的扭曲和强化、孝的宇宙本体化和神化等。家庭伦理包括：父慈子孝、兄友弟恭、姑慈妇听、祖孙隔代亲、家长和族长、家训和家法等。国家政治伦理包括：家庭伦理与国家政治的结合、国家制度中渗透的孝、中华民族的大忠大孝等内容。对孝与家国伦理所涉及的人物、事迹，以及衍生出的典故、名词、成语、谚语等，均考述源流嬗变。

本书所用的资料均取材于儒家经典、历代正史、诸子书、类书、各种野史和杂著。书中的每一情节、人物以及人物语言都来自文献记载，言之有据，绝对不敢杜撰。在观点上，努力遵循"寓论断于序事"的原则，尽量不强生其文。必须"辩疑惑，释凝滞"之处，则用简单明了的语言进行深入浅出的剖析。

但愿读者朋友通过拙作，丰富知识，启迪思维，陶冶情操，接受民族精华的洗礼，冲破世俗偏见的误区，更加理智地观察社会、体味人生，善待父母子女，和谐家国关系。不让天下父母寒心，不让天下子女束缚个性，不让社会发展受到障碍。这是本书的宗旨，也是本人的奢望。

由于水平和时间所限，本书难免有疏漏、不当，甚至错误之处，敬请读者朋友和方家赐正。

目　录

第一章　孝的起源与流变

一　"从不独亲其亲"到"各亲其亲"——孝的初始

（一）孝从这里产生

"百善孝为先"。孝是中华民族的传统美德，是千百年来中国社会维系家庭关系的道德准则。在中国人的心目中，孝是立身之本，是家庭和睦之本，是国家安康之本，也是人类延续之本。那么到底什么是孝呢？

孝的最初含义是指什么？翻阅古代典籍，对孝的解释可谓见仁见智。

《尔雅·释训》和《说文八上·老部》对"孝"的解释都是"善事父母"，也就是要尽心奉养、孝顺父母。

《礼记·中庸》这样解释"孝"："夫孝者，善继人之志，善述人之志。"认为有孝行的人善于继承先人之志，传承先辈之业。

《论语·泰伯》载孔子语曰："禹，吾无间然矣。菲饮食而致孝乎鬼神。"意思是，大禹，我无可厚非，自己节衣缩食，却以丰洁的祭祀致孝于祖先的神灵。孝，就是要虔诚地祭祀祖先。

《北史·崔逞传》称："崔九作孝，风吹即倒。"古人在父母死后，要为父母守丧，停断正常生活，只进汤水和蔬菜。崔九即北魏崔子约，为母亲守孝而柴毁骨立。这里的孝是强调对父母的哀痛。

《礼记·祭统》也有对"孝"的解释："孝者，畜也。顺于道，不逆于伦，是之为畜。"这里对孝的理解是，孝就应该顺从父母。

孔子的弟子子游问孝，孔子回答说："今之孝者，是谓能养。至于犬马，皆能有养。不敬，何以别乎?"对孔子的这段话，有两种解释，一种认为：现在称作的孝，是仅仅能供养父母就行了。然而犬马，也都能得到人的饲养，人如果没有敬，养父母和养犬马有什么区别呢?另一种解释为，犬马也会养父母，人如果没有敬，与禽兽有何不同?至于哪种解释正确，已没有分辨的必要了，横竖都是讲，孔子认为，要以敬爱的心情来孝顺父母，这是最重要的，也是人和禽兽的区别。可见，"敬养"父母才是孝的实质。

上述种种只是强调了孝的一个方面，其实，养、敬、顺、哀以及对父母尽子女义务的种种善行，都是孝。《孝经·圣治章》讲得比较全面："孝子之事亲也，居则致其敬，养则致其乐，病则致其忧，丧则致其哀，祭则致其严。"也就是说，日常生活中对父母要尊敬，吃饭穿衣方面要让父母快乐，父母生病时要担心忧虑，父母去世要哀痛，祭祀父母时要肃穆。这里的敬、乐、忧、哀、严，也都是孝。

唐朝张守节的《谥法解》对孝有四种解释，"五宗安之曰孝"、"慈惠爱亲曰孝"、"秉德不回曰孝"、"协时肇享曰孝"。也就是说，和睦宗族、亲爱父母、遵守道德、准时祭祀祖先都叫孝。可见孝有多层含义。

中华民族讲孝道已经几千年了，从古到今，千言万语，殊途同归，所表达的意思都是一样的：子女善待父母，子孙善待先人，卑幼善待尊长。

孝和孝道是两个不同的范畴。孝是人类血缘间子女对父母的自然亲情。在家庭内部来说，孝就是要赡养父母，从衣、食、住、行、思想各方面尽心奉养、照顾老人，尽子女的责任，这种情感和行为是自发的、朴素的、无私的，是子女对父母发自自然亲情的"孝"。孝道是被儒学家和统治者升华、外延、扭曲并推向极端的封建伦理道德。实际上，在中国社会风俗中二者并没有截然分开，统属于孝文化意识。

从家庭伦理的孝泛化到社会伦理、政治伦理的孝，具有了亲民性、外延性，也就是说它以孝敬父母为基本，进而扩大到要对所有的亲属长辈包括祖父母、外祖父母、岳父母以及伯叔姑舅等尽孝道;同时孝还具有社会外延性，也就是说还要善待邻里及天下所有的老人;除此之外，孝还具有政治外延性，即移孝为忠，移小孝为大忠，报效国家和民族，不仅要在衣食住行等方面孝敬老人，还要尊重长辈的意志，实现长辈的愿望，为家族、乡里、国家争得荣誉，这里讲的就是广义上的"孝"，亦即作为中国古代统治思想的孝道了。

弄清楚了孝的含义，那么孝究竟是人类一种本能的自然天性，还是后天产生的呢？

明代学者徐学谟认为孝是后天产生的。他在《归有园麈谈》中提出了自己的疑问："孩提之童无不知爱其亲似矣，假令易乳而食，能自识其亲母乎？"这话很发人深省。笔者赞成孝是后天产生的观点，然而它又与母子心灵感应，亦即现代科学中的"第六感觉"相矛盾。也就是说，从认识论和伦理学的角度，孝是后天的，但从生理学角度讲，孝又有先天的成分。这个问题只好留待日后解决，现在我们先客观叙述古人的观点以及孝的产生。

孟子主张性善论，认为孝是天生的。《孟子·告子上》载："恻隐之心，人皆有之；羞恶之心，人皆有之；恭敬之心，人皆有之；是非之心，人皆有之。恻隐之心，仁也；羞恶之心，义也；恭敬之心，礼也；是非之心，智也。仁义礼智，非由外铄我也，我固有之也。"

孟子认为，仁、义、礼、智，不是通过外部教育得到的，是本来就有的，就好像人的四肢，是生而有之的。它"不学而能"，"不虑而知"，也叫"仁、义、礼、智根于心"。这也是人和禽兽的区别。谈到孝，孟子认为："无父无君，是禽兽也。"也就是说，孝是人天生的。

然而，孟子的说法很难自圆其说。他自己讲："上世尝有不葬其亲者，其亲死，则举而委之于壑，他日过之，狐狸食之，蝇蚋（ruì）姑嘬之。其颡（sǎng）有泚（cǐ），睨而不视。……盖归，反（返）藁（léi，土筐）梩（sì，锄臿一类的工具）而掩之。"从"不葬其亲"到"反藁梩而掩之"，至少说明安葬其亲的孝意识是后天产生的。

《列子·汤问》中记载，远古时期人们的生活方式是"长幼侪居，不君不臣；男女杂游，不媒不聘"。这一时期，长幼混合居住在一起，男女之间存在着杂乱的性交关系，与动物间的自然交配没有什么区别，甚至存在父母和子女之间的性交关系，是不可能有孝亲观念的。

《吕氏春秋·恃君览》说："昔太古尝无君矣，其民聚生群处，知母不知父，无亲戚、兄弟、夫妻、男女之别，无上下长幼之道，无进退揖让之礼，无衣服、履带、宫室、畜积之便，无器械、舟车、城郭、险阻之备。"《吕氏春秋》是战国吕不韦组织众多的学者撰写的，他们认为：太古之时没有"上下长幼之道"，孝是后天产生的。

甚至在人类历史的漫长岁月中，还存在着与"孝"完全背离的"欺老"和"食人"的历史阶段。

今天人们一提到吃人现象，总会觉得这是非常残忍的、野蛮的，令人难以置信的事，但是历史是无法回避的，"食人之风"在人类历史上确实存在过。

由此可见，孝观念并不是自发产生的，它是人类社会发展到一定文明程度之后才出现的，生产力的发展及物质产品的富余是其产生的基本条件，因为物质产品有了富余，人类不用再屠杀老人、妇女和儿童便可以获得足够的食物了，在这种基本条件具备了之后，社会上反而会出现养老、敬老的风气了。而这种风气产生的原因可以归纳为以下几点：

第一，报恩意识的产生

生命都是从母体中孕育出来的，尤其是哺乳动物的成长更是离不开父母辛勤的哺育和照料，成年后一旦遇到困难和挫折，子女也往往会有回归母体的冲动，需要从父母那里得到安慰，如此一来，子女便往往会产生一种简单的报恩意识了。司马迁在《史记·屈原贾生列传》中说过："父母者，人之本也。人穷则反本，故劳苦倦极，未尝不呼天也；疾痛惨怛，未尝不呼父母也。"司马迁认为，父母是我们的生命之源，人在极其痛苦时，没有不呼天抢地，哭爹喊娘的，这是最原始的真情流露。现实生活中，小孩遇到疼痛，受到惊吓都会喊妈，成年人也有"娘唉"、"我的妈啊"的口头禅，这都是这一意识的自然反应。

第二，原始人的神灵崇拜

神灵崇拜最先表现为图腾崇拜，后来随着生产力的发展以及人类生存能力和本领的逐步提高，崇拜对象由自然神而转向了人类自身；进入父系氏族社会之后，人类的崇拜对象逐渐凝聚到其氏族首领及血缘亲属的灵魂上，认为他们的命运是由祖先决定的，祖先死后，灵魂没死，而是幻化成神灵，具有神奇超凡的威力，会与后代族人沟通，会庇佑或惩罚本族成员，会赐福儿孙后代，于是对本族祖先的神化崇拜及祭拜、祈求祖宗亡灵的宗教活动便随之而来了。

第三，敬母爱母之情的出现

自人类产生到母系氏族社会，人们"只知其母，不知其父"，子女都跟随母亲生活。妇女在生产中的重要作用，在族群中的崇高地位，往往使她们在氏族公社中扮演着领导者的角色，容易受到子女和族群成员的格外尊重。人类开始敬母爱母，这是孝产生的情感基础。在这个前提下，"孝"的意识与行为就不知不觉地产生并发展起来了。

第四，私有制和个体家庭的出现

原始婚姻到对偶婚阶段——一对男女能保持一段相对稳定的夫妻关系，子女初步能够确认自己的父亲。随着男性私有财产的出现，财产的继承权与男子出嫁到外氏族的族外婚发生了矛盾，以前的夫从妻居的对偶婚让位于妻从夫居的一夫一妻制。在这种以男子为中心的一夫一妻制家庭中，父子血缘关系明确了，父母和子女相互间的权利和义务也明确了。子女在获得了父亲财产继承权的同时，也承担了奉养父母的义务。所以，随着私有制的出现和以男子为中心的个体家庭的出现，孝的观念最终明确了。

《礼记·礼运篇》记载了孝意识的产生和演变："大道之行也，天下为公……故人不独亲其亲，不独子其子，使老有所终，壮有所用，幼有所长，鳏寡孤独废疾者，皆有所养……今大道既隐，天下为家，各亲其亲，各子其子。""不独亲其亲"是说，老人由氏族公社统一抚养；"各亲其亲"是各自抚养各自的老人。因此，孝意识的产生是在原始氏族社会，进入阶级社会后，氏族社会的群体孝意识转变为了个体孝意识。

（二）虞、夏、商——孝行的朦胧现身

中国先民为了强调孝道的深远意义，总是把孝道追溯到很遥远的远古时代，在元朝人郭居敬编的"二十四孝"中，舜是中国第一个大孝子。

1. 舜歌《南风》

舜是上古传说中一位至明的君主，名字叫做重华，因为属于有虞氏部落，所以，又被称为虞舜。

舜的父亲瞽叟是个双目失明的人，继母是个蛮不讲理的悍妇。他有个同父异母的弟弟叫做象，从小被娇惯坏了，好逸恶劳，游手好闲，娘儿俩成天合计着怎么虐待舜。瞽叟是个老糊涂，老婆怎么说他怎么听。

瞽叟和他的恶老婆百般刁难舜，舜却能对父母坚守孝道。一次，他们让舜到历山种地，不允许田里有一棵杂草。舜又累又饿，朝天大哭，苍天被他的孝心感动了，派来大象和鸟帮助他劳动，人们纷纷传扬舜的事迹。这就是孝感天地中传说的"舜耕历山，象耕鸟耘"的典故。

尧晚年，洪水泛滥天下，派鲧治水九年徒劳无功，三苗又不断叛乱，他便让四岳推荐天子的人选，四岳一致推举了舜。尧把娥皇、女英两个女儿嫁给舜，又派九个儿子与舜相处，对他进行考察。舜不但使二女与全家和睦相处，而且在各方面都表现出卓越的才干和高尚的人格力量。"舜耕历山，历山之人皆让畔（地界）；渔雷泽，雷泽上人皆让居"，只要是他劳作的地方，便兴起礼让的风尚。"陶河滨，河滨器皆不苦窳（yǔ，质量粗劣）"，制作陶器，也能带动周围的人认真从事，精益求精，杜绝粗制滥造的现象。他无论到哪里，人们都愿意追随，所到之处，一年成村，两年成镇，三年成市。尧得知这些情况后很高兴，赐给舜衣服、琴、牛羊，还为他修筑了仓廪，以示褒奖。

舜有了妻子和衣服、琴、牛羊、仓廪，父亲瞽叟和弟弟象迫不及待地想害死舜，独占这些财产。象更想除掉哥哥来霸占两位漂亮的嫂嫂，舜时刻处在他们的阴谋和陷害之中。

一天，瞽叟诱骗舜上仓廪顶上涂泥，舜上了房顶，弟弟抽掉了梯子，父亲在下面放火，想烧死舜。舜早就知道他们不怀好意，上仓廪之前就请教了娥皇、女英，二女教舜"鸟工"之法。舜见火起，双手各执一斗笠，从高高的仓廪上像乘降落伞一样"自扞而下"，躲过了杀身之祸。

瞽叟和象一计不成，又生一计，让舜去挖井。不用说，这也是一个"陷阱"。井快挖成时，瞽叟和象迅速将一箩筐一箩筐的泥土往井里倒下去。舜从预先开凿的、通往别井的地道中逃了出来。后来传说，舜因此而掘出一处甘泉，就叫舜井，也叫舜泉。

瞽叟和象以为阴谋得逞，象对父母说："这主意是我想出来的，琴和两位嫂嫂归我，牛羊和仓廪给你们。"说完就住进了舜的房子，胡乱弹起琴来。

其实，象根本不懂舜弹琴的用意。《礼记·乐记》载："昔者，舜作五弦之琴以歌《南风》。"《南风》是舜创造的孝子之歌，意思是父母像南风长养万物那样养育自己，象这样的顽劣子弟怎会懂得琴歌《南风》的真谛呢？正当他想入非非的时候，舜进来了。一时惊愕的象转脸恬不知耻地说："我正在思念你呢！"然而，舜对他仍然一如既往，还友善地对弟弟说："你我兄弟就应该情深义重。"

就这样，父母和象要加害舜的时候，他及时逃避。需要舜时，他又总是在他们身边听候呼唤，史书上说舜是"欲杀，不可得；即求，尝（常）在侧"。唉！舜这个孝子做得真够窝囊，真够危险，真够痛苦的了。

据说，《思亲操》也是舜创制的乐曲。由于父母对他的虐待，舜离家到历山耕种。尽管如此，他还是时刻不忘父母养育之恩，不计前嫌。有一天，他看见一只母斑鸠带着一只小斑鸠在飞，那母斑鸠不时捕捉飞虫来喂小斑鸠，十分勤劳。舜感动了。他想念着哺育自己的父母，便情不自禁地唱起《思亲操》来：

> 登上那崔嵬的历山，
> 见两只斑鸠在空中飞旋。
> 日与月啊如梭如箭，
> 思念父母啊有家难还！

舜是"二十四孝"中第一个孝子，《思亲操》应该是后来"乌鸦反哺"等典故的滥觞。

尧对舜进行了种种考验。让舜推行德教，民众都恪守父义、母慈、兄友、弟恭、子孝之道；让他总理百官，所有政务都有条不紊；让他在四门接待四方诸侯，来自四方的诸侯都非常友好；最后把他放到深山，经受狂风雷雨的考验，舜也不迷失方向。

当舜50岁时，尧把天下大事托付给他。他总摄大权，统领百官，做了一系列轰轰烈烈的大事业。他向尧推荐了高阳氏苍舒、叔达等才子八人，谓之"八恺"。接着又举荐了高辛氏伯奋、促堪等八位能人，谓之"八元"。这十六位贤人辅佐尧，把天下管理得很好。在举贤任能的同时，舜又把使势倚强、横暴不法的"四大凶神"共工、欢兜、鲧、三苗该流放的流放，该处罚的处罚，于是天下大治大安。尧整整用了27年的时间对他进行考察、培养和试用，直到完全可以放心了，才把天下正式禅让给他。

尧去世之后，舜办事更加谨慎，他征聘贤人辅政，让人民提意见，以改正自己的过失。到了晚年，因见自己的儿子不孝，便把天下禅让给禹。如果以上故事成立，那么夏朝以前就有孝的传统了。

与舜同时代的东夷族还有两位孝子，叫做少连、大连，是一母同胞。在《礼记·杂记》中，孔子介绍说："少连、大连善于为父母守丧，三天不吃不喝，三月之内朝夕祭奠，从不懈息。在父母去世一周年内悲哀不能自已，在为父母服丧的三年期间，一直处于忧愁之中。"少连、大连被公认为东夷族的孝子。由此可以推断出，不仅我们礼仪之邦的中原崇尚孝道，东夷族的孝亲意识也非常浓厚。正因如此，少连受到孔子的高度称赞，把他与娴熟贵族礼仪的柳下惠相提并论，并作为降志辱身的人格典范。

2. 大禹干盅治洪水

夏朝是中国历史上最早的国家，奠基者是大禹。大约在距今四千多年以前，我国的黄河流域经常发生水患，尧命令大禹的父亲鲧负责治水。鲧采取"水来土挡"、堵塞拦截的方法治水，最终失败，被舜给杀了。鲧治水失败后，舜任命其子禹主持治水。禹接受任务后，对全国的主要山脉、河流作了一番严密的考察，发现龙门山口过于狭窄，难以通过汛期洪水。他还发现黄河淤积，流水不畅。于是他大刀阔斧，改"堵"为"疏"。就是疏通河道，拓宽峡口，让洪水能更快地通过。他率领民众开挖沟油，把积水排入河道，又疏通旧河道，开凿新河道，让泛滥成灾的洪水经由河道流入大海。经过几十年的奋战，九州的大山都进行了开凿整理，河流疏浚通达，湖泽筑起了堤防而不再漫溢，亘古未见的大水患终于平息了。

据说禹治水，"三过家门而不入"，甚至在家门前经过，听到刚出生的儿子啼哭不止，他也没进去看一眼。禹治水时，手执耒臿，身先士卒，腿上的汗毛都磨光了。禹治水13年，耗尽心血与体力，成为远古造福民众的著名人物，舜也因此把帝位禅让给了他。

禹继承父亲鲧的遗志，成功完成治水工作，这本身就是一种孝。《周易·蛊》中称之为"干父之蛊"，也叫"干蛊"。即继承、完成父祖的事业，以扬名显亲。唐朝诗人包何《相里使君第七男生日》诗："他时干蛊声名著，今日悬弧宴乐酣。"

3. 商人的祖先崇拜

目前还没有从考古中发现夏朝的文献材料，夏以后文献所记的夏朝史实，只能作为后世的追述，有些情节可能是后人虚构的，但是不管怎样，把这些故事安插到夏、商时代，至少反映出了中国先民特别强调孝道的源远流长。

商代甲骨文中已经有了"孝"这个字，它的上半部分为"老"字的简写，下半部分为"子"字。"老"字在甲骨文中有很多种变形，但是都像一个头发散乱的老人，有的拄着拐杖，有的身躯佝偻，"子"字在甲骨文里像一个在襁褓中的婴儿。用甲骨文来书写"孝"这个字，就是一幅生动的图画：老人用自己的身体呵护着孩子，孩子用手搀扶着老人，老人在上面提携着孩子，孩子在下面敬仰老人，承袭老人的衣钵。真是感叹古人的智慧，"孝"字可以说是我们老祖宗用智慧创造出来的世界上最完美的一个字了。在甲骨卜辞中"孝"字还被用作地名，如"孝鄙"，商代的金文中也发现了"孝"字，是作为人名出现的。

殷商时代，祭祀祖先的制度和礼仪已经相当发达。商王创设了一种宗教迷信仪式——卜筮。无论是祭祀祖先还是出兵作战、田耕农作，事无巨细，都要占卜来预测吉凶。董作宾在《中国古代文化的认识》一文中指出："殷人对祖先真做到了'事死如事生，事亡如事存'的地步……殷人对祖先的看法，以为他们虽然死了，但精灵依然存在，与活着的时候完全一样，地位、权威、享受、情感，也是一样的。而且增加了一种神秘的力量，可以降福授福于子孙。"在殷商时代，祖先崇拜观念以及孝观念，究其实质，是宗教性的，崇拜祖先、孝敬祖先、祭祀祖先的根本目的，是为了祈求祖先神灵的佑护以祈福避祸。

据后来的史料记载，殷王小乙去世后，他的儿子武丁为他守丧三年，远离王位和政事，这就是一种孝。武丁有个儿子叫孝己，对父母特别孝敬，孝己的生母死后，武丁听信了孝己后母的谗言，把孝己放逐在外，孝己最终"忧苦而死"。

《史记·殷本纪》记载："汤崩，太子太丁未立而卒，于是乃立太丁之弟外丙，是为帝外丙。帝外丙即位三年，崩，立外丙之弟中壬，是为帝中壬。"这种"兄终弟及"的王位继承方式跟"父死子继"一样，都与孝道有关，孝观念是维系这种制度的伦理保障。

4. 伯夷、叔齐让位劝孝

伯夷、叔齐，是孤竹君的两个儿子。父亲想立叔齐为君，等到父亲死后，叔齐又让位给长兄伯夷。伯夷说："这是父亲的意愿。"于是就逃开了。叔齐也不肯继承君位而逃避了。百姓就推孤竹国君的二儿子继承了王位。正当这个时候，伯夷、叔齐听说西伯姬昌敬养老人，便商量去投奔他。等到他们到达的时候，西伯已经死了，他的儿子武王用车载着他的灵牌，率军讨伐商纣王。伯夷、叔齐叩马进谏说："父亲死了尚未安葬，就打起仗来，能称得上是孝吗？以臣子的身份而讨伐君王，能称得上是仁吗？"武王身边的人想杀死他们，太公姜尚说："这是两位义士啊！"扶起他们，并将他们送走了。周武王灭商后，天下都归顺了周朝，而伯夷、叔齐以此为耻，坚持不吃周朝的粮食，并隐居于首阳山，采薇（野菜）充饥。待到饿得快要死了的时候，作了一首歌，歌词说："登上首阳山，采薇来就餐，用暴力来取代暴力，却不知这种做法的错误呀！我所向往的神农氏（指炎帝）、虞（指舜帝）和夏王朝时代不知不觉中都灭亡了，我应该回归到哪里呢？可叹死期近，生命已衰残！"就这样饿死在首阳山。

伯夷遵从父命，坚决不当国君，是孝；叔齐把国君的位子让给哥哥，是悌；兄弟二人对王位不争反而让，是孝悌。对周武王以臣伐君的行为而叩马进谏，是忠；逃到首阳山采薇，不食周粟而死，是廉节。伯夷、叔齐不仅是道德高尚的完人，而且也是商朝末年的著名孝子。

由舜、禹、少连、大连、孝己、伯夷、叔齐的传说可知，早在儒家孝道形成之前的夏商时期，这种自发的、淳朴的孝意识就很浓厚了。这些情节可能是后人虚构的，但把这些故事安插到商周时代，至少反映了在后人的心目中夏商周时代也应该有孝道。

（三）有孝有德的西周孝观念

西周是孝观念形成、发展的重要时期。

1. 泰伯三让天下

早在西周建立之前，周族就已有"孝悌"的风尚。周族先祖古公亶父的儿子泰伯、虞仲是孝敬父亲、和睦兄弟的榜样。

古公亶父有三个儿子：泰伯、虞仲（仲雍）、王季。王季的儿子是周文王。周文王出生时有圣瑞，一只红色的大鸟叼着丹书落在周文王的门上。古公亶父非常喜欢这个孙子，为他取名叫昌，认为他能昌大周族。泰伯、虞仲知道父亲想立三弟王季为世子，再把王位传给昌。为了实现父亲的意愿，两人就一起跑到南方荆蛮之地，把王位让给了王季。这样既成全了父亲的心愿，也成全了周朝 800 年的盛世。这里既有对父亲的孝，又有对弟弟的悌和让。

孔子《论语·泰伯》的第一句话就是称赞泰伯的："泰伯，其可谓至德也，三以天下让，民无得而称焉。"孔子的意思是，泰伯三次将天下让给王季，却没向天下人宣传，民无以称赞他，所以是最高尚的道德。

西周建立后，本已有之的孝观念得到了极大的丰富和发展。西周把上帝称为天，视为天地间的最高主宰，周王不过是履行天命。因此，西周统治者继续宣传天命观，但是西周的孝观念展现了神性的退却和人性的张扬。同样是祭祖追孝，殷商对能降福遣灾的祖灵怀着恐惧的心理，甚至多少带有一些无奈和怨恨的情绪，而西周对祖先的享孝、追孝，从某种程度上讲，是对祖先血缘亲情的表达，是发自内心的敬仰。《礼记·表记》："殷人尊鬼，尊而不亲；周人亲亲，亲而不尊。"正是对这一差异的准确描述。

西周淡化了鬼神观念，同时又赋予了天命以新的内涵，既要顺从天意，又要适应民心，认为天意是民心的集中体现。为了敬天保民，必须明德，即重视伦理规范，加强自我克制。西周统治者认为殷商覆灭的原因在于失"德"。西周时提出了"天命靡常，唯德是辅"、"以德配天"、

"敬德保民"的思想。实际上,周代信神弄鬼的氛围比商代淡化了许多,人本思想受到重视,伦理问题显现。周以天为宗,以德为本。天子必须是"孝子"。

西周非常重视孝道,把孝作为维系宗法关系的纽带。在"敬天明德"思想的指导下,"孝"成为西周占主导地位的伦理价值观念。

2. 周文王三时孝养、寝门视膳

西周孝道观的形成,开始于周文王时代。《礼记·文王世子》记载了这样一则故事:周文王做世子的时候,一日三次问候父亲王季。早晨鸡初鸣,就起身穿戴整齐,到父亲的寝门外,问当值的内庭小臣说:"今天父亲睡得怎么样?"小臣说:"睡得安稳。"文王听了就很高兴。到了中午又来探视,照样问候一遍。到了晚上又来探视,照样问候一遍。如果王季不舒服,不能按时起居,小臣就及时把情况报告给文王。文王听后就会面色忧愁,走路也不安稳。王季的饮食恢复正常,文王才恢复常态。膳食送上的时候,文王一定要察看冷热的程度,膳食端下来的时候,还会问吃了多少,同时吩咐膳宰说:"不要再上原来这几样菜了。"膳宰回答:"是。"然后文王才离去。

周文王这段孝父的故事,被称作"三时孝养"、"寝门视膳",后成为关心父亲饮食起居的代名词。唐代文学家韩愈《大行皇太后挽歌词三首》诗:"一纪尊名正,三时孝养荣。"南朝梁王褒《为百僚请立太子表》:"问安寝门,视膳天幄。"

由于文王首树孝道楷模,儿子周武王也继承了父亲的孝行,但不敢做得超过父亲。有一次文王病了,武王衣不解带,日夜在身边侍候。文王吃一口饭,武王也只吃一口饭;文王吃两口饭,武王也吃两口饭。一直过了 12 天,文王痊愈,武王才松了一口气。

周代自周文王开始推行养老礼制。《孟子·离娄上》称赞周文王实行养老制度说,伯夷躲避商纣王,居北海之滨,听说周文王兴起,说:"投奔他,我听说西伯(周文王)善养老。"姜太公躲避商纣王,居东海之滨,听说周文王兴起,说:"投奔他,我听说西伯(周文王)善养老。"伯夷和姜太公是天下最有资格和声望的老人,他们都归附了文王,就说明天下的父亲都归附了。天下的父亲都归附了,儿子们还能不去吗?所以说，"诸侯有行文王之政者，七年之内，必为政于天下矣"。这里的"文王之政"，主要指养老。

西周时期，已经有推行道德教育的官员"师氏"。《周礼·地官·师氏》载，师氏"以三德教国子：一曰至德，以为道本；二曰敏德，以为行本；三曰孝德，以知逆恶。教三行：一曰孝行，以亲父母；二曰友行，以尊贤良；三曰顺行，以事师长"。

这里明确提出了"孝德"、"孝行"两个概念。"孝德，尊祖爱亲，守其所以生者也。"也就是要敬爱给了自己生命的父母和先祖。孝行就是"亲父母"，把对父母的孝敬落实到行动中。"师氏"这一官职的设立，说明西周已开始推行"孝德"、"孝行"方面的教育，这与周文王推行养老制度是一致的。

以后的周武王、周成王，尤其是摄政的周公，都对周文王的孝养制度奉行不替。《诗经·大雅·下武》称赞周武王："永言孝思，孝思维则。""孝思"即思念尽孝。周武王时刻不忘"孝思"，是天下"孝思"的楷模。

《诗经·周颂·闵予小子》讲："于乎皇考，永世克孝，念兹皇祖，陟降庭止，维予小子，夙夜敬止，于乎皇王，继序思不忘。"赞美了周成王永世能尽孝道，这都反映了西周统治者对孝道的提倡和重视。

3. 周公严父配天

周公制礼作乐，其中一个很重要的内容是推行孝德、孝行。

西周时代，由于统治者的推崇和倡导，使得"孝"这一道德观念上升为"民彝"准则的地位，"彝"是法规、常规的意思。

《尚书·康诰》中周公告诫康叔："元恶大憝，矧惟不孝不友。子弗祗服厥父事，大伤厥考心；于父不能字厥子，乃疾厥子。于弟弗念天显，乃弗克恭厥兄；兄亦不念鞠子哀，大不友于弟。"意思是，罪大恶极的人，就是"不孝不友"的人。做儿子的如果不孝顺父亲，父亲就会很伤心，就不会慈爱儿子；做弟弟的如果不敬爱兄长，兄长对弟弟也不会友爱。

这是历史上最早提出的"罪莫大于不孝"，"子不孝，父不慈"；"弟不恭，兄不友"。民众到了这种不孝、不友、不恭、不慈的地步，如果还不思悔改，天下必将大乱，因此，对于那些"不孝不友"的"元恶大懲"，应该按照文王制定的刑法，绳之以法，严惩不贷。父慈、子孝、兄友、弟恭等家庭伦理观念，被西周统治者以法律的形式规定下来，成为西周社会人人都必须遵守的道德规范。

对被周族征服的殷人，也普及推行了孝养父母的政策。《尚书·酒诰》载："妹土，嗣尔股肱，纯其艺黍稷，奔走事厥考厥长。肇牵车牛，远服贾，用孝养厥父母。"这是周公告诫康叔的话，意思是要教导殷人留在故土上，用他们自己的手脚专心致志地种好庄稼，勤勉地侍奉他们的父兄，努力牵牛赶车，到外地去从事贸易，孝敬和赡养他们的父母。不论是种田，还是经商，目的在于"善事父兄，奉养父母"，这也是西周孝道的一项基本内容。

祭享先人谓之孝。周人认为：先祖去世之后，子孙一年四季必须按时去宗庙祭祀，奉献贡品，表达缅怀之情，以示永志不忘，是谓恪尽孝道。金文称此为"享孝"或"用享用孝"，这也是西周时代孝道观的内容之一。

古代祭祀祖先有"五祀"，也叫"五享"。春祠、夏礿、秋尝、冬烝，再加上腊月进行的腊祭，共为五祀。夏季的伏日，也要祭祀，和五祀合起来称作"四节伏腊"、"岁时伏腊"。此外有按节气奉享新鲜果蔬的"荐新"之祭。这种祭祀先人的礼制是西周确立的。

周公还把周人的始祖弃以及父亲周文王与天一起祭祀，叫做"配天"。《孝经·圣治章》载孔子语曰："孝莫大于严父，严父莫大于配天，则周公其人也。昔者周公郊祀后稷以配天，宗祀文王于明堂以配上帝。"

周人将继承先祖遗志、完成父兄事业称之为"追孝"，这也是西周时代孝道观的一项内容。《周易·蛊》称："干父之蛊，意承考也。"干父之蛊，就是继承父亲的遗志，完成父亲的事业。所以，《礼记·中庸》说："夫孝者，善继人之志，善述人之事者也。"《诗经·大雅·文王有声》："遹追来孝。"朱熹在《诗集传》里认为："近先人之志，而来致其孝耳。"西周金文中也有大量"追孝"的内容。

4. 千古孝悌之歌——《履霜操》

《后汉书·郅恽传》载："昔高宗明君，吉甫贤臣，及有纤介，放逐孝子。"注引《家语》曰："高宗以后妻杀孝子，尹吉甫以后妻放伯奇。"

高宗是商王武丁，他听信后妻之言放逐儿子孝己。尹吉甫是西周末周宣王时的辅政大臣，前妻的儿子伯奇侍后母至孝。后母为了陷害伯奇，把毒蜂去掉毒针沾在自己身上，伯奇见了，唯恐毒蜂螫着后母，赶紧上前为后母捉毒蜂，后母趁机大叫："伯奇非礼于我！"尹吉甫知道后大怒，把儿子赶出家门。伯奇只好亡走山林，摘荷叶以为衣，采榑花以为食。清晨踩着寒霜，悲叹自己无罪而被驱逐，弹着自己带出来的琴，抒发自己的情感，作成了琴曲《履霜操》。

唐代文学家韩愈《琴操十首·履霜操》，诗序引了《履霜操》的原文：

> 朝履霜兮采晨寒，考不明其心兮信谗言。
> 孤恩别离兮摧肺肝，何辜皇天兮遭斯愆。
> 痛殁不同兮恩有偏，谁能流顾兮知我冤。

韩愈写诗描绘伯奇说：

> 父兮儿寒，母兮儿饥。儿罪当笞，逐儿何为。
> 儿在中野，以宿以处。四无人声，谁与儿语。
> 儿寒何衣，儿饥何食。儿行于野，履霜以足。
> 母生众儿，有母怜之。独无母怜，儿宁不悲。

韩愈的诗，整篇都叙述了没有父母呵护的痛苦，读到其中"母生众儿，有母怜之。独无母怜，儿宁不悲"之句，让人颇有"世上只有妈妈好，没妈的孩子像棵草"的感触。

综上所述，西周时代的孝，不仅涵盖了健在的父母尊长，也包括去世的先祖。孝的名称也多种多样，有"享孝"、"追孝"、"用追享孝"，等等。

孝道构成了西周社会意识形态和伦理观念的基本纲领，侯外庐主编的《中国思想通史》认为：西周的道德纲领是"有孝有德"。结合周礼，可知西周应该是各种孝亲礼制的创立时期。

二　儒家的孝道

中国的孝文化主要表现为儒家孔子创立的孝道。孝道是儒家思想渗透、流动于中国社会最广泛的内容之一。它是家庭伦理的核心，社会道德的基础，仁学结构的血缘根基，君子修身、齐家、治国、平天下必备的道德素质。

（一）阙里生德，四方取则——孔子论孝

为了维护父家长传统的等级制，孔子极力突出"孝悌"、"亲亲尊尊"思想。他不仅把孝作为人格修养的根本，还把它推延到亲族、社会和国家政治，又经历代儒学家的层层加码，孝由人类血缘间的自然亲情逐渐演变成为统治者治国平天下的伦理工具，从而形成了中国几千年根深蒂固的孝文化意识。

孔子孝道的内容十分丰富，总的要求是："孝子之事亲也，居则致其敬，养则致其乐，病则致其忧，丧则致其哀，祭则致其严。五者备矣，然后能事亲。"大体有以下内容。

1. 教民亲爱，莫善于孝

孔子讲："夫孝，天之经也，地之义也，民之行也。""君子务本，本立而道生。孝悌也者，其为人之本欤。"我们经常说"这是天经地义的"，其实孝才是天经地义的。"孝悌"是做人的根本，在人的所有行为中，最大的善是孝，最大的恶是不孝。《孝经·圣治章》中孔子曰："天地之性人为贵，人之行莫大于孝。"《孝经·五刑章》中孔子曰："五刑之属三千，而罪莫大于不孝。"

北齐颜之推《颜氏家训·勉学》称："孝为百行之首。"民间俗语讲："百善孝为先。"即渊源于此。隋朝《开皇律》把不孝定为"十恶之条"也源于此。

由于孝是天经地义的，是做人的根本，所以也是儒家教化的根本。《孝经·广至德章》中孔子曰："教以孝，所以敬天下之为人父者也，教以悌，所以敬天下之为人兄者也。教以臣，所以敬天下为人君者也。"《孝经·广要道》子曰："教民亲爱，莫善于孝；教民礼顺，莫善于悌；移风易俗，莫善于乐；安上治民，莫善于礼。"

可见，孔子也认为孝是后天产生的，不然就不用再教育了。

中国汉字的结构，也和儒家教化相吻合。《说文八上·老部》载："孝，善事父母者。从老省，从子，子承老也。""孝"字的结构就是由一个"老"字，一个"子"字组成，不过是省掉了个"匕"，意思是"子承老"。《说文三下·攵部》："教，上所施，下所效也。从攵，从孝。""教"字的结构就是"孝"和"攵"，意思是用"攵"来教"孝"。

2. 父母在，不远游

孔子讲："父母在，不远游。游必有方（理由）。"过去，我们一直批判这一观念是目光短浅、狭隘的小农意识。"十五男儿志，三千弟子行"，它严重束缚了子女的远大志向和开拓、进取精神。近人吴虞在《说孝》中认为，片面讲"父母在，不远游"，美洲就没人发现了，南北极就没人探险了。其实，孔子没有片面，他一方面强调"父母在，不远游"，另一方面又强调"游必有方"。"方"，许多经学家都解释为"常"，即规律，经常去的地方。其实不对，它应当解释为理由、道理。也就是说，只要有理由、有道理，是可以远游的。否则，孔子的"克己复礼"、"任重而道远"、"可以托六尺之孤，可以寄百里之命"，还有"杀身以成仁"等治国平天下的主张，就无法落实了。孔子周游列国，跟随他的弟子们恐怕大部分都"父母在"吧？

《孝经·圣治章》曰孔子强调："亲生之膝下，以养父母日严（敬）。"在饮食起居方面，儒家的孝道有一个鲜明的特征，即强调子女膝下尽孝，让父母沉浸在子女敬爱、体贴和温暖的天伦之乐当中。用现在的话讲，是强调两代人心灵的沟通和感情的交流，使父母从儿女这个真实的存在中，获得直截了当的精神享受。这就是中国的儿女情长，是中国人最真挚、最根本的人情味，也是儒家的孝道在西方社会最有魅力、最有感染力的地方。

3. "敬"和"色养"

孝是子女的感恩之心、爱敬之心的自然流露，用现在的话说，就是对父母人格的尊重。孔子特别重视这种"爱敬之心"，认为这是孝的根本。

《论语·为政》载，孔子的弟子子游问孝。子曰："今之孝者，是谓能养。至于犬马，皆能有养，不敬，何以别乎?"孔子认为"敬"和"养"相比，"敬"才是孝的根本，也是人和禽兽的区别。仅仅是在物质上满足父母，还称不上孝，重要的是要有一颗恭敬之心，使父母在衣食无忧的情况下，得到人格的尊重和精神上的慰藉。

孔子的弟子子夏也问孝。孔子再次重申："色难。有事，弟子服其劳。有酒食，先生（父兄）馔，曾是以为孝乎?"孔子强调，孝不能单从有劳作，让年轻人多干；有酒饭，让年长者先吃，这样的层面考虑，而是要和颜悦色地承顺父母，这才是真正的孝。后来，把人子和颜悦色奉养父母，或承顺父母称作"色养"、"尽色养之孝"。

《论语·里仁》中，孔子还讲："父母之年不可不知也。一则以喜，一则以忧。"从"敬"、"色养"出发，孔子强调，子女要多关心父母，看到父母健康长寿应该知道喜，看到父母衰老多病应该知道忧。

孔子强调的"敬"、"色养"、"喜"、"忧"是非常有实际意义的。世上的确有许多人整天对父母耷拉着一张臭脸，让父母吃冷眼饭。尽管也在养父母，但精神上对父母是一种折磨和摧残。世上也的确有人对老父老母的病痛不闻不问，而自己的宠物狗稍有不适，则赶紧驾车去宠物医院的现象。这不让天下父母寒心么?

4. 不违父母之命

孔门弟子孟懿子问孝，孔子曰："无违。"就是说，儿女在婚姻、仕宦、日常生活的各方面都要听命于父母。对父母的错误，孔孟并不像后来理学家那样蛮横，也没提倡后来的"天下无不是的父母"，而是主张谏诤，主张"君有诤臣，父有诤子"。

《孝经·谏诤章》中，曾子问："敢问子从父之令，可谓孝乎?"子曰："是何言与，是何言与! 昔者天子有争（诤）臣七人，虽无道而不失其天下；诸侯有争臣五人，虽无道不失其国；大夫有争臣三人，虽无道不失其家。士有争友，则身不离于令名。父有争子，则身不陷于不义。故当不义，则子不可不争于父，臣不可不争于君，故当不义则争之。从父之令，又焉得为孝乎？"

孔子的意思是说，国君、诸侯、大夫等有敢于劝谏的臣下，就不会丧失家邦；士有敢于劝谏的朋友，就不会身败名裂。父亲有敢于劝谏的儿子，就不会陷于不义。盲目听父亲的命令，怎么能算孝呢？

孔子提倡不违父母之命，但对其不义的行为不能盲从，要进行谏诤。谏诤不从，只得服从。《礼记·曲礼》载："子之事亲也，三谏而不听则号泣而随之。"

对待父亲的责打，孔子也没有提倡后来"父叫子死，子不死不孝"的愚孝，而是比较灵活、现实。孔子对待曾参的态度就是这样。

曾参在瓜地里松土，不小心伤了瓜苗，其父曾晳大怒，拿起大杖击到曾参头上，曾参立刻昏倒在地。苏醒过来后，他非但不怨恨父亲，还问父亲累着没有。孔子知道后，对弟子说，曾参来了别让他进门，对待父亲的惩罚，应该是"小杖则受，大杖则走"。

5. 子为父隐

孔子主张不违父母之命，主张父有诤子，但当父亲真的做出不义之事时，又主张子为父隐，这是从维护父亲的名声出发。

《论语·子路》中，孔子有句著名的话："父为子隐，子为父隐，直在其中矣。"父子之间要互相隐恶扬善，这本身就是正直。

据《吕氏春秋·当务》载：楚国有一直躬者，父亲偷了人家的羊，直躬者告官，楚王准备诛杀其父，直躬者又请求代父受死。有人对楚王说："父亲窃羊，儿子告官是信；父亲遭刑，儿子替死是孝。像这样信而且孝的人都被处死，楚国还有不被杀的么？"孔子听后说："直躬之信（孝），不若无信（孝）。"孔子认为，父亲做了不义的事，儿子要为父隐瞒，决不能大义灭亲，也不能牺牲父亲来换取自己的名声。

孔子写《春秋》，创造了三讳事例，即"为尊者讳，为亲者讳，为贤者讳"，就是要为尊者、贤者、亲者隐恶扬善。《春秋谷梁传·隐公元年》也讲："孝子扬父之美，不扬父之恶。"

因此，中国古代主张执法如山、大义灭亲的清官思想不是出于儒家。儒家虽然倡导"天下为公"，强调"无偏无党"，却没冲破宗法血缘的局限。为了"尊尊亲亲"，儒家的"子为父隐"以掩盖事实真相，或者说是颠倒黑白的方式来维护尊长的颜面。在它面前，没有了善恶是非，没有了大义灭亲，它不仅使人们的道德是非观念失衡，甚至干扰了古代法律应有的公正。

6. 父兄之仇，不共戴天

儒家的"孝道"是建立在血缘亲疏的基础之上，孔子的孝道有一个鲜明特征：由近及远，由亲至疏。先得孝敬父母，其次是亲兄弟，然后才是远房叔伯兄弟。《孝经·圣治章》中，孔子说："不爱其亲而爱他人者，谓之悖德；不敬其亲而敬他人者，谓之悖礼。"也是这个道理。在为亲人报仇上，更是如此。

《礼记·曲礼上》载："父之仇，弗与共戴天；兄弟之仇，不反（返）兵；交游之仇，不同国。"

《礼记·檀弓上》中，子夏问孔子说："居父母之仇，如之何？"子曰："寝苫、枕干（盾）、不仕，弗与共天下也。遇诸市朝，不反兵而斗。"子夏又问："请问居昆弟之仇，如之何？"子曰："仕弗与共国，衔君命而使，虽遇之不斗。"子夏再问："请问居从父昆弟之仇，如之何？"子曰："不为魁（首），主人能，则执兵而陪其后。"

这两段的意思是一致的，都说了父母之仇、兄弟之仇、叔伯父堂兄弟之仇、朋友之仇四种情况的处理方式。

对待父母之仇，要睡在苦草上，时刻记着父母丧，睡觉也要枕着武器，不出仕做官，做一个专业复仇者，誓不与仇人并生于世，即便在公门或大庭广众面前也要格杀仇人。

对待兄弟之仇，要随时佩带武器，不和仇人共仕一国，有君命在身，遇到仇人不可上前报仇，以免贻误君命。

对待伯叔父、堂兄弟之仇，不做复仇的魁首，若其子弟能为父兄报仇，拿着兵器跟在后面助威即可。

对待朋友之仇，不与仇人在一个国家当官。用现在的话说，即不和朋友的仇人共事。孔子没说"为朋友两肋插刀"，但这一朋友义气却是受了孔子的影响。

孔子是儒家，而不是法家，在他眼里，只有礼，没有法。他不是运用法律来维护自己的合法权益，而是用丧失理智的冲动、殴杀来达到目的。孔子也讲过"血气方刚，戒之在斗"，可涉及父仇，就不冷静了。用现在的话讲，就是法制观念淡薄。他的主张在很大程度上影响、左右了后世孝子们的行为，导致了历史上凡为父报仇的行为，大多都触犯法律。但在指责我们的孔夫子，感叹古人法制观念淡薄的同时，我们还应该看到：封建法律的失职和不公。古代一介平民真要拿起法律武器，又有几人能如愿以偿？再说了，如果杀人者都能得到应有的制裁，还用得着儿子以身试法，去报父仇么？

7. 不毁伤发肤与扬名显亲

《孝经·开宗明义》中，孔子讲："身体发肤受之父母，不敢毁伤，孝之始也；立身行道，扬名于后世，以显父母，孝之终也。夫孝，始于事亲，中于事君，终于立身。"

古代把本人的存在看作是"奉先人遗体"，是祖先血脉的延续。东汉王充《论衡·四讳篇》讲："先祖全而生之，子孙亦当全而归之。"身体发肤是不能毁伤的，否则为不孝。

孔门弟子曾参忠实地执行了老师的这一教诲。《论语·泰伯》载：曾子病危，还记挂着让弟子掀开被子，看看自己的手足是否有所损伤，叫做"启予足，启予手"。并说，他按《诗经》上讲的，如临深渊，如履薄冰，小心谨慎，避免损伤身体，能够对父母尽孝。从今以后，可以永远避免毁伤发肤的事了。东汉王充《论衡·四讳篇》讲："曾子重慎，临绝效全，喜免毁伤之祸也。"说的就是这件事。

曾子临终，不以死而悲伤，反倒以死后可以避免毁伤发肤而高兴，后来叫"启手启足"，或者"启手足"，意思是一生完好无损。《晋书·陶侃传》载："臣年垂八十，位极人臣，启手启足，当复何恨！"这一传统观念直接影响到古代男子的服饰风俗，蓄发、留须，不得丝毫损伤。甚至妇女穿耳附珠，也曾经引起古人争议。

古代中国人的经世观念讲究立身扬名，不辱没祖先，否则为不孝。《三字经》把这一内容贯彻到世俗社会，叫做"扬名声，显父母"。西汉司马迁受刑后，绝望地说："亦何面复上父母丘墓乎？"原因是他伤残了肢体，"惭负先人"，恐怕"先人责之"。同理，古人有了功名，都要归家祭祖，祷告先人，以光宗耀祖，这本身就是孝。

8. 死事哀戚，丧葬尽礼

父母在世的时候，子女要殚心竭力地尽孝。父母过世，子女要哀痛，以礼安葬，以礼祭祀。

《论语·阳货》记载了一段孔子和弟子宰我的对话，表达了孔子为父母服丧三年的主张。宰我问道："父母死后，子女服丧三年，时间太长了。陈谷吃完了，新谷已经上场，也已经重新钻木取火了，守孝一年就可以了。"孔子问："父母丧期间，你吃精美的稻米，穿锦绣衣服，心安吗？"宰我说："心安。"孔子说："君子守孝时，食旨不甘，闻乐不乐，居处不安，所以不那么做。如今你心安，就去那么做吧！"宰我走后，孔子说："宰我真没良心呀！子生三年，然后免于父母之怀，所以天下通行三年之丧。宰我也在父母怀抱里享受了三年之爱啊！"

《孝经·丧亲章》中，孔子说："孝子之丧亲也……服美不安，闻乐不乐，食旨不甘，此哀戚之情也。三日而食，教民不以死伤生。毁不灭性，此圣人之政也。丧不过三年，示民有终也。"对父母丧期间孝子的行为，孔子还是比较实际和有先见之明的。孔子强调三天必须吃饭，不能"以死伤生"。大概是三天不吃不喝死不了人，过了三天就不保险了。后世为博取孝子的美名，变本加厉。东晋许孜守父母丧，柴毁骨立，杖而能起；北魏赵琰守父母丧，终身不食盐和调味品；李显达丧父，"水浆不入口七日，鬓发堕落，形体枯悴"。其实，这都不是孔子的本意。

《论语·为政》中，孔子说："生，事之以礼；死，葬之以礼，祭之以礼。"儒家"敬鬼神而远之"，对父母祖先的祭祀，孔子认为主要出自对祖先"慎终追远"的道德情感的培养。究竟先祖的神灵存不存在？孔子说："祭如在，祭神如神在。"一个"如"字，实际上否定了"神"的存在。宋代程颐对此解释说："祭先，主于孝；祭神，主于恭敬。"所以，祭祖主要是培养"孝"和"恭敬"的道德意识手段，而不是对神灵庇佑的盲目崇拜。

9. 子承父志

《论语·学而》中，孔子说："父在，观其志；父没，观其行；三年无改于父之道，可谓孝矣。"意思是父亲活着的时候可以约束子女的行为，这时想要了解判断这个人的为人，就需要观察他内心的愿望；父亲过世后，子女能随心所欲、自作主张了，这时想要了解判断这个人的为人，就应着重看他的行为。如果父亲过世三年了，仍然遵从先父的教诲、遗志，就是真的孝了。

孔子赞美鲁国大夫孟庄子的孝，就是由于孟庄子能够继承父志。《论语·子张》载，曾子说："我听老师说，孟庄子的孝，其他人也可以做到，但他不更换父亲的旧臣，不改变父亲的政治措施，是别人做不到的。"

"三年无改于父之道"，并不是说"父之道"无论正确与否都得盲从。孔子一贯主张父有诤子，对父母的错误要谏诤。鲧用堵塞、拦截的方式治水，大禹改为疏导入海，只是方法的改变，但没改变父亲治水的遗志，是真孝子。孔子认为，子女应从对父亲的真挚感情出发，继承父亲的志向，才算是真正的孝。

10. 移孝作忠——政治伦理化的君臣父子论

孝的政治化，在孔子以前就开始了。公元前 651 年齐桓公在葵丘（在今河南兰考）大会诸侯，订立盟约："诛不孝，无易树子，无以妾为妻。"齐桓公大会诸侯，有多少国家大事要讨论，竟然订立了如此三条盟约，可见这三条就是当时头等的国之大事。

孔子的高明之处，就是把社会政治收缩为家庭人伦，再由家庭人伦发散到社会政治，从而把社会政治和家庭伦理有机地统一起来，把外在的等级制度内化为每个人必须具备的伦理道德意识和自觉要求。

《孝经·开宗明义章》孔子讲："夫孝，始于事亲，中于事君，终于立身。"

《论语·学而》孔子的弟子有若讲："其为人也孝弟（悌），而好犯上者鲜也；不好犯上而好作乱者，未之有也。"孔子说："弟子入则孝，出则弟（悌）。"

《孝经·广扬名章》孔子说："君子之事亲孝，故忠可移于君。事兄悌，故顺可移于长；居家理，故治可移于官。"

《孝敬·孝治章》孔子讲："昔者明王以孝治天下也。"

《论语·为政》中，有人问孔子："你为什么不从政？"孔子回答说："《书》云：孝乎惟孝，友于兄弟，施于有政。是亦为政，奚其为为政？"意思是说，孝顺父母，友爱兄弟，就能影响政治，我这已经参与政治了，难道只有做官才是从政么？

周代国家的特点是家国同构，天子的嫡长子继承天子位，其他儿子当诸侯，诸侯的嫡长子当诸侯，其他儿子当大夫，以此类推。天子和诸侯既是君臣，又是父子，臣对君忠，也是子对父孝。诸侯之间都是兄弟，睦邻友好也是兄弟之间的"悌"。"养父母为孝，善兄弟为悌。"孔子倡导"孝"是下对上，是纵的关系；"悌"，是诸侯、大夫间横的关系。这样，从纵、横两个方向把天子、诸侯、大夫等政治伦理关系构建起来了。他说的"以孝治天下"，"忠可移于君，顺可移于长，治可移于官"，道理也在这里。孔子"君君、臣臣、父父、子子"的"正名"目的也就达到了。

由"孝"而"忠"，从"亲亲"到"尊尊"，是孔子之孝发展的模式和途径，他的结果之一便是伦理道德的政治化，政治的伦理道德化，二者合二为一，这就是孔子血缘宗法伦理与政治相结合的君臣父子论。

（二）不孝有三，无后为大——孟子论孝

孟子的"孝"思想散见于《孟子》一书的各篇中，主要包括以下几个方面。

1. 世俗五不孝

赡养父母，最根本的是让父母衣食无忧。在《孟子·离娄下》中孟子指出，当时社会风俗中有"五不孝"：懒惰不事生产，不顾父母之养，一不孝也；吃喝赌博，不顾父母之养，二不孝也；贪财好利，偏爱妻子，不顾父母之养，三不孝也；胡作非为，株连父母，四不孝也；好勇斗狠，危害父母，五不孝也。

"五不孝"之中，前三条是涉及衣食方面的"父母之养"。后两条是讲，即便是在衣食方面照顾"父母之养"了，在外面为非作歹、好勇斗狠、作奸犯科，令父母整天担惊受怕，寝食难安，甚至株连父母，也是

不孝。

2. 从"色养"到"养志"

孝敬父母，孔子提出"色养"，孟子主张"养志"。"养志"即养父母之心、养父母之志。

如果说吃饭穿衣敬父母是"养身"，是重视父母的物质享受的话，那么，让父母"老有所乐"就是"养志"，或者叫"养心"，是重视父母的精神享受。"养志"是孟子对孝提出的高层次要求。孟子以曾氏三代的事例论证了自己的观点。他说："曾子（参）奉养父亲曾皙的时候，每顿饭必有酒肉；收拾剩饭的时候，必定要问父亲还吃不吃；如果曾皙问厨房里还有没有剩余的，曾参一定会回答说有。可是，到了曾元奉养父亲曾参时，情形就不同了。虽然每餐也有酒肉，但收拾剩饭时从不问曾参还吃不吃，而当曾参问厨房里还有没有剩余时，曾元就会回答说没有，这是打算下一顿再奉上。曾元对待父亲，只能叫做奉养口体，有吃有喝就行了，而不太在意态度。可在曾参那里，却是奉养意志，在吃好喝好的同时，还要满足双亲的精神和意愿，让他们心情舒畅。不用说，像曾子那样侍奉双亲的，才是合格的孝子。"

孟子"养志"的思想，是对孔子"色养"的积极继承，成为儒家孝道的重要内容。唐德宗时，秘书监穆宁曾告诫子孙说："君子之事亲，养志为大。"北宋诗人林逋《生心录》讲："子之事亲不能承颜养志，则必不能忠于君上。"

3. 婚姻遵守父母之命、媒妁之言

远古社会男女自由择偶，婚姻不需要通过父母媒妁。西周开始推行父母之命、媒妁之言等古代婚姻媒介的新风尚。然而，自由谈婚论嫁的氏族遗风仍大量存在。

鲁庄公见党氏女孟任貌美，承诺立她为夫人，二人割臂盟誓，遂成夫妻。鲁国泉丘有一女子，梦到有人用一大帷幕覆盖孟孙氏的家庙，她便和邻居的女子一起投奔孟僖子，三人盟于清丘之社说："有子无相弃也!"

从这两件事反映的情况来看，"盟誓"是男女自由择偶的一种形式。汉乐府《上邪》："上邪! 我欲与君相知，长命无绝衰。山无陵，江水为竭，冬雷震震夏雨雪，天地合，乃敢与君绝！"反映的正是远古这种自由择偶风俗。

随着婚姻方面移风易俗的进行，父母之命、媒妁之言，逐渐占了主导地位，无父母之命的婚姻开始受到社会舆论的指责。

《诗经·齐风·南山》讲，"娶妻如之何？必告父母"，"娶妻如之何？匪媒不得"。

《孟子·滕文公下》大声疾呼："不待父母之命，媒妁之言，钻穴隙相窥，逾墙相从，则父母国人皆贱之。"

对待父母之命，孔子提出"无违"，孟子则把"无违"具体化到婚姻问题上，在婚姻上儿女听从父母之命，这本身就是孝。古代妇女有三从四德，"三从"即"在家制于父，既嫁制于夫，夫死从长子"，或者叫"幼从父兄，嫁从夫，夫死从子"。强调妇女在未出嫁之前要听从父母之命。

其实，孟子的这一说教，对倡导孝敬父母并没起多大作用，对扼制、摧残男女的自由恋爱却产生了极其恶劣的影响。后人把孟子的话称作"钻穴逾墙"、"钻穴逾隙"。那些真情相爱、私下交往的男女关系一旦曝光，一句"钻穴逾墙"，就能让她们无地自容。

《孟子·滕文公下》还讲："女子之嫁也，母命之，往送之门，戒之曰：往之女（汝）家，必敬必戒，无违夫子。以顺为正者，妾妇之道也。"在这里，孟子还树立了女子孝敬公婆，无违丈夫的妇道。

4. 不孝有三，无后为大

"孟子道性善，言必称尧舜。"舜是孟子塑造的高度完美的孝子。孟子认为，舜对父母的孝，达到了相当高的境界。

前面讲过，舜的父母不喜欢舜，还百般加害于他。按说，处理不好与父母、弟弟的关系，责任在可恶的瞽叟和象，可舜不仅感到愧疚，还一直处得不到父母喜欢的忧愁和苦恼当中。尧把帝位给他，舜还是"如穷人无所归"；"天下之士一齐拥戴"，舜"不足以解忧"；尧把两个女儿给他，"不足以解忧"；"富有天下，而不足以解忧；贵为天子，而不足以解忧"。得不到父母的喜欢，成了舜解不开的心结，天大的喜事、好事也冲淡不了这种忧愁和苦恼。最后，《孟子·万章上》总结说："大孝终身慕父母，到 50 岁还仰慕父母的，我就见过舜一人。"舜称得上是终身仰慕父母的大孝了。

其实，舜不算是完美无缺的大孝子，在婚姻问题上直接违背了孟子的"父母之命"。既然婚姻得听父母之命，那么舜"不告而娶"，还算是孝子圣君吗？

孟子为他辩护说："不孝有三，无后为大。舜不告而娶，为无后也，君子以为犹告也。"舜娶妻是为了繁衍后代，由于他的父母不仁慈，就是告知父母也不会允许，君子以为不告就等于是告诉了。所以，这不算不孝。这孟子也真够会狡辩的。

东汉赵岐解释孟子的"不孝有三"说："阿意曲从，陷亲不义，一不孝也；家贫亲老，不为禄仕，二不孝也；不娶无子，绝先祖祀，三不孝也。三者之中，无后为大。"

其中"阿意曲从，陷亲不义"，是继承了孔子的"父有诤子"。"家贫亲老，不为禄仕"是"五不孝"中的"不顾父母之养"。"无后为大"是孟子为舜辩护提出的新见解，千百年来被认为是养父母、嗣后世、承祖先、祀宗庙等亘古不变的信条。

5. **君子三乐——孝是一种天伦之乐，一种愉悦的感觉**

孟子是性善论的倡导者，如果在孔子那里是"事亲必须孝"，到孟子这里就变成"人本来就孝"。孟子谈孝并不是像后世统治者那样，使孝成为一种外在的、强制的东西，而认为孝是人内心深处亲情的自然流露。

《孟子·尽心上》载："孩提之童无不知爱其亲者，及其长也，无不知敬其兄也。亲亲，仁也；敬长，义也；无他，达之天下也。"他主张孝是来源于对"亲"的天然之爱，而不是一种外界强加于世人的伦理纲常。孟子的"孝"更加人性化，更加容易被人接受和理解。

孟子言语中无不充斥着可爱而朴素的对"孝"的理解。《孟子·尽心上》："君子有三乐，而王天下不与存焉。父母俱在，兄弟无故，一乐也；仰不愧于天，俯不怍于地，二乐也；得天下英才而教育之，三乐也。"后人把孟子的"三乐"称作平安乐、正气乐、育人乐。孟子把父母长寿、兄弟健康、一家老小平安，视为一种天伦之乐，视为子女一种愉悦的感觉，强调从孝中体会乐，所透露出来的正是发自心灵深处的、不加任何雕琢和文饰的"孝"。

孟子为我们提出了一个有深度的伦理问题：天伦之乐是单向的，还是双向的？孝敬父母，是否也是子女的一种天伦之乐？这正是现代老年父母不平衡的地方。子女刚生下来，父母为孩子把屎把尿时，丝毫没有不卫生的感觉，反而沉浸在为人父母的喜悦、光荣、自豪当中。也就是说，父母鞠养儿女是一种实实在在的天伦之乐，是一种愉悦的感觉、享受。可是父母老了，子女为父母端屎端尿，擦身体，洗被褥的时候，能沉浸在为人子女的喜悦、光荣和自豪之中么？不客气地说：不能！充其量能认识到，这是子女应尽的义务就不错了。大部分人会认为，这是子女的负担、累赘！这对天下父母公平么？能不让天下父母寒心么？而孟子孝思想的现代价值，就在这里。

6. 老吾老，以及人之老

《孟子·离娄上》中"人人亲其亲、长其长，而天下平"，以及《孟子·尽心上》中"无他，达之天下也"，已提出了把"亲亲"、"敬长"之心推及天下的思想。《孟子·梁惠王上》提出了"老吾老以及人之老，幼吾幼以及人之幼"的敬老思想，并提出了当时最简便易行的敬老行为——"为长者折枝"。

可以说，孟子使孝获得了最为广泛的社会性存在价值，并为统治者设计了具体的尊老敬长的方案。

孟子对梁惠王说："五亩之宅，树之以桑，五十者可以衣帛矣。鸡豚狗彘之畜，无失其时，七十者可以食肉矣……申之以孝悌之义，颁（斑）白者不负戴（肩背、头顶）于道路矣。"

这是孟子向梁惠王提出的以孝治天下，以孝发展生产，以孝富国强兵，进行孝悌教育，实行敬老尊长的政治措施。遗憾的是，在那个强力抗争的战国时代这一思想是不会被统治者采纳的。

（三）教化由来始《孝经》——孝的经典化

1. 哀哀父母，生我劬劳——《诗经》中的孝

《诗经》是我国最早的一部诗歌总集，也是儒家的经典之一，在中国

伦理史上占据重要地位。孔子对儿子伯鱼的"庭训"就要求读《诗经》。《论语·阳货》载："小子！何莫学夫《诗》？《诗》可以兴（联想比喻），可以观（观风俗），可以群（切磋），可以怨（品评政治）。迩（近）之事父，远之事君。多识于鸟兽草木之名。"西汉毛亨《周南·关雎诂训传》讲："动天地，感鬼神，莫近于诗。先王以是经夫妇、成孝敬、厚人伦、美教化、移风俗。"当时社会十分注重的"孝"在《诗经》中得到了淋漓尽致的表现。后世许多有关孝的成语、典故都出自《孝经》。

（1）余生永废《蓼莪》诗

宗法制是周朝政治的典型特征，它以父系血缘关系的亲疏来维系政治等级，凝聚宗族力量，防止内部纷争，维护王权的稳定。所以，"孝"就成了周人最基本的道德规范。《诗经》中有许多赞美孝子，感念父母之恩，养父母、敬父母的篇章。最典型的是《小雅·蓼莪》、《邶风·凯风》。

《蓼莪》被清人方玉润称作是"千古孝思绝作"，"可抵一部《孝经》"，全文是：

> 蓼蓼者莪，匪莪伊蒿；哀哀父母，生我劬劳。
> 蓼蓼者莪，匪莪伊蔚；哀哀父母，生我劳瘁。
> 瓶之罄矣，维罍之耻。鲜民之生，不如死之久矣！
> 无父何怙？无母何恃？出则衔恤，入则靡至。
> 父兮生我，母兮鞠我。拊我畜我，长我育我，
> 顾我复我，出入腹我。欲报之德。昊天罔极！
> 南山烈烈，飘风发发。民莫不谷，我独何害？
> 南山律律，飘风弗弗。民莫不谷，我独不卒！

这首诗的意思就是说：

> 那高高的植物是莪蒿吗？原来不是莪蒿，是没用的青蒿。
> 我可怜的父母啊，为了养育我受尽了辛劳！
> 那高高的植物是莪蒿吗？原来不是莪蒿，是没用的杜蒿。

我可怜的父母啊，为了养育我竟积劳成疾！

小瓶的酒倒空了，那是酒坛的耻辱。失去父母的人与其在世上偷生，不如早早死去的好。

没有父亲，我倚仗谁？没有母亲，我依靠谁？出门在外，心怀悲伤，踏入家门，像没有回到家一样。

父亲母亲生我养我，你们抚爱我疼爱我，培育我使我成长，照顾我庇护我，出入都看顾我。我想报答你们的大恩大德，但父母的恩情好像苍天一样无穷无尽。

南山高峻，狂风发厉，别人都有养育父母的机会，为何只有我遭此祸害？

南山高峻，狂风疾厉，别人都有养育父母的机会，唯独我不能终养父母。

这是一首孝子的悲歌，通篇诉说的是父母把子女抚养长大而子女却不得终养父母而引起的巨大悲痛。感情真挚，不加掩饰，使读者读后不禁潸然泪下。南宋诗人严粲感叹说："呜呼！读此诗而不感动者，非人子也。"

后来，"蓼莪"成为感念父母之恩的代名词。江苏省常州市武进县潘家镇南有一座蓼莪禅寺，又名蓼莪庵，始建于东晋，是为纪念孝子王裒而建的，也是我国唯一的一座孝子寺。

王裒是西晋城阳营陵（今山东昌乐东南）人。父亲王仪被司马昭杀害，他隐居以教书为业，终生不面向西坐，表示永不作晋臣。他在父亲墓旁建一庐舍，每天早晚在墓所拜跪，攀柏悲号，眼泪洒到柏树上，柏树为之枯萎。王裒的母亲在世时怕雷声，死后埋葬在山林中。每当下雨打雷，王裒就跑到母亲坟前，跪拜安慰母亲说："裒在此。"后来，王裒的孝行被编入"二十四孝"中，叫做"闻雷泣墓"。《晋书·孝友传》载：王裒教授学生《蓼莪》，"及读到'哀哀父母，生我劬劳'，未尝不三复流涕，门人授业者并废《蓼莪》之篇"。这个典故叫"王裒诗废《蓼莪》"。南宋诗人陆游《焚黄》诗："早岁已兴风木叹，余生永废蓼莪诗。"诗中的"风木"是指"树欲静而风不止，子欲养而亲不待"。后一句诗人自比王裒，一读《蓼莪》诗就悲伤流涕，因而不能读。

尤其是"哀哀父母，生我劬劳"一句，更是被后人反复引用。唐太宗对长孙无忌讲："今天是我的生日，在民间要欢乐庆祝，可朕却幡然感伤。《诗经》上说：'哀哀父母，生我劬劳。'怎么能在'劬劳'之日设宴欢乐呢？"

《邶风·凯风》是《蓼莪》的补充篇。该诗内容是赞美孝子，后常用"凯风"来指代感念母恩的孝心。《隶释·汉敦煌长史武班碑》讲，山东嘉祥东汉武氏祠的主人武班"孝深《凯风》，志絜《羔羊》"。南朝宋谢庄《宋孝武宣贵妃诔》："俯昊天之莫报，怨《凯风》之徒攀。"

(2)《四牡》驱驰千里余

周宣王为了平定外乱，兴师讨伐。连年战乱使得男子纷纷离开父母，投入到繁重和杳无归期的兵役生活中，使得人们无法奉养父母，引起了人们内心的无限愤怒与自责。《唐风·鸨羽》、《小雅·四牡》、《魏风·陟岵》等，都是反映征人、役人因无法奉养父母而感到自责愤慨的篇章。

《唐风·鸨羽》发出了"王事靡盬（gǔ，停止），不能艺稷黍。父母何怙"？"不能艺黍稷。父母何食"？"不能艺稻粱。父母何尝"的强烈控诉。最后征人只有无奈地呼喊道："悠悠苍天，何时我才能回到家乡？"

《小雅·四牡》也同样表达了由于长期在外服役无法奉养父母之苦这一主题。诗中"岂不怀归"、"我心伤悲"、"不遑将父"、"不遑将母"，道出了诗人对家乡父母的怀念，对家中父母无人照顾的悲伤。诗的题目"四牡"，后来成为远离父母服役的代称。唐诗人皇甫冉《送谢十二判官》诗："四牡驱驰千旦余，越山稠叠海林疏。不辞终日离家远，应为刘公一纸书。"唐诗人耿湋《送河中张胄曹往太原计会回》："北风长至远，四牡向幽并。"

《魏风·陟岵》是一首征人思亲之作，抒写行役的少子对父母和兄长的思念之情。诗中的"陟岵陟屺"成为久居在外的人想念父母的代称。明人程登吉《幼学琼林》第二卷中"慈母望子，倚门倚闾；游子思亲，陟岵陟屺"就是取自该篇。北宋范仲淹《唐狄梁公碑》称："诗有陟岵陟屺伤，君子于役，弗忘其亲之深。"

《小雅·祈父》是周王朝的王都卫士抒发内心不满情绪的诗。其中有"祈父，亶不聪，胡转予于恤，有母之尸饔"的诗句。意思是：司马的确不聪明，为何让我去征戍？家中老母在厨房里劳苦。后来，"尸饔"、"尸饔之叹"成为母亲在厨房劳苦的代称。明人王世贞《鸣凤记·桑林奇遇》："遇良人暂困寒窗，尸饔薪水意彷徨。"清人顾炎武《与次耕书》："菽水之供，谁能代之？宜托一亲人照管，无使有尸饔之叹。"清人蒲松龄《聊斋志异·聂小倩》："女即入厨下，代母尸饔。"

《诗经》中叙述从军服役怀念父母的还有《小雅·北山》、《小雅·杕杜》，与《唐风·鸨羽》相同，都有"王事靡盬，忧我父母"的诗句。唐诗人白居易《安南告捷军将黄士傪授银青光禄大夫试殿中监制》讲："戎首来降，陪臣告捷；服勤靡盬，将命无违。"其中的"靡盬"即朝廷的事没完没了，不能归养父母之意。明朝改革家张居正《寿汉涯李翁七十序》中，也有"使谏议无靡盬之叹，翁得以介眉寿之福"的句子。

（3）维桑与梓，必恭敬止

除了对父母要奉养外，能敬重父母才是更高层次的孝。《诗经·小雅·小弁》称："维桑与梓，必恭敬止。靡瞻匪父，靡依匪母。"大意是：家园的桑树和梓树是父母亲手所栽，对桑梓必须像对父母一样的毕恭毕敬。见了父母，没有不恭敬地抬头仰望，贴身依靠的。东汉末陈琳《为袁绍檄豫州》一文中的"松柏桑梓，犹宜肃恭"，即出自《小弁》。正因为桑树、梓树是父母亲手栽种的，又生长在家乡，后人便用"桑梓"来喻指家乡，或家乡的父母。唐柳宗元《闻黄鹂》诗："乡禽何事亦来此，令我生心忆桑梓。"

《大雅·下武》是赞美周武王继承文王之功的诗。其中有"永言孝思，孝思维则"的诗句，意思是牢记孝道，孝道就是生活的准则。从此，这个"孝思"便不断地出现在古代典籍的字里行间。《魏书·孝感传》称："年余耳顺，而孝思弥笃。"武则天《配飨》诗称："孝思期有感，明絜庶无违。"唐诗人孟浩然《仲夏归汉南园　寄京邑耆旧》："忠欲事明主，孝思侍老亲。"宋人曾巩《英宗实录院谢赐筵表》："永怀先烈，务广孝思。"清人韩程愈《睢阳袁氏世系谱序》："自编次以遗子孙，则孝思惟则，又余之所景仰而下拜者矣。"

《大雅·既醉》中有"孝子不匮，永锡（赐）尔类"的名句，意思是孝顺的子孙层出不穷，上天永远赐福给他们。春秋颍考叔帮助郑庄公和母亲和好，《左传》的作者左丘明称赞说："颍考叔纯孝也，爱其母，施及庄公。《诗》曰：'孝子不匮，永锡（赐）尔类。'说的就是这回事。"后来，把"孝子不匮"与《下武》中的"孝思"合称"孝思不匮"、"孝思不匮之念"。

《小雅·小宛》也是反映孝敬父母的诗。其中的"夙兴夜寐，无忝尔所生"讲的是服侍父母要早起晚睡，不要辜负父母的养育之恩。从此，"夙兴夜寐"成为古代媳妇孝敬公婆的必须行为。

（4）孝孙有庆，报以介福

叙述周人的祭祀先祖活动是《诗经》的内容之一。《礼记·中庸》云："践其位，行其礼，奏其乐，敬其所尊，爱其所亲，事死如事生，事亡如事存，孝之至也。"孝不因为父母的离去而终止，而是去完成父母或先祖未竟的事业，这才是最高境界的孝。此外，对死去的亲人、先人还要葬以礼，祭以礼，时刻牢记祖先的恩惠，同时也是为了祈求祖先降福于子孙，使家族人丁兴旺、家运昌盛。

前面提到的《周颂·闵予小子》是周成王祭祀宗庙，继承先人遗志的诗。其中"于乎皇考，永世克孝，念兹皇祖，陟降庭止，维予小子，夙夜敬止，于乎皇王，继序思不忘"，赞美了周成王永世能尽孝道，不忘感念、祭祀皇祖，继承皇祖的功业。

祭祀祖先的活动也叫做"追孝"或者叫做"享孝"、"孝享"、"孝祀"，这些都是祖先崇拜影响的结果。那么祭神的礼拜和献物是怎样的呢？《小雅·楚茨》是讽刺周幽王政繁赋重、田野荒芜、人民流亡、祭祀不缮的诗，人们因此而思念、回顾往昔祭祀的盛况。

诗的第一章呈现给读者的是一片丰收的景象，黍、稷都长得旺盛茂密。仓库和谷囤都装满了粮食，人们把多余的粮食拿出来酿酒以祭祀祖先。第二、三章写祭祀前的准备工作。牛羊洗净烹好端上祭堂，太祝在宗庙内致祭。第四章开始祭祀。写祭祀者态度之肃敬和报以美好的祝福。第五章写祭祀结束之际乐重响起，送神尸离开。第六章写祭祀活动结束后子孙们开始享受祭祀祖先的祭品。最后强调："子子孙孙，勿替引之"。从中我们强烈地感受到孝子孝孙们对祭祖的重视，对祖先的恭敬和祭祀活动的绵绵流长。

《召南·采苹》描述了女子劳远奔波采摘浮萍、水藻，置办祭祀祖先祭品的情景。把南涧采来的祭品用筐装，用筥装，用锅釜精心调配，放到先祖庙堂的窗下。通过祭祀前后种种行为的细致描写，使我们感受到了一位待嫁女子对祭祖的无限诚意。

另外，《诗经》中还有反映妇人将要归宁见到父母的喜悦心情的《周南·葛覃》，思念母亲的《秦风·渭阳》，倡导"有孝有德，以引以翼"的《大雅·卷阿》，倡导"靡有不孝，自求伊祜"的《鲁颂·泮水》，等等。

2. 开宗明义的《孝经》

最早并且集中论述孝道的儒家典籍是《孝经》。我国古代的经典很精炼，一部闻名遐迩的《孝经》不到二千字，相当于现在的一篇短论文。然而，它集《尚书》、《诗经》、《论语》、《孟子》等孝思想之大成，将孝思想融合成了一个完整的理论体系。

关于《孝经》的作者和成书年代，历来学者聚讼不已，看法颇多。

西汉司马迁在《史记·仲尼弟子列传》中讲，曾参"作《孝经》"。西汉经学家孔安国《古文孝经·序》也说："曾子喟然知孝之为大也，遂集而录之，名曰《孝经》，与五经行于世。"东汉班固《汉书·艺文志》认为是"《孝经》者，孔子为曾子陈孝道也"。北宋司马光和清代学者毛奇龄认为《孝经》是孔门七十之徒所作。南宋学者冯椅、明人王应麟认为是孔子的孙子子思所作。还有人认为是曾子的门人、孟子的门人，说法不一。横竖都是讲，《孝经》出自早期儒者之手。

由于《孝经》的作者出现争议，成书时间相应地就出现了不同的观点。有的学者认为《孝经》的许多内容是汉人加进去的。那么，含混一点说，《孝经》的成书年代应在战国至秦汉间。

关于《孝经》的基本思想内容，上述孔子、孟子论孝都已提及。《孝经》共分18章，各章的题目业已体现了全书内容。

《开宗明义章第一》，阐述孝是道德的根本，以及不毁伤发肤，立身、扬名、显亲等。《三才章第七》，阐述了"孝，天之经也，地之义也，人之行也"。《孝治章第八》，谈以孝治天下。《圣治章第九》，圣人以孝为德，"天地之性人为贵，人之行，莫大于孝"。《纪孝行章第十》，"孝子之事亲也，居则致其敬，养则致其乐，病则致其忧，丧则致其哀，祭则致其严"。《五刑章第十一》，五刑之条三千，"罪莫大于不孝"。《广要道章第十二》，"教民亲爱，莫善于孝"。《广至德章第十三》，将孝推广到社会，敬人君敬天下所有人的父兄。《广扬名章第十四》，移孝作忠，齐家治国，立名后世。《谏诤章第十五》，父有诤子，父失则谏。《感应章第十六》，"孝悌之至，通于神明"。《事君章第十七》，"进思尽忠"，匡救君恶。《丧亲章第十八》，"生事爱敬，死事哀戚"。

与上述孔孟论孝不同的是，《孝经》第二、第三、第四、第五、第六章分别叙述了天子、诸侯、卿大夫、士、庶人五等之孝，不同等级的孝有不同的具体内容。

天子之孝是最高等级的孝："爱亲者不敢恶于人，敬亲者不敢慢于人，爱敬尽于事亲，而德教加于百姓，刑于四海，盖天子之孝也。"能够亲爱自己父母的人，就不会厌恶别人，能敬重自己父母的人，就不会怠慢别人。帝王应以对父母的那颗爱心去对待百姓，为四海作出表率，这是"天子之孝"。

"在上不骄，高而不危；制节谨度，满而不溢……保其社稷而和其民人，盖诸侯之孝也。"诸侯居高位而不自高自大，就不会出现危险。节俭而谨慎执行礼法典章，不骄奢淫逸，保其国家而使人民和睦，是"诸侯之孝"。

"非先王之法，服不敢服；非先王之法，言不敢道；非先王之德，行不敢行……三者备矣，然后能守其宗庙，卿大夫之孝也。"不合乎礼法的衣服不穿，不合乎礼法的话不说，不合乎礼法的事不做。做到这三条，就能保住祖先宗庙，这是"卿大夫之孝"。

"以孝事君则忠，以敬事长则顺。忠顺不失，以事其上，然后能保其禄位，守其祭祀，盖士之孝也。"用孝、敬、忠、顺来侍奉君主和尊长，保住自己的禄位，保住对先祖的祭祀，是"士之孝"。

"五等之孝"的最低层次是黎民百姓的孝道，即"庶人之孝"。《孝经·庶人章》说："用天之道，分地之利。谨身节用，以养父母，此庶人之孝也。"遵循天道运行的规律和利用土地之利，辛勤耕耘，注意谨慎节俭，用来奉养父母，这就是庶人的孝道。

五等之孝强调，不同的等级角色，对孝有不同的要求。天子要通过孝保天下，诸侯要保国家社稷，卿大夫要守宗庙，士要保禄位，守祭祀，庶人要保证对父母的奉养。除了肯定等级制度外，五等之孝还显露了伦理孝道与君权政治的结合，体现了一种以孝治国，以孝齐家，以孝修身的思维理念。

三　天下子女的楷模——孝的范式化

创立各种人格范式，给人以规范化的引导，是儒家古已有之的思维方式。在孝道方面，后来的儒学家和统治者也创造了许多理想化的孝子形象。

西汉末刘向著《孝子传》，首开孝子典型化的先例。从南朝梁沈约的《宋书》开始，正史当中出现了"孝子传"，从此，历代的孝子开始名垂正史。

（一）正史中的"孝子传"

正史是指《史记》、《汉书》等纪传体史书。清乾隆年间的《四库全书》，确定《史记》至《明史》的 24 部正统的纪传体史书为正史，并确定凡不经皇帝批准的不得列入。1921 年，北洋军阀政府又增柯邵忞的《新元史》，合称二十五史。但也有人不将《新元史》列入，而将《清史稿》列为二十五史之一。或者，如果将两书都列入正史，则形成了二十六史。

其实《宋书》之前的《后汉书》卷三十九《刘赵淳于江刘周赵列传》已是专门记载孝子的篇章，只是没以"孝子传"命篇而已。从《宋书》以后，大部分正史都有"孝子传"，或者叫"孝义传"、"孝友传"、"孝行传"、"孝感传"等，甚至连部头最小的《陈书》也有"孝子传"。

以《晋书》、《新唐书》、《明史》为例，正史中的"孝子"大体有以下几类。

1. 孝感天地

西晋末年著名的大孝子颜含，少时便以孝悌闻名乡里。其兄颜畿有病，死于医家，家里人迎丧，在回来的路上，忽然招魂旗缠树打不开，领丧人跌倒在地，口称冀言说："我命不该死，只是服药太多，伤害了五脏，还能复活，千万别埋葬我呀！"家里人都想打开棺材看看，可其父颜默不许。当时颜含还很小，慨然对父母说："不寻常的事，古来有之，开棺与不开棺，痛苦一样大，为什么不打开看看？"父母见他说得有道理，令人开棺，果真颜冀有气息散存。哥哥颜冀虽然得救，但长期卧床不能言语，可能就是现在的植物人。家人侍养都生倦色，颜含却绝弃一切事务，辛勤侍护，数年如一日。他对哥哥这种友好，古代叫"悌"。江南富豪石崇听说了，非常敬佩，特赠给他奉养亲人的食物以表敬意。

民间常说："长嫂如母。"父母和两个兄弟相继去世后，寡嫂樊氏因病双目失明，颜含尽心奉养寡嫂，每天药煎好后，是凉是热，都亲自过问；每逢向嫂子问安的时候，都穿戴得整整齐齐。医生开的药方中有味奇缺的髻蛇胆，颜含多方寻求，都没找到。为了寻药，颜含茶不思，饭不想，忧心如焚。忽然有一天来了一个十三四岁的青衣儿童，递给了他一个青囊，颜含打开一看，正是蛇胆。

古人认为孝感天地，这些带有传奇色彩和虚构成分的记载，表现了后人对颜含孝悌行为的敬仰。

林攒，唐朝泉州莆田（今属福建）人。唐德宗贞元（785～805）初年，林攒任福唐县尉。在得知本来就年老体弱的母亲得了疾病后，林攒立即弃官还乡。母亲去世后，他悲痛哀伤，好几天吃不下饭菜。他用砌墓道剩下的砖块在墓旁盖了简易的房子，日夜不离，居住守丧。白乌鹊飞来绕行，甘露降于房上。按当时的说法，这是上天昭示孝子孝行的祥瑞。官府知道后，马上派人查验。谁知道事有不巧，甘露已经被日光晒干了。官府之人如看到这种情景，就要判林攒欺君罔上之罪。乡亲们吓得变了颜色，林攒边哭边说："这难道是上天要降祸于我吗？"话音刚落，甘露又出现了，白乌鹊也飞了回来，朝廷查知是真的，便在林攒母亲的墓前树立了两座石阙，以示旌表。后来，人们就把这个地方称作"阙下林家"。

明朝浑源（今属山西）生员石𤪽的父亲去世后，石𤪽便在墓旁搭盖小屋居住，并亲自为父亲修墓。坟墓刚建成，天下大雨，山洪滚滚而来。石𤪽仰天哭号，水快到达墓地时，忽然分作两路流去了，坟墓得以保全。

弘治五年（1492），朝廷表彰石韛的孝义，赐以匾额。

2. 尽心奉养

三国时期吴国富春（治今浙江富阳）人孙晷恭敬孝顺，清廉节俭，即便是独处一室，容貌举止也循规蹈矩，从不放纵。虽然家业丰厚，但常常穿布衣，吃素食，亲自在田间耕种，读书不辍，欣然自得其乐。父母担心他读书用功过分，让他注意休息，可他仍早起晚睡，没有一点松懈。父母日常的饮食，即使是兄弟们亲自送来，他也从不离半步，细致入微地照顾父母饮食起居。南方人习惯乘船，可父亲不习惯水路，每次出行都乘坐舆，孙晷亲自服侍，到达目的地以后，他就藏在门外，不让主人知道。兄长曾长期卧病，孙晷亲自照顾，尝药送水，精心料理，远涉山水，祈求兄长康复。

亲朋故交中有几个穷困潦倒的老年人，常常前来讨要东西，人们都厌烦、慢待他们，而孙晷对他们却很热情、恭敬，天冷就与之同卧，吃饭也同锅，有时脱下衣服，拿出被子救济他们。有人偷割他家未成熟的稻子，孙晷看到后躲避起来，等人家偷走后再出来，还亲自割下稻子送给偷稻者。乡邻感到惭愧，此后再没有人敢去侵扰他。

唐朝程袁师母亲生病十年，他衣不解带，精心服侍母亲。给母亲的药，每次都亲自尝过后才端给母亲。他替弟弟在洛阳服役时，母亲在家因病而亡。听到噩耗，他每天行二百多里路，赶回家中安葬母亲。他亲自背土筑成坟茔，每日大声哭号，很快就消瘦了许多，以至别人都认不出他了。守丧期间，常有黄蛇、白狼在墓旁行走，但都显得十分驯良。每次哭丧时都有成群的乌鹊边飞边唱。唐高宗永徽（650～655）年间，官府将他的孝行上奏朝廷，他被授为儒林郎。

元末松江（今上海市松江县）人姚玭侍奉母亲逃避兵乱，遇到河水阻挡，一时没法渡过。母亲哭泣着说："乱兵马上就要追到身边，我誓不受辱！"话音刚落，便投水自尽。姚玭见状立刻跳入水中，将母亲背到岸边，挥泪相劝。母亲后来又有病痛，晚上想吃鱼，可家里没有，这时又不能打捞，应该怎么办呢？这时家里养的鱼鹰突然飞出屋外，将鱼抓了回来。姚玭将鱼做熟，母亲吃后病好了许多。明太祖洪武（1368～1398）初年朝廷要选他做官，姚玭说侍奉母亲是自己的本分，没有应选。

3. 扬名显亲

唐朝"三戟张家"是有名的扬名显亲的将帅世家。京兆新丰（治今陕西临潼东北）人张俭的祖父张威为隋朝相州刺史，父亲张植是隋朝的车骑将军。张俭跟随唐高祖、唐太宗征战守边，官至行军总管、都护府都护，加金紫光禄大夫。哥哥张大师任太仆卿、华州刺史。弟弟张延师任左卫大将军，掌典羽林兵 30 年。唐制，三品以上官员得门前立门戟。唐高宗永徽（650～655）初，兄弟三人门前皆立戟，时号"三戟张家"。宋元明清时期，"三戟"一直是官宦贵族之家的代名词，诗人词客赞颂的对象。明代张煌言《寿鲵渊张相国》诗："君不见吾家三戟世风流，杖履从容燕子楼。"清初诗人吴伟业《寿申少司农青门六十》诗："相门三戟胜通侯，兄弟衣冠尽贵游。"

唐朝棣州（治今山东阳信）人任敬臣，5 岁时母亲去世，出于天性的表露，哀号不停。7 岁时他问父亲："人怎样可以报答母亲的养育之恩？"父亲回答："扬名显亲，最为可贵。"他将此话牢记于心，专心致志地读书，进步特别快。汝南（治今河南上蔡）任处权读了他的文章，惊异地说："昔日孔子称赞颜回贤惠，认为自己比不上。我不是古人，这孩子的心志，我也确实赶不上啊！"于是，任敬臣被推举为孝廉，任校正书籍的正字之职。父亲去世后，他好几次都哭晕过去。继母不忍心让他过度悲伤，多次劝他说："你连做丧礼的力气都没有了，这能说你是孝顺吗？"他这才勉强吃饭。后来，任敬臣官至秘书郎，实现了扬名显亲的夙愿。

北宋安州安陆（今属湖北）人宋庠，幼年时同弟弟宋祁随父在外地读书。宋仁宗天圣二年（1024），兄弟俩同中甲子科进士。礼部奏宋祁第一，宋庠第三，章献太后不想让弟弟排在哥哥前面，于是，以宋庠为第一，宋祁为第十。弟弟是真状元，哥哥是实际上的状元，故人称兄弟"双状元"。而章献太后这一改，还真就巧了，宋庠在乡试、会试中都是第一名，殿试又得了第一，遂成为带有传奇特色的"三元状元"。这对父母来说，是多大的荣耀，可想而知。

4. 生事爱敬，死事哀戚

《孟子·离娄下》讲："养生不足以当大事，惟死可以当大事。"就是说养父母并不是什么大事，只有给他们送终才能真正算得上是一件大事。

父母去世后，子女要行"居丧礼"，须着丧服，按时哀哭，举行各种祭祀，还要居住在极其简陋的茅草庐中，期间只准喝粥饮水，睡草垫，枕土块，称作"倚庐、食粥、寝苫、枕块"。

西晋东阳吴宁（治今浙江东阳）人许孜，孝顺友爱，恭敬礼让。20岁时，拜豫章太守、会稽人孔冲为师，向他学习儒经，学完后就回家了。后来听说老师去世，非常悲哀，前去豫章（治今江西南昌）吊唁，并千里送丧到了孔冲的家乡会稽（今属浙江），三年期间吃素、在灵前守护，恪尽弟子的孝道。不久，许孜的父母去世，他哀痛得骨瘦如柴，靠扶着拐杖才能站起来。许孜把墓地营建在东山，亲自背土，不受别人的帮助。有人可怜他病弱劳累，硬来帮他修墓，到了夜里，许孜就将墓拆掉重修。因为给父母服丧，许孜休了妻子，整天就住在坟墓旁边。他在墓边栽种了五六里的松柏林，有一只鹿弄倒了他种的松树，许孜悲叹说："只有鹿不体谅我啊！"第二天，忽然看见鹿被猛兽杀死了，放置在它所碰倒的那棵树下。许孜怅然惋惜不已，把鹿埋在路边，为它作了坟。奇怪的事接二连三发生，不久猛兽又在许孜面前自杀了。许孜更加叹息，又把猛兽埋了。后来树木茂密，不再被破坏。二十多年后，许孜另娶了妻子，把家安在墓旁，早晚向父母请安，对待死去的父母就像他们还活着时一样。鹰和野鸡栖息在他家房梁、屋檐上，鹿和猛兽在他院子里交颈同游，都不互相攻击捕食。当地人称呼他居住的地方为"孝顺里"。

唐朝虢州阌乡（治今河南灵宝）人梁文贞被征去服兵役，服完兵役回到家乡后，父母均已辞世。他为没有给父母养老送终而悔恨不已，下决心补偿回来。于是，"穿圹（墓）为门，登道出入，晨夕洒扫其中"，还在父母的墓边搭了一座简易草庐，一直守候在那儿，几乎寸步不离，一守就是30年。为表达对母亲的忠孝之心，他30年来从不说话。如果家人或近邻有事要问他，他就在地上写字作答。有一年突降暴雨，山洪冲断了官道，人们不得不改道从梁文贞父母的墓前通过。从此，凡来往于此的人都能看到梁文贞为母亲守孝的感人一幕，人们无不为他的孝义所感动而流泪。据说有一天，天降甘露，从茔前的树下突然跑来一只白兔，在梁文贞的草庐前跑来跑去。乡邻们见状，都说那是梁文贞的孝心感动了上天，上天怕他在此寂寞，就派白兔下凡陪伴他。

《新唐书·孝友传》还记载了几例父母丧期间极端的愚孝行为。绛州闻喜（今属山西）人裴敬彝因母丧过度悲伤，哭瞎了双眼。庐州（治今安徽合肥）人万敬儒丧亲庐墓，刺破手指，用鲜血写浮屠书，写断了两根手指。万幸的是孝感天地，手指又都重新长了出来。

明朝洪武（1368～1398）年间的孝子侯昱，在东平州读书，听说母亲病重，马上请假回家，昼夜服侍汤药，衣不解带。母亲去世后，搭草庐于墓侧，寝苫枕块，蔬食水饮，且夕哭奠。服丧三年才继续求学。朝廷下诏，旌表其门曰"孝子侯昱之门"。

明朝的权谨，10岁丧父，当时他哀痛甚至哭死过去。永乐（1403～1424）年间权谨官至光禄署丞。母亲90岁去世，他在墓旁倚庐守孝三年。明仁宗因权谨有孝行，封他为文华殿大学士，并对权谨说："朕提升你，只是要给天下为人子者对立个典范，其他事对你不苛求。"还命令群臣要效仿权谨的孝义。明宣宗即位后，升权谨为通政司右参议。为表彰他的孝心，特在徐州户部山赐建孝子牌坊。

5. 孝子万里寻亲

战乱年代，客死他乡，尸骨难收是常有之事，但孝心笃厚者却会苦寻不已，初唐博州聊城（今属山东）人王少玄便属此类。王少玄的父亲死于隋末战乱中。王少玄是遗腹子，到十多岁时，问父亲所在，母亲告诉他父亲在本郡城外西面为乱兵所杀。当时野外白骨枕藉，无可辨别。王少玄哀泣求尸，有人告诉他，可以滴血认亲。就是将自己的血滴在死人的骨头上，如果血渗入骨头，那就证明两人存在血缘关系。于是，王少玄于荒野中遍寻尸骨，一一刺血验对。经过十多天，终于找到了父亲的尸骨。但他已经是遍身病疮，体无完肤了。在今人看来，他所获的尸骨未必是真身，但他对父亲的真情和坚忍不拔的毅力不能不令人感佩。

《明史·孝义传》记载了山阴（治今浙江绍兴）人刘谨三赴云南寻父的事迹。刘谨父亲犯罪，被流放到云南守边。6岁时，刘谨向家人问清云南的方位，常常对着西南方叩拜。14岁时他愤然说道："云南虽有万里之遥，但天下哪能有没有父亲的儿子呢！"于是奋不顾身，前去探望父亲。六个月后他到了云南，在旅店里与父亲偶然相遇，两人紧紧拥抱，痛哭一场。父亲后来患病，刘谨上告官府，请求代父守边。当时的法律规定：年满16岁的长子，才能代父守边。他未成年，不能取代。后来听到堂兄去世，他只好回家料理丧事。丧事料理完毕，为了护理父亲，刘谨带着丧父的侄儿又来到云南。由于侄儿年少不服水土，他又把侄儿送回老家。刘谨变卖了家产，安置好侄儿，第三次来到云南，奉养父亲，一直到父亲去世。

刘谨虽未成年，却能孝敬父亲，鞠养孤儿，万里奔波，无怨无悔。父亲得到儿子的慰藉，侄子得到长辈的呵护，这才是高尚可贵的、有价值、有意义的真孝、真慈。

6. 父母在堂不受诏

"子到英年亲白头"，就是说儿子出仕当官的年龄，也正是父母年老体衰，需要儿女膝下尽孝的时候。孔子的"父母在，不远游"就是基于这种情况提出来的。

西汉琅邪（治今山东诸城）人王阳，是"父母在，不远游"的典范。《汉书·王尊传》载：王阳任益州刺史，见蜀地山路险峻，感叹说："奉先人遗体，为什么要踏此天险？"遂以病辞官。后王尊任益州刺史，走到这里，问部下说："这不就是王阳所畏惧的道路么？"遂不畏天险，勇敢地冲了过去，并说："王阳为孝子，王尊为忠臣。"后人称作"王阳回车，王尊叱驭"。

明朝鄢陵（今属河南）人梁策，被任命为成都知府，马上想起王阳、王尊的故事，感叹说："我不学王尊叱驭，我要学王阳回车。"遂回家跪在父亲面前，请示父亲的意见。父亲大怒说："为国家尽忠就不是孝吗？难道你就不知道《孝经》上讲的'始于事亲，终于事君'的道理吗？"梁策还是坚持自己的意见，伏地不起。梁父举起拐杖要打，梁策无奈，才去上任。待三年考核完毕，便请求回家奉养老父。

明清两朝，官员中仍然流行辞官奉养双亲和为奉养双亲而拒绝出仕的风气。

明朝弘治九年（1496），进士陈茂烈任御史不久，即以母老辞官。到正德五年（1510），吏部因陈茂烈养母清贫，准备任命他为晋江教谕，让他用俸禄来赡养母亲，被陈茂烈推辞了。后来朝廷又每月供应他三石米，陈茂烈本想推辞，但在诏书的强制下只好接受了。

明朝江西佥事黄佐，听说母亲生病，便请求休假，可还没等到上级批准就回家了。朝廷令江西巡抚林富逮捕黄佐审问，林富上书说："黄佐的确有罪，但是为了母亲，于情可原。"于是朝廷非但没治罪，还恢复了他的官位。浙江佥事宋景，刚上任几个月，听说母亲病了，马上弃官回家，朝廷也没追究。

还有的为了奉养双亲，终身不远游，不出仕。明朝长洲相城里（今属苏州）人沈周，父亲去世　有人劝他出仕，沈周说："你不知道我是母亲的命根么？奈何为了升斗奉禄而远离膝下？"沈周母亲与邻居老太太友善，老太太家失火，无处安身，沈周的母亲时刻挂念着。沈周便把邻居老太太请回自己家，晨夕奉之若母，母亲知道后喜出望外。为了在膝下尽孝，沈周终身不远游，母亲90岁去世，那时他也快80岁了。

7. 以孝齐家，同居敦睦

宗法家族观念的牢固，使古代产生了许多聚族同居共财的大家族，甚至有的几十代同居，长幼数千口。一个大家族就是一个小社会，要生活和生产必须依靠家规、家训来管理，而维系它的则是孝，即以孝齐家。

隋朝瀛州饶阳（今属河北）人刘君良，四世同居，族兄弟之间如同亲生，"斗粟尺帛无所私"。隋朝大业（605～618）末年闹饥荒，刘君良的妻子被私欲所诱惑，想劝刘君良分家，偷偷把院落中树上鸟巢中的幼鸟互相掉包，让群鸟争斗鸣叫。刘家人不知真相，都很奇怪。刘君良的妻子借题发挥说："现在天下大乱，连禽鸟都不能相容，何况人呢？"刘君良听信了她的话，便分了家。一月之后，刘君良方才识破妻子的诡计，立即把兄弟亲人们召集来，哭着向他们说明了事情的真相，并休掉了妻子。从此以后，刘君良又同兄弟们和睦同居。当时盗贼作乱，乡里有数百家人都依傍刘家来修筑土城，人称"义成堡"。唐朝初年，深州别驾杨宏业到刘君良家参观，刘家有六个院落，却只有一个厨房，子弟们都很有礼节，杨宏业为此赞叹不已。

其实，在多代同居共财方面，刘君良家还不是最典型的。唐朝张公艺九世同居，北齐、隋朝、唐朝均旌表其门。《宋史·孝义传》载，宋朝陈兢一家"十三世同居，长幼七百余口，不蓄仆妾，上下姻亲睦，人无间言。每食必群坐广堂，未成人者别为一席。有犬百余，亦置一槽共食，一犬不至，群犬亦皆不食"。

《明史·孝义传》记载的四世、五世、六世、七世，乃至十一世同居者多达数十家，均敦睦无间，家族昌盛。其中最典型的当属浙江金华府浦江县的郑氏家族。

郑氏于宋理宗宝庆三年（1227）开始兄弟同居，到明朝天顺三年（1459）因火灾而分居，历经南宋、元、明三代，共13代，332年。累世同财共食，和睦相处，人数最多时达三千余人，孝义治家名冠天下，被称作"郑义门"。郑家有两匹马，只要一匹马外出，另一匹就因思念而不吃草料。元武宗至大（1308～1311）年间表其门闾为"东浙第一家"。明洪武十八年（1385），朱元璋赐封其家为"江南第一家"。建文帝御书"孝义家"三字赐之。明初文学家方孝孺《郑义门》称赞说：

> 丹诏旌门已拜嘉，千年盛典实堪夸。
> 史臣何用春秋笔，天子亲书孝义家。

元朝延长县（今属陕西）的张闰家族，和睦得让人称奇。张闰家八世不异炊，家人百余口，"幼稚啼泣，诸母见者即抱哺。一妇归宁，留其子，众妇共乳，不问孰为己儿。儿亦不知孰为己母也"。由于母亲辈共同哺育下一代的婴儿，竟然使婴儿不识其亲生母亲。

另外，从《新唐书·孝义传》开始，还记载了大量"刲股疗亲"的愚孝现象，本书后面还要叙述。

综上而观，正史中的孝文化有几个突出的特征：第一，孝行范围广，行孝的事项几乎包括了古代孝行的方方面面，为人们了解古代孝事提供了一个完备的"标本"。第二，有许多极端化的愚孝、假孝现象，如割股疗亲、守丧几十年、甚至以生殉死，等等。第三，孝子顺孙成为朝廷旌表的主要对象。

（二）二十四孝

元代郭居敬将历史上曾参、闵子骞、老莱子等24人的孝行汇集起来，编著成《二十四孝》，明人王克孝又绘《二十四孝图》，后来又有《女二十四孝》、《女二十四孝图》等。

在"二十四孝"中，子路为亲负米、丁兰刻木事亲、姜诗妻纺织养姑、蔡顺拾葚供亲、江革行佣供母是对父母生事奉养的典范；董永卖身葬父，是送终尽孝，葬亲以礼的典范；黄香温席、吴猛恣蚊饱血，是"冬温夏清"的典范；老莱子娱亲，是"色养"父母的典范；杨香打虎是舍己救父的典范；汉文帝亲尝汤药、庾黔娄尝粪忧心，是"病则致其忧"的典范；黄庭坚涤亲溺器、朱寿昌弃官寻母，是大孝尊亲的典范；舜象耕鸟耘、王祥卧冰、孟宗哭竹、郭巨埋儿、王裒闻雷泣墓，是孝感天地的典范；曾子啮指心痛是母子连心的典范；鹿乳奉亲、乳姑不怠，是喂养父母的典范；闵子骞单衣顺母是孝敬继母的典范；陆绩怀橘是供奉甘肥的典范。

1. 子路负米、蔡顺拾葚、丁兰刻木

孝敬父母，首先是养父母，让父母衣食无忧。孟子的"五不孝"之中，"不顾父母之养"占了三条。《礼记·内则》强调，在饮食方面，对父母要"问所欲而敬进之"。北宋司马光也强调："将食，妇请所欲于家长，退具而供之。"也就是说，在力所能及的情况下，父母想吃什么，子女就应该供养什么。为此，"二十四孝"列举了一系列敬奉父母饮食的典范，其中有子路为亲负米、蔡顺拾葚异器和丁兰刻木事亲。

孔子的弟子子路，名仲由，年轻时家里穷，用野菜汤奉养父母，还曾经到百里之外寻找粮米，背回来奉养双亲。父母去世后，子路在楚国做了大官，从车百乘，积粟万钟，列鼎而食。想起父母和过去的困苦生活，子路难过地说："我现在虽想再喝过去的野菜汤，再给父母到百里之外背米，还有机会么？"孔子称赞说："子路侍奉父母，活着的时候已经尽力了，死后仍在思念。"

西汉汝南（今属河南）人蔡顺，年少失父，与母亲相依为命。时遭王莽之乱，又值荒年，柴少米贵，母子只好拾桑葚野果充饥。蔡顺把拾得的桑葚分别放在两个篓子里，成熟可口的黑色桑葚给母亲吃，还没熟透的红色桑葚留给自己。赤眉军遇到蔡顺，看到他这样做感到奇怪，便问他缘由。蔡顺说:"黑者奉母,赤者自食。"赤眉军为他的孝行所感动,非但没有抢劫,反而送给他二斗白米,一只牛蹄。

"丁兰刻木事亲"纯粹是为迎合世俗观念而虚构出来的。最早见于西汉刘向的《孝子传》,说是丁兰"刻木为母"。山东嘉祥东汉武氏祠有"丁兰刻木为父"的石刻画像,画像中刻的是父亲,不是母亲。三国曹植《灵芝篇》载:"丁兰少失母,自伤早孤茕。刻木当严亲,朝夕致三牲。"说的是母亲。后来经不断完善,在"二十四孝"中的情节是:丁兰幼丧父母,没来得及奉养,因而思念父母劬劳,刻木为父母像,一日三餐,事之如生。丁兰外出,妻子用针刺父母的手指,竟然流出鲜血。木像见到丁兰,眼中垂泪。丁兰问出实情,把妻子休掉了。

民间俗语讲,只要儿女有孝心,粗茶淡饭苦也甜。子路和蔡顺是真孝子,虽然供奉父母的是野菜、桑葚,但贩夫走卒生前孝敬,胜过王公贵族死后祭祀。他们对父母尽了淳朴、绵薄的孝心,让父母感受到了孝的真情,他们没有愧疚,没有遗憾。丁兰刻木事亲,再遗憾、再诚心,再休掉十个不孝的妻子,又有什么用呢?

2. 闵子骞单衣顺母

孔子的弟子闵子骞少小丧母,父亲娶了后妻,又连续生了两个弟弟。冬天,后母用丝绵为两个亲生的儿子做棉袄,给闵子骞做的棉袄却絮以芦花。有一次,闵子骞为父亲驾车外出,手冻僵了,缰绳掉在地上。父亲责备他,闵子骞默默不吐实情。父亲大怒,拿过马鞭就打,棉衣绽裂处飞出芦花。数九寒天,穿芦花做的衣服能不冷么?得知真相的父亲愧忿之极,要把后母休掉。想到两个年幼的弟弟,闵子骞跪求父亲说:"母在一子寒,母去三子单。"父亲这才饶恕了后母。从此以后,后母对待闵子骞如同己出,全家和睦。后人评论说:"孝哉!闵子骞。一言其母还,再言三子暖。""二十四孝"把闵子骞的故事编入其中,叫做"单衣顺母",民间也叫"鞭打芦花"。

3. 老莱子戏彩娱亲

儒家的孝道强调子女膝下尽孝,强调"敬"和"色养"父母,让年老的父母充分享受身心愉悦的天伦之乐。"二十四孝"中老莱子"戏彩娱亲"就是这方面的典范。

春秋末年，山东蒙山之阳有一个隐士老莱子，楚国人，日出而作，日落而息。老莱子是个大孝子，自己七十多岁了，父母仍然健在。在父母面前，老莱子从来不说自己老，有甘美香脆的食物，都用来侍奉父母。见双亲寂寞，他特也养了几只美丽善叫的鸟，让父母玩耍，他自己也经常引逗，让鸟儿发出悦耳的叫声。为了取悦父母，老莱子经常穿着五彩衣，装成婴儿的样子，让父母享受年轻育儿时的天伦之乐。有一天，老莱子端着一盆水进屋，走到父母跟前，故意跌倒在地，四肢朝天蹬伸，像婴儿一样地啼哭，不肯起来。搞这样善意的恶作剧，就是为了让父母看了高兴，可谓用心良苦。楚昭王听说了老莱子的事情后，想让他出来做官，老莱子便带着全家隐居到江南去了。

后来，"老莱衣"成为"色养"父母的代名词，老莱子"戏彩娱亲"的故事被广泛传颂、赞同。唐朝诗人孟浩然《蔡阳馆》诗称："明朝拜嘉庆，须著老莱衣。"北宋诗人苏舜钦专门写了咏《老莱子》的诗，其中有"飒然双鬓白，尚服五彩衣"的诗句。南宋理学家朱熹《寿母生朝》诗："但愿年年似今日，老莱母子俱徜徉。"元朝诗人郭钰《赠彭将军》也有"座上衣冠戏彩日，窗前灯火读书秋"的诗句。

老莱子"戏彩娱亲"固然落实了儒家的"色养"父母之道，但一个七十多岁的老人，还穿着婴儿的五彩衣在地上哇哇啼哭，还要做人的尊严么？由此可知，扭曲了的孝道是以丧失儿女的人格尊严为代价的。

4. 董永卖身葬父

儒家的孝道既强调"生，事之以礼"，"养则致其乐"，使父母有一个幸福的晚年；又要求对死后的父母要感恩和追思，叫做"死，葬之以礼"。"二十四孝"为此树立了"卖身葬父"的榜样——董永。

东汉山东嘉祥武氏祠画像石有"董永鹿车载父"图，在一棵大树下有一鹿车（独轮车），上有小罐，大概是田间劳作盛水之用，一位老人坐于车上，左手执鸠杖，右手前伸，似乎是在指点董永劳作。老人上方刻"永父"二字。其左为董永，右手执农具，回首望着父亲，身旁刻"董永千乘（今山东博兴）人也"六字。董永左边有一大象，体态粗壮，大耳如扇，长鼻高扬。董永右上方有一只鸟，张开双翅，作飞舞状，取"象耕鸟耘"之意。

现实生活中的董永，只是在生活中孝敬、关爱父亲，用庇车推着父亲到田间劳作，而不让父亲在家孤独、寂寞，并无卖身葬父的情节。董永"卖身葬父"记载于西汉刘向的《孝子传》。书中说董永父亡，无钱安葬，向人借了一万钱，并对债主说："若无钱还君，当以身作奴！"到债主家为奴的路上，董永逢一妇人，愿意当他的妻子，一起和他还债。到了债主家，债主说："为我织出千匹绢，你们夫妻就离开吧。"结果，董永的妻子仅用十天就织完了。回家的路上，董妻说："我是天上的织女，你的孝行感动了天，上天派我和你共同还债，债务偿清了，我该走了。"说完，就飞走了。

也有的说，董永"卖身葬父"的情节是后世逐渐附会而成的。三国曹植《灵芝篇》才有"天灵感至德，神女为秉机"的说法。到东晋干宝的《搜神记》中董永被塑造成卖身葬父的典范。

据有关典籍记载，董永家境贫寒，为避兵乱，偕父母迁居河南新蔡县，最后到达今湖北孝感市。董永的故事也被美化为颇具浪漫的人间孝子与天国仙女双双尽孝的戏剧，黄梅戏《天仙配》便是其中的代表作。据说，湖北孝感市就是董永与仙女相见和分别之处，县名"孝感"即由此而来。

然而，从这浪漫美丽的孝的赞歌中我们看到，子女们在父母入土为安的长眠中出卖了人身，丧失了自我。老莱子丧失的是人格，是尊严，董永则连自己都给卖了。

5. "冬温夏清"的典范——黄香和吴猛

《礼记·曲礼》载："凡为人子之礼，冬温而夏清，昏定而晨省。""冬温而夏清"是讲，冬天要为父母温席，夏天要为父母纳凉。"二十四孝"中，黄香"扇枕温衾"，吴猛"恣蚊饱血"就是两个关心父母，"知冷知热"的孝子典范。

《后汉书·黄香传》载：东汉江夏安陆（今属湖北）人黄香，9岁丧母，因思念母亲而哀伤憔悴，乡人称其至孝。12岁时，太守刘护把他召为门下孝子。黄香虽家贫，但尽心奉养老父，刻苦读书，很快就博通经典，京师号曰"天下无双，江夏黄童"。后黄香官至尚书令、魏郡太守。

"二十四孝"说，黄香9岁时，服侍父亲极尽孝道。夏天暑热，黄香担心劳累一天的父亲睡不好觉，先用扇子扇凉父亲的枕席床铺，再请父亲上床睡觉。冬天寒冷，黄香就先钻进父亲冰冷的被窝里，用自己的身体把被子焐暖，再请父亲去睡。《三字经》说的"香九龄，能温席"，就是指东汉黄香。

《晋书·艺术传》载：吴猛是东晋豫章（治今江西南昌）人，"少有孝行，夏日常手不驱蚊，惧其去己而噬亲也"。"二十四孝"中说，吴猛8岁时，事父母至孝。每到夏天，他的床上不挂蚊帐，还脱光衣服，让蚊子叮咬自己。他认为，蚊子喝饱了自己的血，就不会去叮咬父母了。

孩童的这种天真想法实在可笑，却让人笑不出来。虽然其法不可取，但这种近乎"痴傻"的孝行绝不是愚孝，而是一颗淳朴、率真的童心。黄香、吴猛的故事还告诉我们，孝是天下所有子女应尽之责，那些稚气未退的孩童即便不承担责任，但不能不接受孝文化的熏陶，不能没有对父母尽孝的童心。

6. 汉文帝亲尝汤药与庾黔娄尝粪心忧

"二十四孝"中有两则父母"病则致其忧"的故事，其中的一例讲的就是堂堂九五之尊的汉文帝的故事。汉文帝名刘恒，是汉高祖刘邦的儿子，汉初大臣们平定诸吕后，拥立他为皇帝。汉文帝在位期间实行休养生息政策，注意发展农业，使西汉社会经济得到恢复和发展，历史上把他和汉景帝统治时期誉为"文景之治"。

汉文帝不仅是一个有作为的帝王，还是一个有名的大孝子。汉朝标榜以孝治天下，他应该是率先垂范者。

汉文帝对母亲薄太后非常孝顺，虽然身为天子，奉养母亲从来不敢怠慢。薄太后患了重病，而且一病就是三年，卧床不起。这可急坏了刘恒。本来，护理薄太后的宫女、侍从前呼后拥，用不着尊贵的皇帝亲自动手，可汉文帝坚持日夜守护在母亲的床前，常常目不交睫，衣不解带。母亲吃的汤药，也要天天亲自动手煎熬。每次煎完，先要尝一尝苦不苦，烫不烫，觉得差不多了，才给母亲喝。母亲卧病三年，他坚持亲自护理了三年。

俗话说：久病床前无孝子。一介平民百姓护理久病的父母已是难得，作为日理万机的帝王，在宫女、侍从众多的情况下，能够坚持亲自护理病中的母亲，尽人子之孝，就更难能可贵了。"二十四孝"中称他"仁孝闻天下，**巍巍冠百王**"，并没有过誉，他是受之无愧的。

庾黔娄是南朝齐新野（今属河南）人，自小诵读《孝经》，了解孝敬父母之道。南朝的编县（治今湖北南漳）境内多老虎，庾黔娄当了编县县令后，老虎都跑到别的县境去了，人们都说是他的仁孝所致。

后来，庾黔娄又担任屠陵县（治今湖北公安）县令，上任不到十天，总感觉坐立不安，他猜想可能是家中亲人有难，立即弃官归家。回到家里，得知是父亲庾易得了痢疾。庾黔娄慌忙延医给父亲治病，医生说："要晓得病可不可以医治好，只要尝了病人的粪，自然会明白。若粪味是苦的，就容易医治了。"庾黔娄立刻取父亲的粪尝了尝，不料气味是甜的，心里马上纠结忧愁起来。每到了晚上，他便叩头祈祷北斗星，请求替代父亲去死。有一次祈祷时，听到空中有声音说："微君（你父亲）寿命已尽，念你一片诚心，只能延长到月底。"到了月底，庾易就死了。庾黔娄安葬了父亲，在坟墓旁倚庐为父亲守孝。

"尝粪验疾"的行为是否是愚孝，是否符合古代的中医理论，笔者不敢妄断。但亲尝汤药、尝粪忧心、衣不解带中蕴含的子女对父母的至亲、至爱、至诚、至孝，还是应该弘扬的。

汉文帝护理生病的母亲衣不解带，随时听候呼唤，后来也为诸多的孝子效法。《世说新语·排调》刘孝标注引《中兴书》载，东晋殷仲堪护理病中的父亲，衣不解带数年。南朝刘霁已经50岁了，母亲生病，"衣不解带者七旬"。一旬为10天，七旬即70天，一个50岁的老人，护理生病的母亲，70天衣不解带，真是难以想象，更不用说像殷仲堪那样衣不解带数年了。

7. 黄庭坚涤亲溺器

黄庭坚是北宋治平四年（1067）进士，官至起居舍人，历史上著名的文学家，书法家。他的诗与苏轼并称"苏黄"，他与张耒、晁补之、秦观并称"苏门四学士"。书法与苏轼、米芾、蔡襄等称为"宋四家"。他不仅自己躬行孝道，还不失时机地规劝朋友养亲尽孝。朝廷官员中有个叫王稚川的，把老母留在家乡，久不归养。有一次，王稚川观看歌舞，有人唱诗说："画堂玉佩紫云响，不及桃源欸（ǎi）乃歌。"意思是，雕梁画栋的贵人生活，不及水乡行船者的棹歌。黄庭坚和诗劝解王稚川说："慈母每占乌鹊喜，家人应赋扊扅（yǎn yí）歌。"

《扊扅歌》里隐含着一段辛酸的故事。相传，春秋时期，百里奚出仕虞国时，家中贫穷，临别前妻子杜氏以扊扅（门闩）为柴火，烹鸡为食给百里奚吃，嘱咐他勿忘妻儿。后来，百里奚辗转流落到楚国为囚，被秦穆公用五张羊皮赎了回来，当上了秦国大夫。杜氏飘零至秦国百里奚府中，作洗衣的仆人，歌《扊扅》：

> 百里奚，五羊皮！
> 忆别时，烹伏雌，
> 舂黄米，炊扊扅。
> 嗟乎！今日富贵忘我未？
> 百里奚，五羊皮！
> 父粱肉，子啼饥，
> 夫文绣，妻浣衣。
> 嗟乎！今日富贵忘我未？

黄庭坚意在用《扊扅歌》提醒王稚川：勿忘家中的白发老娘。史书上称赞黄庭坚"可谓尽朋友责善之道"。

"二十四孝"里有一则家喻户晓的故事——涤亲溺器，说的就是黄庭坚。他秉性至孝，小时候侍奉父母无微不至。母亲有洁癖，受不了马桶的异味，黄庭坚就天天亲自倾倒并清洗母亲所使用的马桶，数十年如一日。后来，黄庭坚成为朝中显贵，家里仆从甚多，但他仍然坚持亲自为母亲清涤马桶。他认为，孝敬父母是子女应该亲自做的事，不可以委托他人，尽心侍亲和当不当官是没有关系的。北宋大文豪苏东坡非常钦佩他的文章和孝行，赞叹他"瑰伟之文，妙绝当世；孝友之行，追配古人"。

的确，父母因年老、疾病而生活不能自理，为父母端屎端尿，擦身体，洗被褥，这往往是子女最为难、最怵头的事情，很难说是子女的天伦之乐。可孟子认为,孝敬父母是一种愉悦的感受,九五之尊的天子,才华横溢的文士为我们作出了楷模,现代的子女们该怎么弘扬呢?

8. 孝感天地——涌泉跃鲤、卧冰求鲤、哭竹生笋

孝感天地方面最典型的是"象耕鸟耘"的舜了,"二十四孝"中把他排在第一位。其他还有涌泉跃鲤、王祥卧冰求鲤、孟宗哭竹生笋等。

《后汉书·列女传》载:东汉姜诗之母好饮江水,妻子庞氏每天到六七里外的江中汲水。有一次因回来晚了,被姜诗赶出家门。庞氏便住在了邻居家,每日纺织买美味让邻居送给婆母吃。婆母深受感动,将她接回家。家中忽有涌泉,味如江水,每天还有两条鲤鱼跃出。赤眉军路过姜诗家门,看到这一奇观,认为这是孝行感动了天神,于是留下米肉,掩藏起兵器,悄悄而过。"二十四孝"中把"姜诗妻纺织养姑"的故事叫"涌泉跃鲤"。

西晋王祥的后母朱氏冬天想吃活鲤鱼,王祥便跑到封冻的河面,脱掉衣服,卧在冰上,希望能用自己的体温化开冻冰,捉到活鱼。数九寒天,刺骨的寒冰冻得他牙关打战,全身颤抖,但他仍然强忍着。忽然,身下的冰块自动裂开了,跳出两条大鲤鱼。王祥大喜,抱着鲤鱼飞奔回家,煮鱼汤给后母吃。后来,病重的后母又想吃烤黄雀,王祥正要想办法捕捉,有数十只黄雀自动飞到屋里。由于他至诚的孝感动了天地,后母朱氏病重期间,无论想吃什么,他都能搞得到。

说到鲤鱼,当时还有一个与王祥很类似的故事,叫做"杜孝投鱼"。杜孝是巴郡(治今重庆江北)人,在成都服役,早年丧父,母亲一人在家。他知道母亲喜欢吃活鱼,截了一个大竹筒,里面放上两条活鱼,用草封好口,祷告说:"我母必得此鱼。"然后将竹筒投入江中。说来还真巧,杜母到江边提水,见上游漂来一竹筒,捞上来一看,里面有两条活鱼,微笑着说:"此必我儿所寄。"

孟宗"哭竹生笋"是讲,晋代孟宗的母亲年老病重,寒冬想吃鲜竹笋。孟宗无计可得,跑到竹林抱竹哭泣。突然有地裂之声,从地下长出几棵竹笋。孟宗采回,母亲食用之后疾病痊愈。

类似王祥卧冰、孟宗哭竹而孝感天地的故事,后来不乏其例。明朝东阿(今属山东)人师逵,13岁时母亲生病,想吃藤花菜,小小年纪的

他跑出城南 20 里路寻找。等采到藤花菜后，天已经黑了，回来的路上忽然遇到老虎，师逮高声大呼，老虎竟舍他而去。虎口余生的师逮终于让母亲吃上了藤花菜。

9. 曾参啮指心痛

儒家既然强调子女应膝下尽孝，可父母一旦遇到重病、大灾大难，在当时没有电报、电话、手机等现代化的通讯工具的情况下，怎么能通知远处的游子呢？又怎么能让他们迅速地赶回家呢？博大精深的中国孝文化竟然荒唐而合理地解决了这一难题，叫做"啮指心痛"。

"啮指心痛"是"二十四孝"中的故事，说的是孔子的弟子曾参少年时家贫，常入山打柴。一天，家里忽然来了客人，母亲不知所措，就用牙咬自己的手指。母子连心，山里的曾参忽然觉得心疼，知道是母亲在呼唤自己，便背着柴迅速返回家中，跪问缘故。母亲说："有客人忽然到来，我咬手指盼你回来。"于是，曾参赶紧以礼接待客人。

这个故事似乎已从人们的主观意念上揭示出，人类血缘亲情之间存在一种割不断的心灵感应。曾母啮指发出的信息，就像无线电电波一样告知了儿子。此后，在中国的孝文化风俗中，一直流传着母子连心的传统观念，许多远离父母的游子凭着这种心灵感应而迅速回到父母身边。

《旧唐书·孝友传》载：蒲州安邑人张志宽为里正，一天他向县令请假说："向（刚才）患心痛，知母有疾。"县令不相信，说是"妖妄之辞"，把他扣押起来。后来派人到他家验看，果然是他母亲病了。绛州闻喜（今属山西）人裴敬彝，父亲任内黄（今属河南）县令而猝死。裴敬彝远在长安，忽然泣涕不食，对人说："父亲每有疼痛，我就惶恐不安。今日心痛，手脚不能动，肯定有不测之祸。"于是便倍道兼程赶回家。

后来，母子连心、父子天性、互相感应的说法，充斥历代正史"孝子传"的字里行间。"啮指心痛"的说法，遂为世俗社会所强烈认同。

10. 杨香扼虎救父

晋代 14 岁的少女杨香跟随父亲杨丰到田里干活，不幸遇上了凶猛的老虎。父亲躲闪不及，被老虎一口咬住。如果不去搭救，会眼看着父亲被老虎拖走。当时杨香手无寸铁，却毫不畏惧，一心只想着帮助父亲脱离险境，丝毫也没有考虑自身的安危，一下子跳到老虎的背上，用力掐住它的脖子。老虎突然遭到袭击，受到了惊吓，丢下他们，转身逃跑了，杨香的父亲幸免于难。

古代人烟稀少，虎豹豺狼到处都是，打虎救父母的故事史不绝书。

元朝漳州长泰（今属福建）人王初应，至大四年（1311）二月，跟随父亲王义士到刘岭山砍柴，一只老虎从荆棘中跳出，扑向王义士，咬伤了他的右肩。王初应抽镰刀刺中老虎的鼻子，杀死老虎，救出了父亲。

明朝大同广昌（治今河北涞源）人谢定住，年方12岁，家中养的牛走失，母亲抱着弟弟追牛，谢定住赶紧跟上去。突然从路旁跳出一只老虎，扑向母亲，谢定住奋勇上前与老虎搏斗，把老虎赶跑，从母亲怀里抱过弟弟，扶着母亲逃命。老虎又追了上来，张口咬向母亲的脖子，定住再次击跑老虎。刚走了几步，老虎又回头咬住母亲的右脚，定住捡起石头向老虎乱打，老虎只好放开母亲走了。就这样，谢定住一边同老虎搏斗，一边抱着弟弟，保护母亲，最终安全回到家中。

据《明语林》载：明朝廖庭皓的母亲到菜园里摘蔬菜，被老虎叼走，廖庭皓奋起急追，抱住老虎的脖子，老虎拖着母子二人不肯撒口。情急之下的廖庭皓伸手探入虎口，这一招还真管用，老虎放开母亲，负痛而走，母子遂脱离虎口。

以上这些打虎救父母的事例竟然全是弱小童稚，危险之际挺身而出，由对父母率真、淳朴的敬爱引发出奋不顾身的神勇和胆气，实在是令人敬佩。

11. 郯子"鹿乳奉亲"和唐氏"乳姑不怠"

"年来七十罢耕桑，就暖支羸强下床。"任何人都会走向衰老，都会有疾病的发生，与此相伴随，在饮食上必然会出现一些特殊的需要。在父母病重、年老不能自理时，子女还得亲自喂食。

"二十四孝"中，有两则喂养父母的特例，一则叫郯子"鹿乳奉亲"。郯子是春秋时期郯国的国君，他年老的父母都患有眼疾，思食鹿乳。郯子便披上鹿皮进入深山，混入鹿群中，挤鹿乳回来供养双亲。有一次正当他取乳时，被猎人发现，猎人拿起弓箭就要射。郯子赶紧脱去鹿皮现出原身，并说明了实情，才得幸免。

另一则叫做"乳姑不怠"。说的是唐朝博陵（治今河北安平）人崔琯的曾祖母长孙夫人年事已高，牙齿脱落，吃不得硬食。祖母唐夫人十分孝顺，天天上堂用自己的乳汁喂养婆婆。如此数年，婆婆的身体越老越健康。长孙夫人临终时，将全家大小召集在一起，说："我无以报答新妇之恩，但愿新妇的子孙媳妇也像她孝敬我一样孝敬她。"

其后的博陵崔氏子孙，世代昌盛。唐夫人的儿子崔颋，唐德宗时登进士第，官任同州刺史，生了八个儿子，个个才华横溢，时人把他们比作东汉的"荀氏八龙"。长子崔琯，登进士高第，官至山南西道节度使，人称"崔山南"，他遵照长孙夫人的嘱咐，孝敬祖母唐夫人。另一个儿子崔珙，官至宰相。崔珙的弟弟崔璪，官至刑部尚书。弟弟崔玙，任河中节度使。《新唐书·崔珙传》称："诸崔自咸通（860～874）后有名，历台阁、藩镇者数十人，天下推士族之冠。"

郯子为取鹿乳奉养双亲，不畏风险入深山，唐夫人冲破世俗的偏见，哺育婆母。这说明"二十四孝"褒奖的孝子不仅限于父母最基本的衣食无忧方面，还包括了满足父母的特殊饮食需要。

12. 陆绩怀橘遗亲与郭巨为母埋儿

子女外出，遇到什么稀罕食品，也应该首先想到父母。东汉陆绩6岁时，到九江（在今江西）拜见割据扬州的后将军袁术，袁术让人拿出橘子招待他。吃着甘甜的橘子，陆绩马上想到了母亲，遂藏到怀里三只橘子。临走时，陆绩弯腰告辞，一不小心橘子掉落在地上。袁术笑着说："陆郎，你来别人家做客，怀里藏了主人的橘子，为什么?"陆绩跪在地上，回答道："橘子很甜，我想带给母亲吃。"

遇到美食首先想到父母，这应该是子女最起码的本性，这种例子在历史上屡见不鲜。唐朝有个宰相陈叔达，唐高祖李渊赏赐给他一串葡萄，他拿在手里左看右看却不肯吃。唐高祖感到很奇怪，便问他为什么。陈叔达回答说："臣母卧病在床，口渴吃不上葡萄，臣想拿回去给母亲吃。"当时，唐高祖的母亲已不在人世，他甚有同感，含泪悲泣说："你真幸运啊！还能带东西给母亲吃。"

"肥甘供养孝犹浅"。一个橘子、一串葡萄微不足道，"二十四孝"中还有一个惊世骇俗的故事，叫做"郭巨埋儿"。

南朝梁沈约所著的《宋书·孝义传》载：南朝宋会稽永兴（治今浙江萧山）人郭世道（一作郭世通）家贫，生了儿子后怕无力赡养后母，竟残忍地将儿子活埋。他的这一行为还受到宋文帝的旌表，把他居住的"独枫里"改为"孝行里"。郭世道埋儿是一个真实的故事，可能因为过于残忍，后来人们又附会上孝感天地赐金的情节。唐初房玄龄主持编修的《晋书·孝友传》就有了"郭巨致锡（赐）金之庆"的说法。"二十四孝"中的郭巨埋儿，其他情节与郭世道相同。只是当郭巨夫妻掘坑到三尺深时，挖出一箱金子，上书："天赐孝子郭巨，官不得取，民不得夺。"这样一来，他们的儿子就幸免于死了。

　　两则孝的故事，一种微不足道，一种惊世骇俗，你赞成哪一种？有时候，孝心不需要大量的金钱投资和无尽的物质补贴，更不需要扼杀无辜儿子的宝贵生命。父母在乎的正是你那一个小小的橘子、一粒小小的葡萄、一把小小的扇子、一句简短的问候！"孝"就存在于生活的每一小细节之中。鲁迅先生在童年看了《二十四孝图》后说："我已经不但自己不敢再想做孝子，并且怕我父亲去做孝子了。家境正在坏下去，常听到父母愁柴米，祖母又老了，倘使我的父亲竟学了郭巨，那么，该埋的不正是我么？"孔孟的孝道一贯主张"无以死伤生"，"天地之性人为贵"，因此，郭巨埋儿是残忍的愚孝，它亵渎、扭曲了孔子、孟子孝的基本精神。

13. 江革行佣供母，朱寿昌弃官寻母

　　《后汉书·江革传》载：临淄（今属山东）人江革自幼丧父家贫，和母亲相依为命。王莽末年天下大乱，江革背着母亲逃难，沿途靠采拾野菜、野果充饥。他们一路多次遇到盗贼，可盗贼感念他是孝子，非但不抢他们，还告诉他们逃避兵乱的方法。逃到下邳（治今江苏睢宁），江革已是身无分文，只能靠给人打工供养老母。江革自己光着臂膀，赤着双脚，而母亲所需之物却是一样不缺。东汉建立后，江革和母亲回到乡里。每次外出，母亲经不起牛马车的颠簸，江革就卸下牛马，自己拉车，乡里人称他为"江巨孝"。

　　"自古家贫出孝子"，江革背负母亲浪迹天涯，备尝艰辛，不离不弃。这种贫寒的孝，没有任何患得患失，江革可以没有任何杂念地做一个专

业孝子。晚清民国有句俗谚叫"娶了媳妇忘了娘"。唉！人一旦有了事业、有了家庭、有了子女、有了前程，是否对父母的孝就该没了、淡了呢？

《明史·孝义传》中有个三赴云南，万里寻父的刘谨。《宋史·孝义传》和"二十四孝"中有个弃官寻母的朱寿昌。

朱寿昌是北宋扬州天长（今属安徽）人。父亲朱巽纳妾刘氏后，将怀着朱寿昌的正室休掉。朱寿昌生下后回到父亲身边，从此母子分离五十余年。宋神宗时，朱寿昌官运亨通，通判陕州、荆南，权知岳州、阆州，知广德军（治今安徽广德）。但他始终怀念生母的养育之恩，平日很少喝酒吃肉，一想到母亲就唏嘘流泪。他曾用佛教的"浮屠法"灼背烧顶，刺血书写佛经，祈求母亲安康。宋神宗熙宁（1068～1077）初，朱寿昌告别家人，弃官寻母。他发誓说："不见母，吾不反矣。"功夫不负有心人，朱寿昌走到同州（治今陕西大荔），与生母相遇，实现了母子团聚的梦想。这时，母亲已七十多岁，朱寿昌也已五十多岁了。

后来，朱寿昌以孝闻名天下，宋神宗命他官复原职，王安石、苏轼等文学家争着挥毫作诗赞美他。苏轼的《朱寿昌郎中少不知母所在刺血写经求之五十年》是一篇长诗，其中前四句是：

　　嗟君七岁知念母，怜君壮大心愈苦。
　　羡君临老得相逢，喜极无言泪如雨。

王安石《送河中通判朱郎中迎母东归》诗云：

　　彩衣东笑上归船，莱氏欢娱在晚年。
　　嗟我白头生意尽，看君今日尽凄然。

以上23位孝子，再加上"闻雷泣墓"、"诗废《蓼莪》"的王裒，正好是"二十四孝"。

"二十四孝"中不免有一些消极、落后的成分。如把孝道极端化、愚昧化，倡导愚忠、愚孝、残忍的行为；忽略、淹没了子女的自我意识和自我价值；有些还充斥着迷信荒诞和夸大不实的情节，等等。然而，它以民众乐于、易于接受的形式，彰显、宣扬尊亲、养亲、奉养、关心父母的孝行精神，让孝覆盖了从皇帝到贫民各个社会阶层，对陶冶人性，塑造健全的道德人格，对保持家庭和谐、维护社会稳定、塑造中华民族文化心理结构发挥了长期的、重要的作用。

进入二十一世纪，家庭结构已经发生了很大的变化，由以前四世同堂的大家庭逐渐转变为与父母分居的三口之家的格局。家庭的核心、重心也颠倒了，由"尊长"转换为"尊子孙"了。例如，把子女作为实现自身价值的替代物，忽略了自身价值的充分实现，放弃自己事业上的追求，甘为子女成材的人梯；对子女超前的、超负荷的精力、财力投入，等等。这同样是让人寒心和深省的。

（三）佛教中的孝子——目连救母、妙善救父

佛教自两汉之际传入中国，经过与中国传统文化的互相碰撞、互相交融、互相吸收，完成了自身的中国化，成为中国传统文化的组成部分。突出宣扬孝道，是中国化佛教与天竺佛教的鲜明区别。

1. 佛教的中国化

在佛教中国化的过程中，努力适应儒家的人生观和伦理道德观念，探寻二者的共同点，援儒入佛，以儒释佛。

从人生观和伦理道德观念上讲，儒家视人生为乐，重生恶死；重今生，轻来世；重人间，远鬼神；重视个体生命格局的开发和人际关系结构的建设，通过君臣、父子、夫妇、兄弟等人际伦理有功于社会，实现自己的人生价值。而佛教视人生为苦海，有生老病死四苦相，还要受因果报应、六道轮回之苦；要求人们四大皆空，六根清净，了断生死，超脱世俗，进入涅槃境界。

因此，儒家思想是奋力入世的哲学，把人生价值实现在今生今世。佛教是消极避世的哲学，把人生价值的实现放在来世，不重视今生今世的人际伦理，主张不跪王者，不敬父母。如佛教的"十恶"主要有：杀生、偷盗、邪淫、妄语、两舌、恶口、绮语、贪欲、瞋恚（chēn huì）、邪见，恰恰没有不孝的规定，而中国的不孝是"十恶不赦"之罪。从教

义上看，二者也形成了鲜明的反差和激烈的冲突，如不调合二者的矛盾，佛教很难在中国立足。

关于沙门不跪拜王者，东晋庾冰、桓玄等人曾强调，沙门必须跪拜王者，南朝宋武帝严令沙门跪拜皇帝。起初，许多沙门还据理力争，如东晋名僧慧远曾著《沙门不敬王者论》。而北魏沙门法果称武帝是当今如来，带头跪拜皇帝，并声称："我非拜天子，乃是礼佛耳。"这就是说，佛教入中土，经过一段抗争后，终于在中国传统文化面前屈服了。

佛教传入中土后，又把教义中零散的有关孝的内容突出宣传。如注疏《盂兰盆经》，宣扬目连救母。编《佛说父母恩重难报经》，归纳出十条父母之恩：一、怀胎守护恩；二、临产受苦恩；三、生子忘忧恩；四、咽苦吐甘恩；五、回干就湿恩；六、哺乳养育恩；七、洗濯不净恩；八、远行忆念恩；九、深加体恤恩；十、究竟怜悯恩。

南朝梁武帝萧衍是最笃信佛教的皇帝，曾作《孝思赋》，这既是一篇弘扬佛法的护教文献，又是一篇宣扬儒家孝道的文学作品。文中以"子路为亲负米"的故事为例，叙述自己创业之初的艰难，无暇顾及父母，当了皇帝后，虽富有天下，而无双亲可孝养的遗憾。其中一句"（父母）慈如河海，（子女）孝若涓尘"意味深长。意思是说，父母对子女的慈爱，如江河和大海那么博大；子女对父母的回报，如水滴和尘埃那么微小。现代的老人常对儿女说："你们将来能回报我十分之一我就满足了。"其实，说的就是这个道理。

最后，梁武帝决定在钟山下为父亲建造大爱敬寺，在青溪旁为母亲建造大智度寺，来表达"无及之情"，"追远之心"。梁武帝将奉佛与尽孝结合在一起，为实现佛教在道德教化上的中国化产生了极大的影响。

魏晋南北朝时，佛教开始参与民间的丧葬礼俗。"斋七"取代了"三虞"，"百日"取代了"卒哭"，"烧七"、"烧百日"成为祭祀死者的固定礼俗，这期间要请和尚念经超度父母的亡灵，从此佛教开始渗透到中国的丧葬风俗之中。

这样，佛教不仅为教化孝道服务，使人们更加虔诚地孝敬父母，而且还直接为超度父母的亡灵服务，帮助中国的孝子完成让父母入土为安的心愿。

从南北朝、隋唐开始，佛教还被千家万户用来作为孝敬父母的万金油，需要什么，就让佛做什么。于是，孝子对父母行孝又有了一条新途径——烧香拜佛。通过它能使重病的父母康复，能为父母延年益寿，能让濒临死亡的孝子顿悟求生，甚至佛教的弃荤食素都可以用来激励孝子上进。唉！可怜大彻大悟的佛啊！来到我们这个"百善孝为先"的国度里，也只好勉为其难，改业向孝了。

2. 妙善救父

妙善即佛教的观音菩萨，是中国佛教的四大菩萨之一，也是最受中国百姓爱戴的菩萨，她到中国后居住在舟山群岛的普陀山。民间称观音的尊号是"大慈大悲救苦救难观音菩萨"。说她有33个化身，能救12种大难，还能送财送子，普降甘露，只要诵念她的名号，她就能"观其音"前往拯救。观音菩萨的身世有多种传说，从唐朝开始，观世音避李世民的名讳改称观音，其形象也脱离印度模式代之以中国化的女性形象。较典型的是千手千眼观音。

千手千眼观音用千手遍护众生，千眼遍观人间一切。据宋哲宗元符三年（1100）所刻的《香山大悲菩萨传》、南宋祖琇《隆兴佛教编年通论》、元朝的《观世音菩萨传略》载：千手千眼观音原是某国妙庄王的三女儿妙善，因不从父王的择婚，被赶出宫门，到香山修行成了菩萨。后来妙庄王浑身长疮，快要死了。妙善化装为一老僧前去医治。查看病情后说，非得用亲生女儿的手和眼才能治好。妙庄王让大女儿、二女儿献出手眼，均遭拒绝。老僧指点他向香山仙长求救。到了香山，妙善立即剁下自己的手，剜出自己的眼。病好后，妙庄王前去答谢，方知仙长就是三女儿妙善，痛心地请求天地为女儿长出手眼。一会儿，妙善便长出千手千眼。妙庄王封她为"大悲菩萨"，自己也皈依佛门。

这个故事传到后来，妙庄王成了春秋楚庄王，楚庄王病好后命人在香山建寺，把自己的女儿塑成"全手全眼"，身边的人误听为"千手千眼"，这个舍身救父的千手千眼观音就形成了。现在许多寺院仍有千手千眼观音像。

3. 目连救母和盂兰盆会节

夏历的七月十五日是佛教的盂兰盆会节，它来自目连救母的佛教神话。

据《佛说盂兰盆经》载，"盂兰盆"意为"救倒悬、解痛苦"。释迦牟尼的十大弟子之一目连的母亲堕于饿鬼道中受苦，目连遂用自己的钵盛食物给母亲吃，但食物刚到母亲口边就化成火炭。目连大叫，悲号涕泣，跑回来向佛陈述，请求救度母亲的方法。佛告诉目连，他的母亲生前罪根太深，所以受此苦报。他虽然孝顺，但非他一人之力所能奈何，必须十方众僧威神之力才能解脱。可在七月十五日这天，具百味五果于盆中，供养十方僧众，为他七世父母及现世在厄难中的父母祝愿，通过这种特殊的功德，解救母亲脱离饿鬼道，超生天道。目连高兴不已，于是作盂兰盆，施佛及僧，以报父母长养慈爱之恩。遂有了佛教的盂兰盆会节。

佛教迎合儒家的孝道，塑造了许多孝子的形象。目连就是其中之一，比起前面我们叙述的"二十四孝"来说他一点也不逊色，且具有鲜明的宗教特色。

目连救母的佛教故事与儒家的孝道产生了强烈共鸣。晚清民国时期，皖南盛行冬季演目连戏，称作"神戏"，从日落黄昏一直演到第二天日出，最多的竟连演七场。说明目连这位外来的佛教孝子已为人们所认同，加入了中国孝子的行列。

从梁武帝萧衍开始，依据《盂兰盆经》仪式而举行的盂兰盆会，也在七月十五日开幕，此后沿袭成俗。

五代宋元时期，民间纷纷作盂兰盆、花蜡、花饼、假花、果树等，于佛殿前铺设供养，出家僧侣也各出己财，造盆供佛及僧。他们认为，只有让父母脱离六道轮回痛苦，子女的孝道才能圆满。《东京梦华录》载，中元节的前几天，市场上卖冥器、靴鞋、帽带、彩衣之类，并用竹子砍成三脚，做成灯窝的形状，高三五尺，谓之"盂兰盆"，挂冥钱衣服，备素食以供养先祖。这时的盂兰盆会完全改变了方向，与儒家祭祀祖先，慎终追远的意愿吻合了。

到明清民国时，民间的盂兰盆会纯粹成为"作佛事忏先亡"的祭祖活动了。由于中国宗教信仰的模糊性和儒家孝道的普适性，道教的道士也摒弃宗教偏见，和佛僧联手诵经作盂兰盆会。

四　举孝廉，父别居——孝的扭曲和强化

早期儒家孔子、孟子等人的孝，还比较实际、比较人性化。从汉朝开始，孔孟的孝被扭曲、强化，并走向极端。在为父母养老送终的许多方面已经背离了孔子、孟子的基本精神。

（一）"举孝廉"而导致的愚孝、假孝

从汉朝开始，按照"求忠臣必于孝子之门"的原则，诏地方郡国向朝廷推举孝廉，国家正式以选官制度为孝道提供保证。由于孝子有出仕之路，还可以免除赋税力役，为了博取孝子的美名，正常的孝被视为平淡，必须变本加厉，超越礼制，孝出个高水平、高难度，才能引起社会和朝廷的注意。于是，从汉朝开始，孔孟的孝被扭曲了，形成了愚孝、假孝的陋俗。其表现，一是欺世盗名，二是惊世骇俗。

孔子认为，"丧不过三年，示民有终也"。东汉赵宣打破为父母服丧三年的常规，住在父母的墓道里行服 20 年，成为乡里闻名的大孝子。郡内将其推荐给乐安太守陈蕃，经过查问，竟然得知赵宣的五个儿子都是行服期间出生的。这是欺世盗名的假孝。汉朝出现的"丁兰刻木"更是一种虚伪的、毫无疑义的"死孝"、"假孝"。后世社会中对父母生前不养，丧事大肆操办的陋俗，也开始于汉朝。

汉朝还塑造出方方面面的典范，有的甚至十分滑稽、荒唐，以达到惊世骇俗的效果。《后汉书·许荆传》载：东汉初，许武被举为孝廉后，想让两个弟弟也成名，于是将家产一分为三，自己选取"肥田、广宅、奴婢强者"那一份，两个弟弟所得既劣又少。乡人都称赞许家的弟弟克让，而鄙视老大许武贪婪，两个弟弟因此而被察举为孝廉。事成之后，许武又召集亲族，当众泣告："我为兄长，先当了孝廉，所以分财产时故意贪婪多得，以成就弟弟谦让的名声，现在弟弟既然当上了孝廉，理应把多得的家财还给弟弟。我的财产已比当年增值了三倍，我一无所留，都给两个弟弟。"于是，远近皆称道许武的善行，许武又获得了更大的声誉。许武这种"曲线救家"的策略，既出奇制胜，又沽名钓誉，亏他想

得出来。

到东汉后期，这种虚伪的假孝引起社会舆论的普遍谴责。时人攻击那些以欺世盗名手段获取的孝廉是："举秀才，不知书；察孝廉，父别居。"东汉戴良的母亲喜欢听驴鸣，戴良便常学驴叫让母亲听。母亲死后，哥哥居庐啜粥，非礼不行，戴良却吃肉饮酒，不想哭就不哭，但和哥哥一样形容憔悴。有人问他："你这样居丧，合礼么？"戴良说："合礼。礼是防止失去哀痛的，既然向父母表达哀痛，是否符合礼制就不重要了。因为悲伤而食之无味，那么喝酒吃肉和食粥都是可以的，反正都没有味道。"这种惊世骇俗的言论，已是魏晋放达之风的先声。

就是那个让梨的鲁国（今山东曲阜）人孔融，也不满于这种虚伪的假孝，跌宕放言说："父亲对儿子，有什么亲情？只不过是发泄一时的情欲而已；儿子对母亲也没什么亲情，儿子在母亲腹内就如寄住在一个器物中，一出来就没有什么关系了。"其实，孔融并不反对"孝"，而是要揭露对真正亲情的扭曲和虚假做作，提倡一种合乎人的本性、没有任何功利目的、真正的自然亲情。

魏晋南北朝时期，虽然追求个体自我意识的觉醒，追求人的自然本性，而恪守、强化孝道的行为仍然层出不穷。孔子讲，父母丧"三日而食，教民无以死伤生"。北魏赵琰守父母丧，终身不食盐及调味品，仅食麦。李显达丧父，"水浆不入口七日，鬓发堕落，形体枯悴"。这都不符合孔子的本意。南朝宋郭世道为养母亲竟残忍地想将儿子活埋，还受到宋文帝的旌表。

在对父母"问所欲而敬进之"的养亲风俗中，又出现了"孟宗哭竹"、"王祥卧冰"等极端的典型，强调对父母不切实际的、超负荷的孝敬。这都是惊世骇俗的愚孝。

汉魏以来，有许多孝子冲破礼教的限制，追求一种哀痛父母的自然亲情，而不是虚伪的做作。他们张扬个性、放荡不羁的行为，都是对这种极端的、扭曲的、虚伪孝道的揭露和发泄。

西晋阮籍不守礼教，遭母丧仍在司马昭跟前喝酒吃肉，何曾要把他"流之海外，以正风教"。裴楷前去吊丧，阮籍正喝得大醉，"箕踞不哭"。但这并不代表他不重视母子之情。在母亲下葬时，他大呼"穷矣"，吐血数斗，昏死过去。在这里，他讲的是真性情的自然流露，而不是虚假做作的礼数。

东晋王羲之的儿子王徽之、王献之自幼形影不离，后来两人又一起生病。有术士讲："你哥俩寿限已到，如有人愿替代，则死者可生。"哥哥王徽之说："我才学不如弟弟，请让我死，把寿命让给弟弟。"术士说："你和弟弟的寿限都到了，你怎么能替代弟弟？"不久后王献之死，王徽之奔丧不哭，坐在灵床上，拿过弟弟的琴就弹，可心里悲伤，总是调不好弦。他哀叹说："呜呼！子敬（王献之），人琴俱亡！"说完就昏死过去。王徽之原来背上就有病瘤，昏死过后遂溃裂，月余后也死了。弟弟死了，奔丧不哭，直接坐在灵床上，还顾得上弹琴，如此违背礼法的做法，却自然而然地了却了所谓"不愿独生，但愿共死"的生死情结。

扭曲了的愚孝、假孝表现在丧葬礼俗上有一种让人极其愤慨的现象——"生不养，死厚葬"。到近代追求丧礼隆重、虚荣，竟然愈演愈烈。全国各地的地方志都有这样的记载："不如是，则世俗即谓之不孝。而金鼓洋洋，炮声隆隆，送死凶礼俨同庆贺荣典，甚至有其父母生时视之若仆婢，死后隆以虚礼奉之若王公者，而不知椎牛而祭不如鸡黍之逮存。"

捧卷读到此处，不由让我想起我所见到过的那些至今苦寒的小山村，丧失了劳动能力的老人被儿女推来挡去，谁都不肯养"吃闲饭"的人。老人在世的时候大多衣食不周，缺乏应有的照顾，一到老人去世，儿女们披麻戴孝痛哭流涕，请戏班，请和尚道士轮番做法事，做纸扎元宝，买猪头，蒸祭供的面点，如此惊天动地大闹几天乃至半月有余，花费数万。乡人乐得大看几天热闹，亦以丧事是不是大办了，来评价做儿女的是不是孝敬。儒家文化固然博大精深，但是一个"孝"字两千多年来却被折腾得面目全非，很多的虚伪孝行假借着所谓的"道义"堂而皇之登堂入室，由此导致了许多的人性禁锢，许多的心灵扭曲，也导致了许多虚伪甚至刻毒的故事。

《韩诗外传》卷七第七章中曾子有一句发人深省的话："椎牛而祭墓，不如鸡豚之逮亲存也。"意思是说，与其父母死后隆重地杀牛祭墓，还不如趁父母活着的时候，杀只鸡，买点猪肉，好好孝敬。遗憾的是，如此简单、实际的道理，却很少有人理会。孔子虽要求"葬之以礼，祭之以礼"，但主要是为了培养对父母"孝"和"恭敬"的道德情感。不孝、不敬，操办丧事还有什么意义？说它是对孔子孝道的扭曲，道理也在这里。所以，两汉以后的孝道，已背离了孔子孝的本意了。

（二）树欲静而风不止，子欲养而亲不待——越发强调孝养父母的紧迫性

《诗·小雅·蓼莪》讲："哀哀父母，生我劬劳。"到了汉朝，随着孝道的强化，开始强调"树欲静而风不止，子欲养而亲不待"。这样，子女们不得不放弃自身价值的实现，把"膝下尽孝"放在首位。

三国魏王肃的《孔子家语·致思》载：孔子到齐国去，遇到一个叫丘吾子的，对孔子哭诉说："我有三个失误，等现在感觉到已经追悔莫及了。我年少时好学，走遍天下求学，回来后，父母都去世了，是一失也；我长大了服侍齐国国君，国君骄奢淫逸，致使我臣节不保，是二失也；我平生广交朋友，现在都离绝了，是三失也；树欲静而风不停，子欲养而亲不待。往而不来者，年也；不可再见者，亲也。"说完就投水溺死了。听了这个人的话，孔子弟子中辍学回家养亲的有十分之三。

故事情节显然有加工、附会之处。然而，这些加工、附会，正是儒家孝道在秦汉时期的进一步强化，"树欲静而风不止，子欲养而亲不待"，业已成为当时的普遍观念。

南宋陆游的《焚黄》诗：把"树欲静而风不止，子欲养而亲不待"称作是"风木叹"。明朝那个把母亲当做命根的沈周终身不远游，不出仕，母亲90岁去世，他也快80岁了。沈周实现了养亲的义务，免去了"风木"之叹，可又成了"子欲官而年不待"了。西晋羊祜曾言："天下不如意，恒十居七八。"怎么才能两全其美呢？

（三）从"父叫子死，子不死不孝"到"棍棒之下出孝子"

从秦汉开始，社会风俗中的"无违"背离孔孟的原意，演变为"君叫臣死，臣不死不忠；父叫子亡，子不亡不孝"的愚忠愚孝。其实，中国历史上没有几个父亲会叫儿子去死，而皇帝杀戮大臣却是司空见惯的。

曹操杀死杨修后，问杨修的父亲杨彪："你怎么这么瘦?"杨彪强忍失子之痛回答说："犹怀老牛舐犊之爱。"

早在孔孟的孝道被扭曲之前，就有过儿子为父亲自杀的事例。春秋晋献公的太子申生把祭祀母亲的胙肉献给父亲，晋献公的宠姜骊姬把毒药放到肉中陷害申生。申生不辩解而出奔，晋献公大怒，杀死了太子傅杜原款。有人问申生："投毒的是骊姬，你为什么不在父亲面前说明?"申生是个孝子，说："我父亲老了，没有骊姬寝不安席，食不甘味，我不能揭发。"说完就自杀了。申生早于孔子一百多年，与孔子的孝道没有关系，只能看成是这种愚孝行为的渊源。

中国历史上第一个实践这一愚忠愚孝的是秦朝将军蒙恬和秦始皇的长子扶苏。

秦始皇死后，赵高伪造诏书，将长子扶苏、将军蒙恬赐死。当时，蒙恬率30万大军防御匈奴，扶苏为监军。接到诏书，扶苏就想自杀。蒙恬觉得有诈，让他再请示一下。仁孝的扶苏说："父而赐子死，尚安复请?"遂自杀以遵"父命"，成为"父叫子亡，子不亡不孝"的第一个殉道者。蒙恬临死时说："臣将兵三十余万，力量足以背叛，之所以宁死而守节义者，不敢辱先人之教，不敢忘先主。"遂吞药自杀，成为"君叫臣死，臣不死不忠"的殉道者。

那个卧冰求鲤的西晋琅邪临沂（今属山东）人王祥，也是"父叫子亡，子不亡不孝"的典范，不过叫他死的不是父亲，而是继母。《世说新语·德行》载：王祥对后母朱氏非常孝顺，朱氏却千方百计要除掉他。有一天深夜，朱氏亲自操刀到王祥睡觉的床上杀他，恰巧王祥到室外起夜，刀砍在被子上。王祥回来看到，得知继母想让自己死，便亲自到她床前请死，这才使后母彻底感悟，把他视若己出。

对子女来说，既然父母让死都不能推辞，那遇到父母的责打就更得逆来顺受了。于是，上述曾参的"小杖则受，大杖则走"过时了，韩非子"严家无悍虏（家奴）而慈母有败子"的说法得到了人们的普遍认同，并进一步世俗化为"棍棒之下出孝子"。

西汉末刘向《说苑·建本》记载的"伯俞泣杖"即反映了这一观念的转变。汉朝有个名叫伯俞的人，天性孝顺，母亲教训他非常严厉，一有小错，就用手杖责打他。伯俞跪受杖责，从无怨恨。一天，母亲又用手杖打他，伯俞却大哭。母亲惊讶地问："以往打你，你总是高兴地接受，从没哭过，今天打你，为什么哭泣？"伯俞说："以往挨打感到很疼，知道母亲康健有力，今天母亲打得力度减轻了，感觉不出疼痛，知道母亲年事已衰，担心来日无多，所以悲伤哭泣。"

伯俞不仅甘愿挨打，而且还嫌母亲打得不痛。明朝武进（今属江苏）人王章，母亲训导素严。章任诸暨（今属浙江）知县，上任前祭祀路神，喝了一点酒，回家晚了，母亲大怒，严厉呵斥他跪下，并拿着大杖训斥他说："朝廷能把知县授给一个酒鬼么？"王章畏惧伏地，不敢仰视，经亲友们劝解，才免了一顿揍。

王章还是幸运的，母亲没打到他身上，明朝徽州知府彭泽却让父亲结结实实揍了一顿。彭泽是兰州人，弘治三年（1490）进士，一直做到朝廷的工部主事、刑部郎中，后担任徽州知府。女儿要出嫁了，彭泽就准备了数十件油漆器具，派人送回兰州老家。没想到父亲发火了，从徽州（治今安徽歙县）到兰州千里送嫁妆，你显摆什么？你是个清官么？父亲把漆器全给烧了，还是怒气未消，徒步赶到徽州教训儿子。彭泽大惊，赶紧出门迎接，并使眼色让手下人接过父亲的行李。父亲怒斥他说："这些行李我已背了数千里，你背几步都要别人代替么？"吓得彭泽赶紧亲自接过父亲的行李。进门到了堂下，父亲一边杖打儿子，一边斥责儿子的过失。打完了，拿着行李就走了。后来彭泽牢记父亲的责打，砥砺自律，勤政爱民，被载入《明史·循吏传》。

这个彭泽是该挨揍，其父也训子有理，关键儿子是进士，是一方父母官啊！你打了儿子，就不给儿子留点颜面和尊严了么？明朝的皇帝可以当众廷杖大臣，父亲当然可以当众责打儿子了，这就是封建的、扭曲的孝道。

古代的家教专家、《颜氏家训》的作者颜之推似乎也赞成"棍棒之下出孝子"。他说："南朝梁有个王僧辩，官至湘东王司马，母亲魏夫人性格严厉。王僧辩镇守湓城（在今江西瑞昌），是统率3000人的将领，年逾四十，可魏夫人稍不如意，就对王施以棰杖，也正是如此才成全了他的功名。"

古代子女"挨打"的风俗中，有个"道寿进杖"的典故。说的是元朝萧道寿，家有八十余岁老母，服侍、奉养事事尽礼。每天早上，等候母亲起床，夫妻俩亲自侍奉洗脸、梳头。一日三餐，"必待母食，然后退就食"。到了晚上，"必待母寝，然后退就寝"。母亲生气了，要责罚他，萧道寿就自己拿了杖来递给母亲，然后趴在地上接受杖责。母亲打够了，命令他起来，他才敢起来。起来了以后还向母亲跪拜，感谢母亲的教训，然后拱手侍立在母亲旁边，一直等到母亲面有喜色，才敢离开。有一次母亲病了，久治不愈，萧道寿"刲股肉啖之而愈"。总之，凡古代孝子应该做的，他都做到了。元世祖至元八年（1271），下诏赏赐羊酒，旌表其门。

"孔子家儿不知骂，曾子家儿不知怒。"在扭曲了的孝道面前，虽然一般情况下父母不会叫子女"亡"，但子女的"个性"、"尊严"、"羞耻感"却让父母打"亡"了。为了孝，在"割肉孝亲"方面，子女付出了生命、肉体的代价，在这里，付出的是人格的代价。民国时期有句民谚叫做"官打民不羞，父打子不羞"，就是对这种行为很好的诠释。

（四）"覆巢之下，安有完卵"——慷慨从父死

就像"父叫子亡，子不亡不孝"那样，当父母面临死亡时，古代还流行着跟从父母而死的愚孝风俗。这种愚孝既不能提倡，也不能完全否定。因为它并非毫无意义，其中有些反映了子女对父母生离死别的真挚感情，对黑暗恶势力的以死抗争和临危不惧的慷慨气节。

东汉末曹操杀孔融时，本来没打算杀他的子女，可后来竟然诛灭了他全家。当时，孔融的女儿7岁，儿子9岁，正在另一个房间下棋，见父亲被抓走，两个孩子坐着不动，从容对人说："覆巢之下，安有完卵乎？"尤其是孔融的小女儿，特别刚烈。有人送给他们肉羹，哥哥拿过来就喝，妹妹说："今日之祸，岂得久活，再尝肉味，有何意义？"哥哥号泣而止。有人将此事报告给曹操，曹操见孔融的儿女如此桀骜不驯，才下了斩草除根的决心。被抓时，孔融的小女儿对哥哥说："若死者有知，得见父母，岂非所愿。"临就刑，面不改色，引颈受戮，观看者皆惊叹不已。

孔融的子女随父而死，并非作无谓的牺牲，而是表现了与父亲同生共死的严正立场和不向杀父仇人低头、屈服的气节。

元明两朝的史书，还记载了很多因海贼、倭寇、盗匪杀人，子女以身保护父母而死的行为。如元朝温州瑞安（今属浙江）人周乐的父亲周日成，被窃踞温州的海贼拘留到海船上，周乐自动投身到船上照顾父亲。海贼要把他父亲投到海里，周乐泣求说："我有祖母，留下父亲侍养，让我代替父亲去死吧。"海盗不听，周乐死死抱住父亲，结果两人一起被扔到海中而死。

嘉靖三十三年（1554）五月，太仓（今属江苏）人王在复的父亲被倭寇抓住，王在复叩头请求放免父亲。倭寇挥刀砍向父亲，王在复以身遮蔽，父子俩的首级同时坠地，可临死前儿子的手仍然紧紧抱住父亲不放。

《明史·孝义传》叙述完王在复的事情后，讲："当是时，倭乱东南，孝子以卫父母见杀者甚众，其得旌于朝者，在复及黄岩（今属浙江）王搜、慈溪（今属浙江）向叙、无锡蔡元锐、丹徒（在今江苏镇江）殷士望。"这仅仅是受到朝廷旌表的，同类的事例还有很多。这些以身蔽亲的行为，虽显示了可贵的亲情和自我牺牲精神，但与虎谋皮，显得过于懦弱、天真，下列几例则上人感到快意淋漓，慷慨壮烈。

万历三十六年（1598），一群贼寇流窜至铜仁（今属贵州）人杨通照家，劫持其母而去。杨通照与弟弟杨通杰跟踪追击，转斗数十里，受伤负痛不顾，放声大骂贼寇，声震山谷，最后两人杀入重围，血战而死。

晋江（今属福建）人任民宪，与父亲避难遇贼，伍民宪长跪哀求说："别惊吓我父亲，财物都给你们。"贼寇不听，偏要杀死其父。伍民宪大怒，挺身挥戈连杀二贼，击伤数贼。终究因贼寇众多，被砍断右手，可他躺在草中，犹一手执戈，呼唤着父亲，三天后才死去。

宁化（今属福建）有个林上元，贼寇抢了他继母李氏出城，林上元从城上持枪一跃而下，直奔致阵，刺死两个敌人后，贼寇纷纷避其锋锐，林上元保护着李氏冲出重围。

又有一个叫于博的，母亲被盗贼擒住，于博取石块奋击，盗贼被打得头破血流，抓住他剖腹割心泄愤，母亲得以逃生。

上述种种以身蔽亲的行为，尽管方式各不相同，但都表现了对父母的一种舍生忘死的关爱，这都是不可估量的、有价值的孝行。而古代还有更多的随亲从死事例，都属于毫无意义的愚孝。如，南朝宋晋陵（治今江苏常州）人余齐民在外做官，父亲在家病逝，临终因没见到儿子留下遗恨，余齐民得知后说："这有何难?"自杀从父于地下。北魏大将、济南王慕容白曜以谋反罪被杀，11岁的儿子慕容真安自缢而从父死。类似这样的愚孝尽管多，已没有叙述的价值了。

（五）惨不忍睹的孝行——割肉疗亲

中国古代的割股陋习肇始于先秦。《庄子·盗跖》记载，春秋晋国介子推自割股肉给流亡在外的晋文公吃。以当时的医疗水平，很难保证人割股后不死亡。因而自介子推割股后，文献中几乎未再见到割股的记载。《三国志·魏书·陈泰传》曾有"蝮蛇螫手，壮士解腕"的说法，那是因手腕被蝮蛇咬伤，不立即截断就会危及生命，是对生命的珍视，而不是摧残。

1. 唐朝"割肉疗亲"的陋俗

唐朝以前，即便是愚孝、假孝，也基本没有"割肉疗亲"的行为。两晋南北朝、隋朝正史的"孝友传"、"孝义传"中，基本没有这方面的记载。唐朝，愚孝、假孝的陋俗继续发展，又受中医理论的误导，出现了"割肉疗亲"的恶俗。

《新唐书·孝友传》载："唐时陈藏器著《本草拾遗》，谓人肉治羸疾，自是民间以父母疾，多刲（kuī）股肉而进。""刲股肉而进"，即割下大腿上的肉进奉。因此，割肉疗亲又称"刲股"。接下来，《新唐书·孝友传》一口气列举了29人因"刲股"而受到朝廷旌表的事例，"或给帛，或旌表门闾，皆名在国史"。在朝廷旌表制度的激励下，"割肉疗亲"的陋俗遂蔓延开来。

《新唐书·孝友传》还特意列举了三例"刲股断指"的孝行。池州（今属安徽）人何澄粹父母久病不愈，当地风俗"病者不进药"，何澄粹便"剔股肉进"，被时人誉为"青阳孝子"。梓州涪城（今属四川）人章全益，被哥哥章全启抚养长大。母病，哥哥章全启"刲股膳母"。哥哥去世后，章全益为哥哥服斩衰（中国古代丧服名，是五服中最重的丧服），"断手一指以报"。第三例即前文所述刺血写浮屠书，断二手指的万敬儒。

面对如此惨烈的陋俗，唐朝政治家、文学家韩愈指出："父母有病，子女煎汤熬药医治，就是孝敬了，没听说毁伤肢体。如果不幸而死，毁伤发肤，灭绝生命，本身就是不孝，怎么能旌表呢？"但韩愈并没完全否定"刲股"行为，认为这种舍身救亲的诚心，还是值得肯定和赞扬的。

2. 两宋时期的"刲股孝亲"

两宋时期，"刲股孝亲"变本加厉，有的孝子觉得割股尚不足以惊世骇俗，又出现了割乳、刲肝、抉目、取脑等行为。据《宋史·孝义传》载：北宋太原人刘孝忠母病，割股肉、断左乳以食母。母病心痛，刘孝忠燃火烧灼手掌，代母受痛。又为亲求佛，于佛像前割双股肉燃灯一昼夜。北宋初年，冀州（治今河北柏乡北）人王翰母亲双目失明，王翰"自抉右目补之"；鄞（今属浙江）人杨庆，刲股肉以啖父，取右乳和药以疗母，久之乳复生；莱州（今属山东）人吕升，剖腹探肝以救父。又有朱云孙夫妻，母亲病，丈夫云孙"刲股"作粥，母亲食罢而病愈。后又得病，妻子效法丈夫，"刲股以进"，母亲的病又好了。尚书谢谔还专门为她写了《孝妇诗》。

在他们极端"典型"行为的光环之下，其他像渠州（治今四川渠县）人成象、益州双流（今属四川）人周善敏、陈州项城（今属河南）人常晏、永嘉（今属浙江）人陈宗、江陵（今属湖北）人庞天佑、徐州人李祚、陈州（治今河南睢阳）人常晏、鄞（今属浙江）人杨庆、大安军（治今陕西宁强阳平关）人张伯威等，一般割股疗亲的孝行，都显得微不足道了。

其他典籍的记载，越发骇人听闻。金人元好问《续夷坚志》载：北宋王羽母病，"以利刃取脏，调羹进食"。明人王圻《稗史汇编》载：北宋南阳县东海村一老妇双目疼痛，昏暗不见光明，其子挖下眼睛与母亲吃，吃完后母亲病愈。《扬州府志》载：南宋扬州宝应人蒋伍，因母双目失明，"自剜左目，和粥以进，母目顿明"。

其实，"刲股孝亲"的行为本身就和儒家"身体发肤受之父母，不得毁伤"的说法背道而驰。《姑苏志》记载：南宋末年，平江府昆山（今属江苏）人周津为父割股疗疾后，义正词严地说："父母遗体，岂能毁伤？我把父母给我的遗体再奉还给父母，有什么不对？"人家为父亲付出了自己的肉体，对他这种愚孝和愚昧的认识还能指责什么呢？

3. 元明清惨烈的"刲肉疗亲"陋俗

元明清三朝，是"刲股"之风最惨烈的时代，有人甚至屡次割股，夫妻争相割股，亦有断指、割臂、刲肝、剖心、啮蛆者，甚至有残忍地杀儿救母者，实在大违人道。以至于笔者不得不废书而叹：孝，固然是中华民族的传统美德，而扭曲了的愚孝又摧残、涂炭了多少纯洁、至诚的生灵？

《元史·孝友传》记载：元朝扶风（今属山西）孝子赵荣、京兆（在今西安）孝子萧道寿、固安（今属河北）人哈都赤、湖州吉安（今属江西）人郎氏、东平（今属山东）人郑氏、大宁（今属山西）人杜氏、安西（今属甘肃）人杨氏等，都曾经"刲股啖母"。如固安人哈都赤幼年丧父，与母亲相依为命。母亲有病，久治不愈。哈都赤磨快随身佩带的小刀，祷告上天说："慈母生我劬劳，今当捐躯报恩。"遂用刀割开左肋，取肉一片，作羹以进母。

《明史·列女传》记有五例"刲肉奉亲"的事例，一例是仁和（在今杭州）孝女杨泰奴三割胸肉食母，母病仍不愈，又剖胸割肝一片，苏醒后做成粥给母亲吃，终使母亲痊愈。另一例是仪真（在今江苏仪征）人周祥妻张氏割肝作羹以奉亲。第三例是怀宁（今属安徽）人章崇雅妻洪氏，"剜乳肉为羹"医治婆母，为了不让婆母知道，将余肉投入水池中，被群鸭衔出，乳肉仍然鲜血淋漓。第四例是临武（今属湖南）人李孝妇割乳救姑，昏仆气绝，后经一佛僧指点，以艾草薰灸方苏醒。

第五例虽是一般的刲肉食姑，但事迹很感人。说的是新乐（治今山东宁津北）人刘孝妇，在洪武（1368～1398）初年举家迁往和州（治今安徽和县）的路上，婆母有病，刘氏刺血和药给婆母吃。到和州两年后，婆母又中风卧床，刘氏奉汤药，驱蚊蝇，昼夜不离床边。婆母因长期卧床，身体腐烂生蛆。刘氏按照当时的迷信说法，用牙啮蛆，使蛆不复生。又"刲肉"给婆母吃，终未能挽救婆母生命。婆母死后，因无钱安葬回老家，她守在棺材旁边哀号五年。此事惊动了明太祖朱元璋，派使者赐衣、赐钞，命人帮助她扶丧回老家，并旌表门间，免除徭役。

《明史·孝义传》记载的此类事例更多，以致使笔者不忍详述，有避重就轻之念。如有"刲股愈母疾"还"秘不令人知"的吴县（今属江苏）人杜琼；刲股调羹救父的桓城（今属安徽）人夏子孝；刲股救祖母，刲肝作汤救祖父的直隶华亭（在今上海）人沈德四；刲肝愈母疾的昌平（今属北京）人王德儿；割左臂救姑的兴化（今属江苏）人陆鳌妻倪氏；断指救姑的昆山（今属江苏）人王贞女，等等。

其中有一例夫妻割肉疗亲的事例。全州（今属广西）人唐俨年仅12岁，父亲病重，他偷偷割臂肉进奉给父亲。唐俨成年后娶妻，游学于外，家里的母亲又病重，18岁的妻子邓氏慨然曰："昔夫子以臂肉疗吾舅，吾独不能疗吾姑哉？"于是，割肋肉以进姑。等唐俨听说母病回家，母亲早已康复了。

《明史·孝义传》还记载了一位日照江伯儿，割肋肉为母疗疾，不愈，又祷告泰山神，并许愿杀子以祭祀。母亲病愈后，他果真杀死3岁儿子祭祀还愿。明太祖朱元璋闻讯大怒，以"灭伦害理"之罪，将江伯儿杖责一百，发配海南，并取消了对"卧冰割股"一类孝行的旌表。

清人沈源还写了一首《咏孝妇吴张氏》诗，描述了这种惨不忍睹的愚孝：

> 割肉调羹鬼神泣，
> 捧向萱帏病遂己。
> 君不见望夫山上草迷离，
> 血染衣裳姑不知。

4. 赵希乾割心救母

明朝还有个"赵希乾割心救母"的故事，此事离奇得令人难以置信，作者有虚构之嫌，有必要说明，这个故事引自清乾隆时陈梦雷编著的《古今图书集成·家范典》第三十卷《母子部》，该书又引自清初张潮的《虞初新志》。笔者据实叙述如下：

明朝南丰（今属江西）东门有个赵希乾，幼年丧父，以织布为业。

17岁时母亲得了重病，希乾日夜祈祷以身代母，历时一个多月，母亲的病仍不见好转。他只好请人算命，算命的人都说母亲寿命将终。希乾缠住一个算命者反复询问，算命的厌烦了，没好气地说："你母亲的病没治了，要想好，你割心救她吧。"赵希乾还真就信以为真了，回家用剃发小刀剖开胸膛，伸进手去摘心，却取出了一堆肠子，慌乱中割下一物就昏死过去了。母亲看到一块肉以为是儿子的股肉，便煮熟吃了。再看儿子，胸前肝肠狼藉，鲜血淋漓，才知道儿子割下来的是心脏。此事传出，满城哗然，县令亲自赶来探视，命医生为母子治病。几天后，母亲病愈。十几天后，赵希乾逐渐苏醒进食。一个月后，身体康复，但胸前的肠子却留在外面，终身改道，大便从胸前的肠子排出。每日粪便滴沥，污秽不堪。赵希乾活到61岁而终。

当时，朝廷已停止了对毁伤肢体的孝行的旌表，《虞初新志》评论说："朝廷不旌毁伤愚孝，尚矣！然希乾一念之诚，若有以通天地、格神鬼也，岂不可嘉哉？……盖事不可法而可传，使知孝行所感，虽剖胸断肠而不死，岂非天之所以旌之耶？天旌之，谁能不旌之？然旌而不传，不若不旌而传也。……呜呼，古今忠孝之士，非愚不能成。而世之身没而名不传者，又何多也！悲夫！"

《吕氏春秋·当务》曾记载了两个齐国勇士，为了显示勇敢，两人争相割下身上的肉当下酒菜，至死而止。文章最后评论说："勇若此，不若无勇。"按照这一论断，是否也可以说："孝若此，不若无孝！"

明朝朝廷也是这种态度。自从日照江伯儿杀子还愿被朱元璋杖发海南后，礼臣议论说："人子事亲，居则致其敬，养则致其乐，有疾则医药吁祷，迫切之情，人子所得为也。至卧冰割股，上古未闻。倘父母止有一子，或割肝而丧生，或卧冰而致死，使父母无依，宗祀永绝，反为不孝之大。皆由愚昧之徒，尚诡异，骇愚俗，希旌表，规避里徭。割股不已，至于割肝，割肝不已，至于杀子。违道伤生，莫此为甚。自今父母有疾，疗治罔功，不得已而卧冰割股，亦听其所为，不在旌表例。"因此，从明朝朱元璋开始，不再旌表"刲肉疗亲"行为。但明成祖永乐（1403～1424）年间，曾有江阴卫卒徐佛保等以割股被旌表。掖县张信、金吾右卫总旗张法保等人还因割股被提拔为尚宝丞。明英宗、明代宗以后，割股者才不再上奏朝廷，受到旌表的大都是在墓侧搭草庐守孝的孝子了。

（六）避父祖名讳，由肃敬到趣闻

为了表示对君父的恭敬，古人还要避君父的名讳。对君父不仅不能直呼其名，而且在任何情况下遇到其名讳，都要避开。晋僖公名司徒，晋国只好废弃司徒这个官称。汉文帝名恒，不仅改恒山为常山，神话传说中的"姮娥"也改名"嫦娥"了。中国古代讲究"入境而问禁，入国而问俗，入门而问讳"，就是要先了解对方君父的名讳，避免冒犯。春秋晋国范献子出使鲁国，问起了具山和敖山，鲁人说是避先君之讳，范献子感到自己失礼，非常尴尬。这是避国君的名讳，也叫"国讳"、"公讳"。像东晋桓温的儿子桓玄不言"温酒"，听到别人说"温酒"就流泪。北宋苏序的孙子苏东坡写文章作序，称"叙"或"引"，这是避父祖名讳，也叫"家讳"、"私讳"。

《礼记·曲礼》规定，"不讳嫌名"，即同音字不用避讳。如"禹"和"雨"同音，禹的儿子可以说"下雨"，并不犯父亲的名讳。"二名不偏讳"，即两个字的名，不用单讳。孔子的母亲叫"征在"，孔子可以说"征"，也可以说"在"，但不能说"征在"。"诗书不讳，临文不讳"，等等。这些规定还是比较灵活和实际可行的。

1. 汉魏间的避讳趣闻

秦汉以后，随着孝道的强化，避讳也日趋严格，不仅读书行文碰到父祖名讳要改读、改写，有的甚至十分滑稽、荒唐。

司马迁的父亲叫司马谈，《史记》中因此无一"谈"字，连赵谈都改成了赵同。

本人要避父祖名讳，同样，也不能冒犯他人父祖的名讳。因为对子孙来说，让别人直呼父祖的名讳，也是不孝。以东晋丞相王导为代表的琅邪临沂（今属山东）王氏，以出色的孝行而饮誉天下，是东晋南朝无与伦比的士族高门。王导的曾孙王弘，"日对千客，不犯一人之讳"。王导的五世孙王僧虔之子王慈10岁时，与蔡兴宗之子蔡约入寺礼佛，遇沙门忏悔，蔡约戏弄王慈说："众僧今日可谓虔虔。"见蔡约故意冒犯父亲的名讳，王慈很恼火，反唇相讥说："卿如此，何以兴蔡氏之宗?"

谢超宗是南朝宋著名的文人，他父亲叫谢凤，祖父是赫赫有名的谢灵运。宋孝武帝非常赏识他的才华，称他"殊有凤毛，灵运复出"。右卫将军刘道隆不学无术，以为谢超宗家真有凤毛，非要看看，说："至尊说君有凤毛。"谢超宗见他触犯了父亲的名讳，来不及穿鞋就躲到室内。刘道隆还傻乎乎地等在那里，以为他进去找凤毛了，结果等到天黑了也不见人出来，才悻悻地走了。谢超宗对自己的家讳如此敏感，却忽略了别人的家讳。有一次他去拜访王僧虔，顺便看望王慈。王慈正在练字，随口问道："卿书何如虔公?"王慈见他触犯了家讳，毫不客气地回敬道："慈书比大人（父亲），如鸡之比凤。"谢超宗因此狼狈而退。

从王慈、蔡约、谢超宗的戏谑、嘲讽中，可以看出当时人对自己尊长名讳的维护和尊重。

王、蔡、谢之间，戏谑也好，嘲讽也罢，毕竟是真的与家讳有关，颜之推《颜氏家训·风操》中的记载，几乎让人看不出是避讳了。

南朝吴郡人陆闲被斩首，其子陆襄终身不吃用刀切割的东西，家里人用指甲掐摘蔬菜以供厨。江陵姚子笃的母亲被火烧死，姚子笃终身不吃烤烧的食品。熊康的父亲因醉酒被家奴所杀，熊康因此终生不喝酒。

写到这里，我们不禁要问："这都是哪儿跟哪儿啊?"这些极端的例子显然背离了《礼记·曲礼》中的规定，连颜之推都不赞同，说："父祖辈如果有人是吃饭时噎死的，那么子孙就不吃饭了么?"

2. 唐宋元明清时期的避讳趣闻

《唐律》中规定：凡官职名称或府号犯父祖名讳的，不得"冒荣居之"。例如父祖名"安"，子孙不得在长安县任职；父祖名"常"，子孙不得任太常寺的官职。如果本人不提出更改而接受了官职，一经查出即削去官职，并判一年的刑罚。如，婺州东阳（今属浙江）人冯宿，父亲冯子华死，冯宿在墓侧搭草庐守孝，有灵芝、白兔之瑞出现。后来冯宿被任命为华州刺史，因避讳而不受，遂改任为左散骑常侍。

南宋洪迈《容斋随笔》记载：两宋皇帝为了笼络大臣，有时改官称以避家讳。如宋太祖赵匡胤时，拜侍卫帅慕容彦钊、枢密使吴廷祚为宰相，当时宰相的名称叫"同中书门下平章事"，可慕容彦钊的父亲名

"章"，吴廷祚的父亲名"璋"，于是，他把宰相的官称改为"同二品"。南宋高宗时，宰相沈守约、汤进之的父亲皆名"举"，于是，皇帝改提举书局为"提领"。但这只是皇帝一时心血来潮，其他大臣则没有这么幸运了。如北宋吕公著的儿子吕希纯被任为著作郎，为避父讳，只好辞官，后改任为起居舍人。

冒犯别人的家讳是一般人所不能容忍的，那些高官贵人更是如此。唐朝剑南节度使严武的父亲是唐朝名臣严挺之，唐朝诗人杜甫的祖父是杜审言。有一次，寄人篱下的杜甫酒醉失言，对严武说："公是严挺之子。"严武一贯威猛骄悍，一听杜甫冒犯了父亲的名讳，顿时色变。杜甫见状不妙，赶紧自呼祖父名讳说："仆乃杜审言儿。"二人这才扯平。

唐朝还发生了一件因避讳而嫉贤妒能的事。唐朝诗人李贺聪明绝顶，父名晋肃，"晋"与进士的"进"同音，与李贺同年科考的人攻击说："李贺的父亲名晋肃，李贺不应该举进士。"李贺因此而不敢应试进士。韩愈为此愤恨不平，写《讳辩》指责说："父名晋肃，子不得举进士。若父名仁，子不得为人乎？"

唐朝诗人袁高的儿子袁师德，因"高"与"糕"同音，重阳节不忍吃糕。更有甚者，北宋徐积的父亲名石，他便从来不用石器，脚从来不踩石头，遇上非过不可的石桥，就让人背过去。

元人姚桐寿《乐郊私语》载：诗人陈彦廉因父亲溺死海中，终身不至海上。好友黄子久约他到海上观波涛，陈彦廉哭着说："阳侯①，我父仇也，恨不作精卫填海。"这个黄子久还真够朋友，拉着陈彦廉就往回走，并写《仇海赋》帮朋友泄愤。

此时"诗书不讳，临文不讳"的古训早已被人扔到脑后，有人为了避父讳，读书遇到父亲的名讳，干脆改读"爹爹"。元朝人仇远的《稗史》载：有一人的父亲名"良臣"，他便将《孟子·告子下》中"今之所谓良臣，古之所谓民贼也"，读为"今之所谓爹爹，古之所谓民贼也"，惹得别人哄堂大笑。

这些事例与《颜氏家训·风操》中列举的事例同样滑稽、荒唐，以

---

① 阳侯是古代传说的波涛之神。

至于冲淡了孝道所应有的严肃和凝重，淹没了子女对父母的深情，成为一系列诙谐的笑谈而受到人们的亵渎。似乎笔者、读者也在以轻松愉快的心情谈笑风生了。

五 从人情"穿越"到天理——孝的宇宙本体化和神化

《孝敬·感应章》讲："孝悌之至，通于神明，光于四海，无所不通。"古代的孝被上升到宇宙本体论的高度，凡甘露、嘉禾、灵芝、木连理、瓜双蒂、白鸠构巢、鸟兽翔集、獭祭鱼等自然现象，都说成是由孝感化出的嘉瑞。天地神灵、草木、鸟兽等都被披上生命的灵光，赋予"孝"的精神和"孝"的道德秉性。通过其精神价值的强化和高扬，来衬托、显示人间孝道的必然和高尚。其是非判断的落点是：人不孝敬父母，禽兽不如，天地不容！

（一）伸张孝道的道德法庭

《国语·周语下》载："言孝必及神。"敬鬼神而远之，本来是儒家哲学的基本精神，而世俗传承的孝道则相反，往往借助天、神的力量给孝道披上神圣的灵光，用神灵作为孝道的激励和监督力量。

1. *孝感天地心——天地神灵呵护的孝道*

孝道神化的理论来源有：儒家义理的"天"；由道家、墨家能赏善罚恶的天而形成的善恶报应论；还有就是佛教的因果报应论。

孔孟思想中的"天"不仅指自然的"天"，还指义理的"天"。孔子讲："天何言哉！四时行焉，百物生焉。"《论语·八佾》讲："获罪于天，无所祷也。"《孟子·公孙丑》曰："天作孽，犹可违；自作孽，不可活。"董仲舒认为，"王道之三纲，可求于天"。

道家、墨家所说的天，是指能赏善罚恶的天。《道德经》七十九章讲："天道无亲，常与善人。"《墨子·天志》讲："人之为善，天能赏之；人之为暴，天能罚之。"

在孝道神化过程中，把儒家义理的天和古代的善恶报应说、佛教的因果报应论结合起来，并使之具体化、故事化、神秘化，给人以美好的诱导、严密的监督，甚至严厉的恐吓。

从内容上看，古代的"孝感天地"，首先是把天地塑造成孝道的激励力量。《晋书·孝友传》叙述这种现象说："至诚上感，明祇下赞，郭巨致锡（赐）金之庆，阳雍标苢玉之祉。"就是说天是伸张正义的主宰，对那些笃行孝道的孝子给以各种形式的救助，使他们孝敬父母的愿望得以实现。孝子阳雍得天赐予的菜种，竟种出白璧和铜钱，并借助这些钱财与右北平著姓女子喜结良缘，这叫"苢玉之祉"。其他像王祥卧冰而得鲤，孟宗哭竹而得笋，都是天在不失时机地帮助这些孝子解决孝敬父母中的实际问题。天还给"丁兰刻木"这种荒唐的"死孝"张目，借助神灵让木刻的父母有了活生生的情感。后来宣传孝感的故事，无不遵循这一模式。

如，元朝龙兴新建（今属江西）人汤霖的母亲患热病，接连换了几个医生都没治好，母亲不肯吃药，说："只有冰可以治好我的病。"当时天气闷热，到哪去弄冰啊！汤霖求冰不得，天天号哭于池上。忽听到池中"嘎嘎"有声，拭泪一看，原来水中结出冰凌。他赶紧取回家给母亲吃，母亲吃完病果然好了。这种"天方夜谭"式的故事，在孝感天地中是司空见惯的。

天地神灵还承担着惩罚不孝逆子的职能，俗语常讲"惊大孝必触鬼神"，"忤逆不孝，天打雷劈"。唐人唐临撰《冥报记》，李冗撰《独异志》各记载了一位养姑不孝的妇女，前者是隋朝大业（605～618）年间河南人，后者是唐朝滑州酸枣（台今河南延津西南）人，两人都被霹雷震去人头，换上了狗头。

中国惩治不孝的力量是多元的，天打雷劈、虎食蛇吞等，举头三尺有神明，天地间的一切都在监督、惩治着不孝逆子。

明人陈继儒的《虎荟》载：南宋孝宗时，江西水灾，丰城有一农夫领着母亲、妻子，抱着儿子逃荒。路过一条小溪，农夫悄悄对妻子说："我抱着儿子先渡，如果母亲老了不能渡，扔掉算了。"妻子不忍，搀扶着婆母过河，忽然脚陷泥中。妻子正要回头取鞋，看到泥水中白金烂然在目，她捡起来对婆母说："天赐白金，可以回家了。"登岸后，只见小儿在沙滩上玩耍，说是父亲被"黑牛"叼入树林中。妻子跑进树林一看，地上一片血迹，丈夫已被黑虎吃掉了。

清初张潮《虞初新志》载：信州（治今江西上饶）有一不孝子持刀追杀老母，老母逃进关帝庙，藏到神座下。等到不孝子赶到庙中，关帝身旁的周仓将军从神座上飞身跃下，提刀将不孝子砍死。庙里的主事听见响声，出来一看，只见血流满地，周将军一足尚在门槛之外，没来得及归位。当地百姓纷纷渲染周将军的神威，竞献金钱重塑神像。从此以后，这座庙的周将军便一脚在内，一脚在外，再也没回到神座上。

不管是虎，还是周将军，天地间的一切神灵和生灵，只要需要，都可以用来惩治不孝逆子。

2. 东海孝妇窦娥冤

中国家喻户晓的"六月雪，斩窦娥"的戏剧，来源于"东海孝妇"的故事。

《汉书·于定国传》记载：西汉东海郡（治今山东郯城）有一孝妇，年轻守寡，没有孩子，赡养婆婆非常孝顺。婆婆体谅她，让她改嫁，她始终不肯。婆婆对邻居说："媳妇孝敬我勤劳辛苦，又没有儿子，年轻守寡，太可怜了，我老了，何必拖累个年轻女子？"说完，婆婆上吊自杀了。谁知，婆婆的女儿却把孝妇告到官府，说："这妇人杀了我母亲。"狱吏逮捕了孝妇，严刑逼供，孝妇屈打成招。案子报到东海郡，负责刑法的郡决曹于定国认为，这个孝妇养婆婆十余年，孝名闻于远近，肯定不会杀婆婆。郡太守不听，于定国争辩没有结果，怀抱着案卷在太守府痛哭，不久托病而去。孝妇被冤杀后，郡中大旱三年。新太守上任，询问大旱的原因，于定国说："前任太守冤杀孝妇，因此天大旱。"于是，新太守杀牛亲自祭祀孝妇，并旌表了她的冢墓。天立刻降下大雨，这一年庄稼大丰收。

东晋干宝的《搜神记》如实记载了孝妇的故事后，又增加了一段当时的传说，孝妇叫周青，她临刑树一根十丈高的竹竿，挂五色旗幡，发誓说："我若枉死，血当逆流。"行刑后，周青的血倒流到竹竿顶，又沿着旗幡滴下。元朝，关汉卿又将这一故事改编成杂剧《感天动地窦娥冤》，简称《窦娥冤》，成为中国十大悲剧之一。剧中临刑，窦娥发下三个誓愿：树丈二白练，如果我冤枉，一腔热血全喷到白练上；现在是三伏天，如果我冤枉，天降三尺瑞雪，掩埋我的尸体；自今以后，大旱三年。结果她的誓愿都应验了。其实，这都是沿着"孝感天地"的思路构思出来的。

史书记载的像东海孝妇这样的例子还有很多。《后汉书·循吏列传》载：会稽上虞县（今属浙江）有一孝妇，情节与东海孝妇如出一辙。冤死后郡中连旱二年，祈祷求雨无效。新太守殷丹到官，郡户曹史孟尝为孝妇申冤说："昔东海孝妇，感天致旱，于公一言，甘泽时降，应惩治诬告者，以谢冤魂。"殷丹将诬告孝妇的小姑判刑，祭祀孝妇冢墓，天即降雨。

《晋书·列女传》载：十六国前赵时，陕县有一19岁孝妇寡居，为了孝敬婶婆婆毁面自誓，不再嫁人。婶婆婆病死，其女儿曾向孝妇借贷未遂，于是诬告孝妇杀害母亲。官府不问青红皂白，冤杀孝妇。孝妇死后有一群乌鸦悲鸣于尸体之上，夏天暴尸十日而不腐烂，也不为虫兽所伤。陕县境内一年无雨。前赵皇帝刘曜派呼延谟为太守，用少牢祭祀孝妇，并赐谥号曰"孝烈贞妇"，天才下雨。

读到这里，我们颇有点多谢天地之德的感觉，天地为给这些孝妇申冤，做得已经够多的了。

（二）松作人间客，草为我辈人——草木也知孝亲情

古人还给草木披上生命的灵光，把孝道映射到它们身上，让它们也有了人的孝亲之情。孟宗哭竹而生笋，说明竹笋也为孝献身。前面提到的西晋王裒泣墓，"攀柏悲号，涕泪著树，树为之枯"，松柏也为其孝行而枯萎。古代凡甘露、嘉禾、灵芝、木连理等，都是赞扬孝行的祥瑞。唐朝中书侍郎张九龄、郑县县尉崔希乔母丧丁忧，柴毁骨立，都曾有灵芝产于居室。

1. 紫荆花下说"三田"

南朝梁吴均《续齐谐记》载：汉朝有田真兄弟三人，自小相亲相爱，甘苦与共。各自娶妻成家后，依然同居合炊，同耕共织。后来商量分家，各自营生。房屋、田产、钱谷一分为三。庭院里有一棵大紫荆树，也议

定明日动手，砍作三段，三家各取一段。

次日清早，三兄弟同去砍树，不料一夜之间，原本生长茂盛的紫荆树突然枯死。田真见状大惊，嘘唏感悟说："紫荆本来同株连气，听说我们要把它砍为三截，不忍分离而枯死。我们兄弟分居异财，连这棵树木都不如啊！"兄弟三个相抱痛哭，决计推翻前议，情愿同居合炊如前。说也奇怪，几天后庭院里的紫荆树枯木逢春，又变得枝繁叶茂了。

后来，田真一家成为著名的孝悌之门，历代文人学士齐声赞颂。西晋文学家陆机《豫章行》留下了"三荆欢同株，四鸟悲异林"的诗句。明人方孝孺的《勉学子》称："田家一聚散，草木为枯荣，我愿三春日，垂光照紫荆。"明朝小说家冯梦龙把这段故事写进《醒世恒言》中，把分家的责任推到田三媳妇身上，赋诗说：

> 紫荆花下说三田，人合人离花亦然。
>
> 同气连枝原不解，家中莫听妇人言。

2. 稼禾情义远，瓜瓞孝悌长

中国有句古话叫"人非草木，孰能无情？"其实，草木也有孝亲情。类似"三田哭荆"的孝悌事迹还有很多。

《西京杂记》载：西汉会稽（今属浙江）人顾翱的母亲好吃雕胡饭。雕胡就是菰米，也叫安胡，是一种浅水生植物，秋季结籽，色白而滑。顾翱经常带领孩子们四处采摘，并不辞劳苦开凿渠道，引河水自己种植雕胡。后来，雕胡自生于太湖之中，旁边不生杂草，虫鸟不来啄食。

《陈书·吴明彻传》载：南朝陈名将吴明彻 14 岁时，为筹备给父母修坟墓的费用，辛勤耕种。时天大旱，苗稼焦枯。吴明彻哀愤，常到田中仰天号泣。过了几天，有人告诉他，焦枯的禾苗已复活生长。吴明彻以为是他人欺骗自己，到地里一看，果然如此。秋收大获，终于凑足了修坟墓的费用。

"绵绵我瓜瓞，引蔓孝悌长"。元朝有个孝子叫王荐，母亲沈氏病渴，对王荐说："得瓜以啖我，渴可止。"当时数九寒天，大雪封地，到哪儿找瓜？王荐来到附近的深奥岭，避雪树下，想到病重的母亲想吃瓜而不得，仰天大哭。忽见岩石间长出青蔓，片刻间生出二瓜。

这些树木、禾苗、瓜果不仅懂得人间的孝道，而且知道在孝子最需要的时刻雪中送炭。

（三）乌鸦反哺，羊羔跪乳——禽兽也知孝为先

树木、瓜果没有母子之情，犹懂得人间孝道，那些受母亲哺育的鸟兽当然更具备人间的孝亲之情了。古人经常讲的象耕鸟耘、乌鸦反哺、羊羔跪乳等，都是鸟兽中的孝道。

东汉王充《论衡·偶会篇》讲："舜葬苍梧，象为之耕；禹葬会稽，鸟为之耘。"舜当上天子后，把天下治理得井井有条，形成了政通人和的太平盛世。他的功德感动天地，天降祥瑞，百兽起舞，凤凰来翔。于是，后来的《二十四孝》把"象耕鸟耘"都放到舜身上，说：舜耕于历山，孝感天地，象为之耕，鸟为之耘。本来，"象耕鸟耘"说的是舜和禹，如果联系这些传说，都放到舜身上也是合情合理的。

1. 子在巢中望母归——诗词中的鸟兽情

古代诗人写了许多歌颂鸟兽亲情的诗，最多的是"乌鸦反哺"和"羊羔跪乳"，足见诗人对鸟兽亲情感触之深。

舜的《思亲操》中，小斑鸠与其母相哺食已是"乌鸦反哺"典故的滥觞。古人称乌鸦为"慈乌"、"孝鸟"。《本草纲目·禽部》载："慈乌，此鸟初生，母哺六十日，长则反哺六十日，可谓慈孝矣。"西晋束皙《补亡诗·南陔》称："嗷嗷林乌，受哺于子。"说的就是乌鸦。小羊羔在吃妈妈的奶的时候，前面的两条腿是跪着的。南宋文天祥专门写了一首《咏羊》诗，其中有"跪乳能知报母情"的诗句。明清时期的启蒙读物《增广贤文》讲："羊有跪乳之恩，鸦有反哺之义。"

北宋苏辙有"马驰未觉白南远，乌哺何辞日夜飞"的诗句。北宋诗人李觏感叹："从来乌鸟爱反哺，孝慈情性谁可侔？"元朝诗人戴良《忆子》诗讲："反哺有慈乌，跪乳有羔羊。"明人方孝孺赞颂禽雁："莫驱屋上鸟，鸟有反哺情，莫烹池中雁，雁行如弟兄。"唐朝诗人白居易在《慈乌夜啼》诗中写道：

慈乌失其母，哑哑吐哀音。昼夜不飞去，经年守故林。
夜夜夜半啼，闻者为沾襟。声中如告诉，未尽反哺心。
百鸟岂无母，尔独哀怨深。应是母慈重，使尔悲不任。
昔有吴起者，母殁丧不临。嗟哉斯徒辈，其心不如禽。
慈乌复慈乌，鸟中之曾参。

鉴于对鸟中亲情的赞颂，白居易还写了一首《劝打鸟者》，留下了"劝君莫打枝头鸟，子在巢中望母归"的名句。

读了这些感人肺腑的诗句，使人自然而然就会得出一个结论：人不孝敬父母，禽兽不如！

2. 崔希乔孝感鸟兽

舜时凤凰来翔、百兽起舞、象耕鸟耘等孝感鸟兽的和谐景象，在后来的史书中不断再现。

韩琬《御史台记》载：唐玄宗时，有一个以孝感天地而闻名的大孝子、清河（今山东武城）人崔希乔。崔希乔曾在多处做官，可以是说处处感天地，处处有祥瑞。

崔希乔刚出仕时任临清县尉，母丧丁忧，哀毁骨立。只要他一哀哭，就会有成千上万的鸟飞集在墙头、屋顶和周围的树上，树的枝条因此都被鸟压断了。街坊四邻纷纷惊奇赞叹。后来，崔希乔又担任郑县县尉，转郑县县丞。他为官清正廉明，居住的堂屋里一夜之间居然长出一尺多高的灵芝。灵芝是祥瑞，是太平盛世、吉祥如意的象征。再后来，他又任并州兵曹。并州府（治今山西太原）厅前有一片芦苇丛，鹢鹕鸟在那儿垒巢孵卵。孕卵才数日，小鸟即破壳而出，刚孵出的小鸟就比母亲还大，芦苇枝承担不了它们的重量，坠落于地上。一月后，小鸟长出五色花纹，像鹅一样壮大。闲暇，崔希乔喂养、训练它们，与它们相处得非常融洽。人们称这些鸟为"兵曹鸟"。又后来，崔希乔任冯翊县（治今陕西大荔）县令，把整个县治理得"人吏畏爱，风化大行"。于是，上天再降祥瑞，官署的上空出现五色彩云伞盖，照耀了整个冯翊县城。全县百姓倾巢而出仰望观看，欢呼雀跃。这件事奏上朝廷，唐玄宗命编入国史。

儒家讲"君子所过者化"，意思是君子每到一处就教化一大片人。这个仁孝君子崔希乔则每到一处教化一大群鸟兽，每到一处孝感天地降下祥瑞。

3. 白鸠构巢獭祭鱼

古人为了渲染孝感天地，可谓观察细微，思虑精深，把许多鲜为人知的自然现象都挖掘出来了。《礼记·月令》、《吕氏春秋·孟春》等典籍都有"獭祭鱼"的记载。獭是一种水陆两栖动物，喜欢吃鱼，经常将所捕到的鱼排列在岸上，很像是陈列祭祀的供品。所以就称之为"獭祭鱼"或"獭祭"。唐诗人孟浩然《早发渔浦潭》诗称："饮水畏惊猿，祭鱼时见獭。"

元朝太平（在今安徽黄山）人胡光远有孝行，梦见死去的母亲想吃鱼，早上起来正要准备去买鱼来祭祀。到墓前一看，有五尾生鱼整整齐齐地排列在墓前，每条都有牙齿咬过的痕迹。邻居们互相传闻，争相围观，发现有一只水獭从草中凫水而去，才知道是水獭所献。官府知道后也觉得奇异，遂旌表他家的门闾。

《晋书·孝子传》载：百晋新兴（今属广东）人刘殷9岁时，曾祖母王氏冬天想吃堇，刘殷劲哭于泽中，隐约听到有人劝止，收泪一看，堇生于地，他采了一斛多而归。奇怪的是，他天天给曾祖母吃，而堇不见少。又梦见神人说："西边篱笆墙下有粟。"他去挖掘，结果掘出15钟粮食，上面写着："七年粟百石，以赐孝子刘殷。"这些粮食也是随吃随增加，刚好吃了七年。王氏去世，灵柩停在家里而西邻失火，火借风势蔓延过来。刘殷夫妇叩头号哭，大火竟越过他家而去。后来，有两只白鸠在他院中的树上构巢，四邻皆以为是孝感所致。

明人陈继儒《虎荟》记载了许多老虎惩治不孝，礼敬孝子的故事。如，有个叫章惠仲的，与妖婿丘生一同参加科举，路过长江三峡，妹婿丘生落水丧生。章惠仲科举得中，返回三峡时弃舟乘马。走到万州（今属重庆）地界马失蹄坠落山崖下，有一只老虎猛扑过来。章惠仲对老虎说："你若有灵性，当听我诉说。我母亲82岁，有子女三人，去年妹婿死于此，今年弟弟死在家里，如今就剩我一根独苗，你吃了我，我老母指望谁？"这只老虎听完深受感动，竟乖乖地离开了。

这些由孝行所感而出现的种种怪异现象，虽然近乎荒诞，不可尽信，但这正是汉朝以来形成的孝感天地的观念。

（四）天打雷劈——对逆子以严厉的恐吓

从汉朝开始，天就成为孝子的庇护神。赤眉军路过孝女姜诗家门口，说："惊大孝必触鬼神。"留下米肉，弛兵而过。隋唐时，世俗社会把不孝视为"人神公愤"的恶行，形成了"忤逆不孝，天打雷劈"的神灵监督力量。

1. 善恶到头终有报

中国儒家、道家、墨家学说和民间社会的信仰，本来就有善恶报应的说法，后来又吸收了佛教的因果报应说，不孝逆子遭报应的说法便成为民间的普遍信仰。

唐人唐临撰《冥报记》载：隋朝大业（605～618）年间，有一媳妇对双目失明的婆母不孝，把蚯蚓放到菜里给婆母吃。婆母觉得味道怪怪的，私下藏了一点给儿子看。儿子知道后大怒，将媳妇扭送到县府。半路上，风雨雷震，不孝妇不知去向。一会儿只见她从空而落，头变成了白狗头。问她原因，回答说："因不孝婆母，被天神所罚。"丈夫把她送到官府，后来她流浪乞食于街头，不知去向。

唐朝僧人道世撰《法苑珠林》载：有一逆子和母亲串通把父亲杀了，埋到后院，"天雷霹父尸出"，然后劈死逆子。还有一不孝妇，专门和婆婆作对，以致发展到教唆痴愚的丈夫杀害母亲。丈夫按照不孝妇的策划，把母亲弄到旷野中，捆绑住手脚，正要杀害，罪逆感彻上天，雷电大作，劈死了逆子。母亲却安然无恙，慢慢回到家中。听到动静不孝妇以为是丈夫回来了，摸黑开门问："杀了么？"婆母回答说："已杀。"到第二天早上她才知道，死的不是婆婆，而是丈夫。

天不仅恐吓、监督着那些不孝的逆子、逆妇，还恐吓、约束着那些虐待媳妇、儿子，有恃无恐的婆婆和后母。

《冥报拾遗》载：唐朝京师长安有个王会师，母亲先终，服丧已毕。到唐高宗显庆二年（657），家里产下一只青黄色母狗，王会师的妻子因为这小狗偷食吃，用棍子打了它几下，这狗竟会说人话，说："我是你婆母，因为我虐待家人，遭此报应。"说完就离家出走。王会师听了，放声大哭，赶紧把狗抱回家，为它盖了一个小屋，每日送饭。两年以后，狗不知去向。

这些记载，越来越荒诞离奇，越来越触目惊心而让人难以置信。然而，这正是神化孝道的必由之路。到明清时期，"不孝逆子天打雷劈"成为老百姓的一句口头禅。

2. 雷劈熊二和曾蛮夫妇的传说

南宋洪迈《夷坚志》记载，南宋时期的兴国军（治今湖北阳新）有个叫熊二的人，因为不孝而遭到雷劈。

熊二的父亲熊明在军队服役，退役后年老体弱，妻子也去世，孤苦伶仃，只好将所有的希望都寄托在儿子身上。但是熊二是个不孝逆子，视父亲如同路人，致使熊明不得不外出乞讨。熊明多次含着眼泪找到儿子熊二，恳求他收留自己，但是熊二每次都是大骂一通，将父亲赶出家门。熊明也曾想到将儿子告官，但又于心不忍，只能是每天晚上烧香祈祷，希望儿子能够回心转意。

就这样两年过去了，熊二仍然怙恶不悛。南宋孝宗淳熙三年（1176）九月初七那天，熊二在外喝酒赌博，突然天空暗了下来，暴雨突至，雷电交加，一时天昏地暗，什么也看不清楚，只听到有人呼喊"熊二"。一会儿，天空放晴，却不见了熊二。于是大家分头去找，最后在城门之外找到熊二的尸体。只见他两眼爆出，舌头也断了一截，背上的红字"不孝之子"历历在目。

时隔三百年的明朝也有一个被雷劈的不孝子，记载在明朝人王文炳万历年间修的《庆远府志》中。

明世宗嘉靖（1522～1565）年间，庆元府（治今广西宜山）有一个叫曾蛮的人，虐待母亲，一日三餐总是给母亲很少的食物，根本吃不饱。每年祭祀，家里都会留下许多肉食，但他就是不给母亲吃。曾蛮的妻子也是个不孝之妇，夫唱妇随，对母亲非打即骂，年老体弱的母亲只能忍受着。

一天，突然风雨大作，雷电交加，击中了曾蛮住的屋子。曾蛮母亲的发髻挂在了一个竹筐上，虽然竹筐烧了，但她的发髻却完好无损。曾蛮夫妇可惨了，二人悬挂在了半空中，头发直直向上。曾蛮所住的屋子地下裂开一道缝，雷电从缝隙中钻入地下，很快就停了。曾蛮夫妇两个人从空中摔下来，晕倒在地，几天后就死掉了。

3. 雷殛张继保

"雷殛张继保"是中国民间流传最广的老天爷惩治逆子的故事。

北宋孙光宪《北梦琐言》卷八《张仁龟阴责》载，科举登第为官的张仁龟忘记养父的养育之恩，致使养父郁恨而死。养父在阴间冥诉于天，张仁龟遭报应自缢而死。

到明清时，故事演义成了戏剧《清风亭》，剧情是：张元秀夫妻拾得一弃婴，取名张继保，含辛茹苦将其抚育成人。后张继保被生母领走，得中状元，在清风亭巧遇张元秀夫妻。张继保忘恩负义，把老夫妻当成乞丐，拒不相认。逼得老夫妻相继碰死在清风亭前，张继保因此被暴雷殛死。此剧又名《天雷报》、《雷殛张继保》，京剧、徽剧、汉剧、川剧、湘剧、晋剧、秦腔、豫剧等均有演出。

清代经学家焦循的《花部农谭》说，他于嘉庆二十四年（1819）观看该剧时，一开始观众"无不切齿"，演到张继保被雷劈死，人心"无不大快"。表现了古代人民对忘记父母养育之恩的愤慨和鞭笞。

由于中国社会的宗法伦理特色，在孝道神化的过程中始终没依附宗教，更没转变为一种独立的宗教精神。相反，佛教的因果报应说要为儒家的"孝道"服务，与中国古已有之的善恶报应相结合，成为古代社会维持孝行的监督力量。

第二章　孝与家庭伦理——以孝齐家

在人类社会的发展历程中，家庭的形态经历了一个不断演化的过程。从严格意义上讲，现在意义上的家庭同新中国成立之前的家庭有很大区别，或者说历史上的家庭称为家族更确切。不可否认，其中也存在着小家庭，但是这种小家庭是依附于宗族或者家族的。

从先秦儒家经典到程朱理学，文人政客对家庭伦理你讲五品，我说六顺，他言七教，然后又有八德、十礼，致使家庭伦理的繁文缛节层累地堆积，让人目不暇接。

《尚书·尧典》载，舜以契为司徒，说："百姓不亲，五品不逊。汝（契）作司徒，敬敷五教。"这里的"五品"、"五教"是就父、母、兄、弟、子五种家庭伦理。《左传·文公十八年》把"五品"称作"五教"，而且作了明确的解释："使布五教于四方，父义、母慈、兄友、弟共（恭）、子孝。"

《左传·隐公三年》中，卫大夫石碏讲："贱妨贵，少陵长，远间亲，新间旧，小加大，淫破义，所谓六逆也；君义、臣行、父慈、子孝、兄爱、弟敬，所谓六顺也。"石碏把家庭伦理称作"六顺"，把各种悖德的行为称作"六逆"。

《老子》第十八章认为，包括家庭伦理在内的道德是社会混乱的产物："大道废，有仁义；智慧出，有大伪；六亲不和，有孝慈；国家昏乱，有忠臣。"老子说的家庭伦理就是"孝慈"。

《墨子·兼爱下》指出："为人君必惠，为人臣必忠，为人父必慈，为人子必孝，为人兄必友，为人弟必悌。"这里提出六种德行：君惠、臣忠、父慈、子孝、兄友、弟悌。不过，这不纯是家庭伦理，而是社会伦理。

《孟子·滕文公上》载："父子有亲，君臣有义，夫妇有别，长幼有序，朋友有信。"这里，孟子不仅讲了"五伦"，还讲了如何正确处理这五种人伦关系准则，即"义、亲、别、序、信"，也就是五教。以"五伦"为标志，形成了"以人为本"的伦理道德观。其中"父子有亲，夫妇有别，长幼有序"属于家庭人伦。

《礼记·王制》称七教：父子、兄弟、夫妇、君臣、长幼、朋友、宾客。这也是社会伦理。

班固《白虎通》有三纲六纪："三纲者何谓也？谓君臣、父子、夫妇也。六纪者谓诸父、兄弟、族人、诸舅、师长、朋友也。故《含嘉文》曰：君为臣纲，父为子纲，夫为妻纲。又曰：敬诸父兄，六纪道行，诸舅有义，族人有序，昆弟有亲，师长有尊，朋友有旧。"

西汉戴圣的《礼记·礼运篇》提出了"十义"，对父子、兄弟、夫妇、长幼、君臣这五组宗法社会基本人际关系的双方，分别提出道德准则：父慈、子孝；兄良、弟悌；夫义、妇听；长惠、幼顺；君仁、臣忠。

上述种种，广义上讲都是家庭伦理，它有两个特点：第一，中国古代以血缘家庭为本位的宗法社会，使家庭伦理与社会政治一开始就融汇在一起。严格的家庭伦理，应该是《尚书·尧典》和《左传·文公十八年》中的"五品"、"五教"：父义、母慈、兄友、弟恭、子孝。那些五伦、六纪、七教、十义，都是政治伦理，或者是伦理政治。第二，强调父子、兄弟、夫妇、长幼双方各自应该承担的道德义务，带有明显的互尊、互惠、互利、道德等价交换的特点。也就是说，这些家庭伦理是建立在平等人格基础之上的伦理道德。董仲舒的三纲五常以后，弱化君仁、父慈、夫义，强化臣忠、子孝、妇听，原来平等人格基础之上的家庭伦理开始失衡。

一 父母舐犊之爱深——父慈子孝

父慈子孝即孟子说的"父子有亲"，是指父母要用慈爱、智慧来鞠养、呵护、教育子女，而子女也要关怀、体贴、孝顺父母。《孝经·士章》讲："事父以事母，而爱同。"在这里笔者需要指出，本文所讲的父慈子孝是广义的，也包括母亲和女儿，也就是父母慈，子女孝。"父慈子孝"指父母双亲与子女都应该尽到自己的责任和义务。

上述《尚书·康诰》就提出了"子不孝，父不慈"，"弟不恭，兄不友"的观点。长期以来，人们误认为传统孝道只讲子孝，只是强调做父亲的权利，这是对传统孝道的曲解。其实一开始，父慈子孝的思想应该是相辅相成的，秦汉以后，孝与忠紧密结合，片面强调子女应该敬仰父母，而忽视做父母应尽的责任，父权至上，孝道中的父慈的一面被父为子纲所湮没、覆盖。

（一）父慈母爱觉天全

《礼记·大学》讲："为人父，止于慈。"这里的慈，一是养，二是教。即民间经常说的有"教养"。

1. 哀哀父母，生我劬劳

《韩诗外传》卷七第二十七章概括"父慈"的内容说："夫为人父者，必怀慈仁之爱以畜养其子。抚循饮食，以全其身。及其有识也，必严居正言以先导之。及其束发也，授明师以成其技。十九见志，请宾冠之，足以成其德。血脉澄静，娉为以定之，信承亲授，无有所疑。冠子不詈，髦子（婴儿）不笞，听其微谏，无令忧也。此为人父之道也。诗曰：'父兮生我，母兮鞠我，拊我畜我，长我育我，顾我复我，出入腹我。'"

这里叙述的父母对子女的责任如下：

其一，怀仁慈之心鞠养子女，在饮食、衣服等物质上予以供给和满足，保证孩子健康成长。

其二，在精神上给予关爱和呵护，言传身教、率先垂范，为子女作出表率。

其三，聘请老师传授知识，教授技艺。

其四，19岁以后儿子志向已定，为儿子举行冠礼，使儿子具有成人之德。并为儿子订婚成家。

其五，不责骂已经成年的儿子，不鞭打幼儿。

其六，听取儿子委婉的规劝，不让儿子为父亲担忧。

句末引《诗经·小雅·蓼莪》说，父母生下我、喂养我、抚爱我、疼爱我、培育我、照顾我、呵护我，每时每刻牵挂我。这都是父母的责任。只有这些都做到了，才可以说是父慈母爱。

2. 老年还舐犊，凡鸟亦将雏

父母慈首先就表现在父母对子女的关心和爱护上。

《礼记·文王世子》载：周文王问儿子周武王说："你梦见过什么？"武王回答说："我梦见天帝给了我九颗牙齿。"文王问："你认为这意味着什么？"武王说："西方有九个国家，君王大约最终会获得它们吧。"文王说："不对，齿就是年龄。你梦见九齿，是获寿 90 岁。我 100 岁，你 90，我给你 3 岁吧。"后来，周文王果然活到 97 岁才去世，周武王 93 岁去世。从这很平常的故事可以看出，父母的慈爱是无私的，不仅物质财产、荣誉、职位可以给予儿女，连寿命也可以无私奉献。

西晋太尉王衍少壮登朝，直到白首，口中雌黄，清谈误国，唯独对自己的亲生儿子感情至深。他的幼子夭折，他悲不自胜。山简劝他说："孩抱中物，何至于此。"王衍动情地说："圣人忘情，最下不及情。情之所钟，正在我辈。"也就是说，儿子是他最钟情的。金朝诗人周昂在《失子》诗中写道：

> 白发飘萧老病身，几因儿女泪沾巾。
> 虚谈误世王夷甫，只有情钟语最真。

白居易唯一的儿子在 3 岁时就夭折了，白居易悲伤万分，为此他还作了一首诗《哭崔儿》：

> 掌珠一颗儿三岁，鬓雪千茎父六旬。
> 岂料汝先为异物，尝忧吾不见成人。
> 悲肠自断非因剑，啼眼加昏不是尘。
> 怀抱又空天默默，依前重作邓攸身。

不久白居易在体会了这种刻骨铭心的痛之后，又作了一首《初丧崔儿报微之晦叔》：

书报微之晦叔知，欲题崔字泪先垂。

世间此恨偏敦我，天下何人不哭儿。

蝉老悲鸣抛蜕后，龙眠惊觉失珠时。

文章十帙官三品，身后传谁庇荫谁。

"掌珠一颗儿三岁，鬓雪千茎父六旬。"人们常以"白发人送黑发人"来表达老年丧子之痛，白居易道出了所有天下父母至深至痛的情感。读到白居易"天下何人不哭儿"的诗句，不由想起北魏李崇智断案中的两位父亲。

北魏时，寿春县人苟泰有一3岁儿子丢失多年，不知所在。后在同县人赵奉伯家找到。二人都说孩子是自己的亲儿子，并有邻证。郡县不能判断。案子转到扬州刺史李崇处。李崇说："这案子很好判。"令苟泰、赵奉伯二父与小儿各住一处，不准探视。几十天后，派人对二父说："你们的儿子因病暴死，可以出来奔哀。"苟泰听了，号啕大哭，悲不自胜。赵奉伯只是哀叹惋惜。于是，案情大白。李崇把小儿还给苟泰。赵奉伯承认说，先有一子，不幸死亡，故冒认此儿。

由二父哭儿的案子可知，亲生父子固然骨肉情更深，即便是非亲生的养父，也仍有深厚的父子情分。

明成祖朱棣很喜欢二儿子朱高煦，据说朱高煦风流潇洒，能征惯战，像极了他老子。老大朱高炽就完了，相貌平平还是个瘸子，当爹的不怎么待见他，没事老给他小鞋穿，时不时就想废掉他太子的宝座。明王稚登《虎苑》载：有一次，朱棣带着许多大臣参观一幅画，画中是一只老虎带着幼虎嬉戏玩耍，正当朱棣看得起劲时，一直追随太子的解缙不失时机地题诗道：

虎为百兽尊，谁敢触其怒。

惟有父子情，一步一回顾。

读了解缙的诗，朱棣幡然醒悟，马上派人到南京接回朱高炽，正式册封他为太子。"谁道群生性命微，一般骨肉一般及。"一幅画、一首诗，竟然让雄才大略的朱棣改变了主意，显然是受了"舐犊"之情的震撼。

3. "后娘"也有慈母心

"哀哀父母，生我劬劳。"慈母之爱是古今中外最无私、最伟大的爱，也是人类歌颂的永恒的题。唐朝诗人孟郊《游子吟》："慈母手中线，游子身上衣。临行密密缝，意恐迟迟归。谁言寸草心，报得三春晖。"歌颂了伟大的母爱，成为传诵民间的千古绝唱。歌颂母爱的诗、文实在是太多，随手拈来，像明朝诗人刘基《懊恼歌》："儿啼母心酸，母愁儿不知。"像民间俗语"儿行千里母担忧"，比比皆是。唐朝诗人白居易还写了一首《劝打鸟者》诗，留下了"劝君莫打枝头鸟，子在巢中望母归"的名句。

甚至慈母的打骂、唠叨都牢牢铭刻在子女的心灵深处，成为不尽的思念。东汉扬雄《方言》讲："慈母之怒子也，虽折笞之，其惠存焉。"唠叨，恐怕是天下母亲的共同特点，它曾经让儿女无奈、厌烦，当做耳旁风，然而一旦远离母亲，或者是母亲过世，就会感觉到母亲唠叨是那么留恋和娓娓动听。唐朝诗人陈去疾的《西上辞母坟》，就抒发了对逝去母亲的深切怀念，以及对没有母亲叮咛的失落：

> 高盖山头日影微，黄昏独立宿禽稀。
> 林间滴酒空垂泪，不见丁宁嘱早归。

慈母之爱，有口皆碑，前述的《佛说父母恩重难报经》，归纳出十条父母之恩，在此不再重述。

而一旦不是亲生的母亲，就事与愿违了。中国民间有一种根深蒂固的世俗偏见，叫做"十个后娘九个狠"，"蝎子尾，黄蜂针，最毒不过后娘心"。"后娘"一直是心狠手辣、虐待儿子的化身。在这种偏见的指导下，为了凸现孝子的高大，作者不惜加重笔墨把后母的恶劣品行夸大到令人发指的程度。

然而，"后娘"也不都是舜、伯奇、闵子骞、王祥的母亲。其实，后娘也有慈母心。

西汉刘向《列女传》载：战国齐宣王时，有人被杀死在路上，旁边站着两个孩子。哥哥说:"是我杀的。"弟弟说:"是我杀的。"齐宣王说:"母亲肯定知道孩子的善恶,由她决定谁来偿命。"母亲哭着说:"杀小儿子。"法官说:"一般人都是喜欢小儿子,你为什么要杀小儿子?"母亲说:"小儿子是我亲生的,大儿子是前妻之子。"说完就泣不成声了。齐宣王知道后,敬佩这位母亲的高义,把两个孩子都赦免了。像这样义薄云天的"后娘",别说是孝顺了,为她去死都心甘情愿。

东汉汉中南郑(今属陕西)人程文钜的妻子穆姜有两个亲生儿子,前妻有四子。陈文矩死后,四个儿子对穆姜一直心怀仇恨,处处与穆姜为敌。而穆姜慈爱温仁,衣食供给都加倍超过自己的亲生儿子。有人说:"既然四子不孝,还不如分居。"穆姜说:"我一定会以仁义慈爱感化他们。"前妻的长子陈兴有病了,穆姜亲调汤药,照顾得无微不至,护理了好长时间。陈兴病刚好,便把三个弟弟招呼到一起说:"继母慈仁,是我们兄弟不识好歹,造恶太深了!"说完带着三个弟弟到县里自首,陈述母亲的高尚品德,请求惩罚。在穆姜的训导下,四个儿子都成为良士。

明朝万历(1573~1620)年间,宜兴(今属江苏)人何孝得老年得子,名何士晋,族子图谋他的财产,趁何家人丁不旺,结党杀死何孝得,继母吴氏把何士晋藏匿到娘家才幸免于难。何士晋读书稍有懈怠,继母就拿出父亲的血衣给他看,激励他刻苦读书,长大为父报仇。后何士晋举进士,持血衣诉之官,将罪犯拿获抵法。

上述几位继母对儿子不仅有慈爱,还有对家庭、对丈夫、对儿子强烈的责任感和道义感,别说是让那些虐待前妻之子的"后娘"汗颜,就是那些一般的亲娘也自叹不如。

(二)子不教,父之过

父母之爱的精髓不仅在于"养",更在于"教"。《三字经》中说:"子不教,父之过。"父母对子女施以慈爱,教之以义方,教会子女独立生活的能力、安身立命的技能、博学明辨的知识、高尚的道德素质,使之将来能立足于社会,成为有用之才。这才是真正的爱子之道。

1. 伯禽遵教,入门而趋,登堂而跪
古代用"乔(桥)梓"比喻父子关系,这个词出自周公、伯禽父子。

伯禽是西周鲁国的开国之君，他父亲就是大名鼎鼎的周公。周公教子有方，伯禽恪守父命，父子二人演绎了一段父严子敬的佳话。

伯禽年少时，和叔叔康叔去拜见父亲周公，去了三次，被父亲痛打了三次。康叔害怕了，对伯禽说："商子是天下贤人，我们去问问他吧！"二人见到商子，商子说："南山之阳有乔木，北山之阴有梓木，你们去看一看就明白了。"听完这话，二人便到山上仔细观看。只见乔树躯干高大而向上仰着，梓树长得低矮而向下俯着。他们回来将看到的情景告诉商子，商子说："你还不明白么？高仰的乔树好比是父亲，卑下的梓树好比是儿子。"伯禽恍然大悟，原来父子之间得有尊卑上下，得有父子之礼，父位尊，子位下。第二天，伯禽去见周公，"入门而趋，登堂而跪"。即一进门就快步而行，一登堂就下跪。大概这就是周公制礼作乐之一的父子之礼吧？

从此，历史上把父子、父子之道称作"乔梓"。南宋咸淳元年（1265），赵必豫与父亲赵崇岫同科登进士，家门荣耀，时人称作"乔梓同辉"。

后来，伯禽要到鲁国当国君，临行时，周公告诫儿子说："我是文王之子，武王之弟，成王之叔，普天之下我的地位够高的了吧？然而，我一沐三捉发，一饭三吐哺，起以待士，犹恐怠慢了天下贤人，你到了鲁国，一定要礼贤下士，千万不可骄傲。"曹操的诗"周公吐哺，天下归心"，指的就是这段话。

伯禽到了鲁国，恪守父亲的教诲，"变其俗，革其礼"，使鲁国成为天下闻名的礼仪之邦。

在这里，周公为后人树立了一个"严父"的形象。《孝经·圣治》讲："孝莫大于严（敬）父。"上述韩非子也讲："严家无悍虏而慈母有败子。""父慈"与"母慈"不同，它还有个父亲对儿子严，儿子对父亲敬的问题。《颜氏家训·教子》讲："父子之严，不可以狎（侮慢）。""父母威严而有慈，则子女畏慎而生孝。"也就是说，父母对子女不能过度放任和溺爱，要有"乔梓"之严。《颜氏家训·教子》叫做"虽欲以厚之，更所以祸之"。过度溺爱非但不会对子女的成长有利，反而会害了子女。因此，古代又称父亲为"严父"。《晋书·夏侯湛传》载："受学于先载，纳诲于严父慈母。"

2. 孔鲤"过庭受训"与王守仁励志

孔子的儿子孔鲤（字伯鱼）按照伯禽"入门而趋"的"乔梓"之礼，遵守父亲的教诲学诗、学礼，演绎出中国古代的又一个典故："过庭之训"。

《论语·季氏》载：孔子的学生陈亢问孔鲤说："你在老师那里听到过什么特别的教导吗？"伯鱼回答说："没有。有一次父亲独自站在那里，我趋（小步快走，表示恭敬）而过庭，父亲问：'学《诗》了吗？'我回答说：'没有。'父亲说：'不学诗，无以言。'我就回去学《诗》。又有一次我趋而过庭，父亲问：'学礼了吗？''没有。''不学礼，无以立（立身）。'我又回去学礼。"陈亢高兴地说："我问一得三，听到了关于《诗》的道理，关于礼的道理，又听了君子不偏爱自己儿子的道理。"

伯鱼这段学诗、学礼的故事，被传为美谈。后世把接受父亲的教诲称作"趋庭"，把父教、父训称作"庭训"、"过庭之训"、"诗礼之训"。后来说的"诗礼传家"，也源于此。东晋袁宏《后汉纪·安帝纪上》称："内无过庭之训，外无师傅之道。"唐朝文学家王勃《滕王阁序》："他日趋庭，叨陪鲤对；今晨捧袂，喜托龙门。"唐朝诗人李商隐《五言述德抒情诗献杜仆射相公》："过庭多令子，乞墅有名甥。"清朝康熙皇帝有一本训诫诸皇子的书，就叫《庭训格言》，是雍正追述其父在日常生活中的训诫写成的。母亲的教诲，也可叫做"庭训"。清蒲松龄《聊斋志异》卷十一："夫人庭训最严，心事不敢使知。"

说到庭训，明朝还有一段趣话，说的是明朝著名思想家王守仁。王守仁少年时学文习武，十分刻苦，但非常喜欢下棋，往往为此耽误功课。父亲王华家教极严，虽屡次责备于他，但王守仁总不能改，一气之下，父亲就把儿子的象棋扔到河中。王守仁心受震动，顿时感悟，当即写了一首诗寄托自己的志向：

象棋终日乐悠悠，苦被严亲一旦丢。

兵卒坠河皆不救，将军溺水一齐休。

马行千里随波去，象入三川逐浪游。

炮响一声天地震，忽然惊起卧龙愁。

这虽是一首游戏诗，但其中蕴含着发奋励志的决心，蕴含着对父亲庭训的感激之情。

3. 羲之善导儿开窍，子齐父名称"二王"

王羲之，是东晋杰出的书法家，他写的字，真的是一字千金。在他的教育影响下，七个儿子都善书法，尤以献之的成就最大，他的书法集诸体之精华，一改古拙之书风，英俊豪迈，气势磅礴，有"破体"之美称。献之书法的每一点长进，都渗透着王羲之的心血。

王献之七八岁时，就跟着父亲学习书法，开始很有兴趣。后来，觉得整天和笔墨纸张打交道，坐得腰酸腿疼，没有意思。一天，他到书房找到父亲问："写字有没有窍门?"王羲之明白儿子的心思，他打开窗户，指着院子里的十八口大水缸和窗下磨秃的、堆积如垛的笔杆说："等你把十八口大缸里的墨水用光了，磨光的笔杆也堆得这样高了，窍门也就找到了。"王献之明白了父亲的用心，惭愧地低下了头。王羲之见儿子知错了，便耐心地给他讲起了大书法家张芝"临池学书，池水尽墨"，苦练成材的故事，使得王献之深受启发。

从此，王献之以滴水穿石的精神，刻苦练习，日有长进。此后王羲之又让儿子爬山、舞剑，锻炼他的臂力和腕力，而后再学习书法。一天，王献之正在写字，王羲之想试一试儿子手上的功夫，便偷偷走到他身后，猛地夺取王献之手中的毛笔，结果，王献之手中的笔丝毫没动。王羲之很高兴，夸儿子找到窍门了。

王献之书法日益长进，开始有些名气后，便产生了一些骄傲情绪，练字也不那么刻苦了。一天，他把一大堆写好的字给父亲看，希望听到几句表扬的话。谁知，王羲之一张张掀过，一个劲地摇头。掀到一个"大"字时，呈现出了较满意的表情，随手在"大"字下添了一个点，然后把字稿全部退还给王献之。父亲走后，王献之端详了很久，也没发现这一"点"有什么不同，便拿给母亲看，母亲看了又看，嫣然一笑地说道："吾儿磨尽三缸水，唯有一点像羲之。"王献之听到后大吃一惊，此后，他找到了自己与父亲的差距，克服了自满情绪，练字更加刻苦了。经过多年努力，王献之终于成了举世闻名的大书法家，同父亲王羲之齐名，并称"二王"。后人有诗称赞说：

教子且勿急求成，滴水穿石见真功。

献之练字三千日，只有一点像父翁。

羲之善导儿开窍，子齐父名二王称。

4. 赵轨、司马光教子

隋朝的赵轨教子也是一个比较成功的例子。赵轨是河南洛阳人，少年时好学，有操行。隋文帝时，赵轨担任齐州别驾。东邻家有桑树，桑葚落到了赵轨家，赵轨让人拾起来全部还给主人，并告诫几个儿子说："我并非沽名钓誉，非机杼之物（不是劳所得）不愿意侵占别人。你们应该引以为戒。"他的儿子赵弘安、赵弘智遵守父教，都很知名。

孔夫子曾言："富与贵，是人之所欲也，不以其道得之，不处也；贫与贱，是人之所恶也，不以其道得之，不去也。"民间俗语讲："君子爱财，取之有道。"这是中国人在金钱物欲方面"富贵不淫，贫贱不移"的气节。赵轨就是用它来教育子女的。如果子女不靠自己的劳动所得，老是觊觎别人的钱物，是不会有什么出息的。

《资治通鉴》的作者北宋司马光一生教子，修身为要，俭朴为重。他常教诲儿子说："食丰而生奢，阔盛而生侈。"并以家书的形式写了《论俭约》，劝诫子女切忌奢侈，崇尚俭约。为培养儿子的文字表述能力，司马光让儿子司马康参与《资治通鉴》的撰写。看其子用指甲抓书页，他耐心传授儿子爱护书籍之法：读书前，先净案，读书时，坐端正，翻书时，侧指轻。让儿子司马康终生受益无穷。司马康遵守父亲的教诲，以俭朴自律，博古通今，官至校书郎、著作郎兼任侍讲，以为官廉洁俭朴而闻名于世。

前面讲过的"彭泽之父千里训子"，也是教子的佳话。其他父教子的事迹还有很多。

隋朝贝州刺史库狄士文为官清廉，家无余财，饥饿的儿子偷吃官厨里的饼，库狄士文把儿子戴上枷锁，投进监狱。出狱后，又将儿子打了100杖，并徒步把儿子送还京师长安。

明朝陕西按察副使邝埜思念父亲，想见父亲一面。父亲邝子辅为句容（今属江苏）教官，邝埜利用职权改聘父亲为陕西乡试考官。邝子辅知道后大怒，写信斥责他说："子居宪司，父为考官，何以防嫌？"邝埜寄给父亲一匹精致的褐布，邝子辅又把褐布寄还，附信责备他说："你掌一方刑法，当以洗除冤狱为己任，怎么能迢迢千里送我褐布呢？"邝埜奉书跪诵，接受父亲的教诲。

中国历史上诸如此类的教子事例史不绝书，在此只能挂一漏万了。

（三）尧舜之道不如寡妻之诲谕——母教

"母德在教"。中国古代的母教文化丰富多彩，不仅方式方法多样，而且在教育效果方面丝毫不亚于那些须眉。北齐颜之推曾讲："师友之戒不如傅婢之指挥，尧舜之道不如寡妻之诲谕。"对孩子来说，师友的教诫，尧舜的大道理，有时候真不如母亲、侍婢的话管用。如果说，严父之教的特点是威严、棍棒，而慈母之教的特点则是温婉、体贴，即现在说的情感教育。古代许多恪守母训的子女因此而立身扬名。

1. 席不正不坐，割不正不食——胎教

古人强调"外象内感"，胎儿能受到母亲言行的感化，"感于善则善，感于恶则恶"。所以孕妇必须谨守礼仪，给胎儿以良好的影响，这叫做"胎教"。西汉刘向《列女传》载：

> 古者妇人妊子，寝不侧（侧身睡），坐不边（不靠边），立不跸（不单脚站立），不食邪味，割不正不食，席不正不坐，目不视于邪色，耳不听于淫声。夜则令瞽诵诗，道正事。如此，则生子形容端正，才德必过人矣。

汉代学者把胎教的源起归于周文王的母亲太任、周成王的母亲周后。说她们在怀孕期间，"目不视恶色，耳不听淫声，口不出敖言"，"立而不跛（qǐ），坐而不差，独处不踞，虽怒不詈（lì）"，所以生下了周文王、周成王这样明圣的天子。

关于胎教，中国老百姓家喻户晓的是孟子的母亲，孟母曾言："吾怀妊是子，席不正不坐，割不正不食，胎教之也。"孟母不仅是胎教的典范，"孟母三迁"、"孟母断织"的教子故事，也在民间广泛传颂。

胎教的目的，是培养出贤明、端正、寿考的儿子，其中固然有许多荒诞、迷信成分，但它主张优化一切影响胎儿发育的外界环境，注重用美感来诱导和感化胎儿，通过孕妇的生理、心理作用来达到优生优育，这其中也包含着科学的成分，反映了古代教育的超前意识和望子成龙的强烈愿望。

现代科学证明，优美的音乐能促进人体的内分泌，调节血流量和兴奋神经，也能使胎儿感知，促进其发育。唐朝医学家孙思邈在《千金方·养胎论》中，从医学角度论证说："弹琴瑟，调心神，和情性，节嗜欲，庶事清净，生子皆良，长寿，忠孝仁义，聪慧无疾。"足见胎教对促进古代优生学、医学发展的作用。

2. 敬姜戒儿懒惰，曰母责子受金

春秋鲁国大夫公父文伯的母亲敬姜，身为鲁国贵妇人，天天纺织不辍。公父文伯埋怨母亲说："像我们这种贵族之家的主妇还亲自纺织，别人如果看到还以为我不能养母呢！"敬姜感叹说："鲁国快要灭亡了么？怎么当官者还不懂治国处世之道呢？你坐下，我来告诉你。"接着，敬姜给儿子讲了一番治国勤民的道理："过去圣王治民，总是挑选贫瘠的土地来安置他们，所以天下能长治久安。民劳思节俭，思节俭则善心生；安逸则淫，淫则忘善，忘善则恶心生。沃土之民不成材，逸也；瘠土之民向往仁义，劳也。因此，天子、诸侯、大夫、士都夙兴夜寐、勤于职事，不敢怠慢。庶人日出而作，日落而息，无一日怠惰。说到人妻，天子、公侯、大夫、列士的夫人都要亲自给丈夫做衣服穿。男女都各尽其力，有了差错就要治罪，这是自古以来的制度。'君子劳心，小人劳力，先王之制也'。从上到下，谁敢使自己放纵而不用力气？如今我是个寡妇，你也只是个大夫，朝夕勤事，犹恐毁败先人之业，怎么能怠惰呢？"

毛泽东青年时代的《讲堂录》曾言："人情多耽安逸而惮劳苦，懒惰为万恶之渊薮。人而懒惰，农则废其田畴，工则废其规矩，商贾则废其所鬻，士则废其所学，业既废矣，无以为生，而杀身亡家乃随之。国而懒惰，始则不进，继而退行，继则衰弱，终则灭亡，可畏哉！"这段发人深省的话与敬姜教子的劳逸论如出一辙。

刘向《列女传·母仪传》载：战国齐相田稷子将受贿的百镒（一镒

合 20 两，一说 24 两）黄金送给母亲。母亲看到后很惊讶，问："你做了三年的宰相，所得的俸禄从来没有这么多，这些是不是受贿所得？"田稷子对母亲很孝敬，不敢说谎，便老实地告诉了母亲。

母亲听后很生气，训斥田稷子说："你难道不知道吗？读书人修身洁行，不为苟得。你身为宰相，应当以身作则，廉洁奉公，怎么可以接受贿赂？况且，忠诚是为人臣的本分，读书人要言行一致，表里如一。现在，君王这么信任你，给你很高的官位和丰厚的俸禄，你应知恩图报，以死效忠。为人臣不忠，是为人子不孝也。不义之财，非吾有也。不孝之子，非吾子也。你走开吧！"

听到母亲义正词严的教训，田稷子万分羞愧与自责，急忙退还黄金，主动到齐宣王那儿去请罪。齐宣王了解了事情的原委后，非常赞赏田母的德行，不但赦免了田稷子的罪，还恢复了他的宰相职位。为了表彰田母的义举，还用国库的金子赏赐给田母。

3. 陆续母截肉断葱

东汉会稽吴（在今江苏苏州）人陆续的母亲治家有法，对儿子的教育落实到切肉断葱皆有度这样的生活细节上。会稽太守尹兴让他舍粥赈济贫民，陆续一一记清姓名。赈济完毕，太守问他赈济了多少人，陆续准确说出六百多人的姓名，一人不差。尹兴因受楚王刘英谋反案的株连而入狱，陆续等人也一同牵连入狱。陆续的母亲从家乡赶到洛阳，因案情重大不准探视，她就做好饭交给门卒送去给儿子。与陆续同时入狱的五百多人，大多经不住酷刑而冤死，只有陆续等三个人铁骨铮铮，虽皮肉消烂，却始终面不改色。看到门卒送来的饭食，陆续悲泣不能自禁。使者感到奇怪，陆续说："母亲来了，不能相见，所以哭泣。"使者以为是门卒给陆续通风报信，要惩罚门卒。陆续说："不用门卒通报，一看饭菜，我就知道是母亲亲手做的。我母亲切肉，没有一块不是方的，切葱没有一段不是一寸的。"

有这样深知法度的母亲，儿子怎么会参与谋反呢？使者心里暗暗赞赏，于是上书陈述陆续的案情，最终陆续和太守尹兴都被赦免。

4. 钟母教子有方，欧阳母"画荻教子"

三国时魏镇西将军钟会的母亲张氏是古代教子的楷模，其教子之方和远见卓识绝不在那些须眉之下。

钟会曾为母亲作《夫人张氏传》，记载母亲教育自己的事迹。说母亲张氏"性矜严，明于教训"，"虽童稚，勤见规诲"。钟会4岁时，母亲就教他读《孝经》，7岁教他读《论语》，8岁读《诗经》，10岁读《尚书》，11岁读《周易》，12岁读《左传》、《国语》，13读《周礼》，14岁读父亲钟繇写的《易记》。15岁时，钟会被母亲送到太学读书。临行叮嘱他说："学倛（急、多）则倦，倦则易怠。所以过去一直都让你循序渐进地读书。现在你可以独立自学了。"

钟会23岁时做了尚书郎。母亲拉着他的手说："孩子，你年纪轻轻的就做了大官，人不自足则贵在其中，应引为鉴戒。"当时，大将军曹爽专擅朝政，整日花天酒地，钟会的哥哥在曹爽手下做事，回家对母亲说起曹爽的行为，张氏预料曹爽不会长久，后来曹爽果然被司马懿所杀。

知子莫若母，母亲知道钟会是个人才，但好高骛远，便常告诫他居心要正，智而不诈，要积小善，那时候钟会小心翼翼，在政局混乱中也没出什么闪失。可惜母亲后突暴病而亡，钟会一下子六神无主，不久便置母亲的教诲于脑后。统军灭掉蜀汉以后，钟会异想天开，想自立为王，因得不到下属的拥戴，死于兵变。假如老母亲泉下有知，不知该有多么遗憾和悔恨呢。

钟会的母亲教子循序渐进，是教子读书有方的贵妇人。而贫穷之家的母亲教子就不同了。北宋时期，有个杰出的文学家和史学家叫欧阳修，文章写得很出色，在文学上有很高的成就。他4岁那年，父亲去世了，家里生活非常困难。他的母亲一心想让儿子读书，可是，哪里有钱供他上学呢？左思右想，她决定自己教儿子。她买不起纸笔，就拿荻草，在地上写字，代替纸笔，教儿子认字。这就是历史上有名的"画荻教子"的故事。

5. 陶侃母"退鲊责儿"

东晋名将陶侃的母亲湛氏，也是古代一位有名的良母，以教子有方和宽厚待人称道于世。她与孟母、欧阳母、岳母齐名，一同被尊称为"四大贤母"。陶母"教子惜阴"、"截发易肴"、"退鲊责儿"的故事在民间广为流传。

湛氏小时候受过一点启蒙教育，是个有少许文化的女子。她深知读书的重要，因而省吃俭用，以自己纺纱织布的微薄收入供儿子读书。可是，陶侃生性贪玩，读书不用心，这可急坏了母亲湛氏。

有一个下雨天，由于家无斗笠、雨伞，陶侃没法上学，便蹲在母亲的织布机旁玩。陶侃眼睛盯着穿来穿去的梭子，甚是好奇。湛氏见状，灵机一动，停下手中的梭子，引导儿子背书，当背到"光阴似箭，日月如梭"时，湛氏叫陶侃解释，陶侃想了半天，结结巴巴说不出个所以然来。湛氏因势利导地指着手里的织布梭子启发他，终于使陶侃懂了珍惜光阴的道理。后来陶侃做了高官，仍然激励自己珍惜光阴。这就是"教子惜阴"的故事。

一次鄱阳（今属江西）孝廉范逵路过陶侃家，适逢天下大雪，陶侃家徒四壁，根本没东西招待客人。湛氏吩咐陶侃陪侍客人，自己回房将床上新铺的草苫铡碎给客人喂马，又将头发剪下一绺，换得酒食菜蔬款待客人。范逵得知后，非常感动地说："非此母不生此子。"

陶侃母"剪发延宾"的故事被后人广为传颂。元朝大画家何澄绘有《陶母剪发图》。创作这幅画时，有个聪明的小孩叫岳柱，刚刚8岁，在一边观看，当何澄看到陶母剪发还戴着金钗时，忍不住诘问说："金钗可易酒，何用剪发为也？"这令何澄大吃一惊。此为题外话。

后来，陶侃在浔阳当县吏，监管渔业税收，有一天他送了一坛子咸鱼干给母亲，以表孝心。陶母很高兴，可当她得知这坛咸鱼是官物时，心情变得沉重起来。她拿过笔墨，写了个"封"字，贴在坛口上，并回信说："你为吏，以官物送我，非但不能让我高兴，反倒让我担忧。"陶母"退鲊责儿"，教育和造就了陶侃为官40年的清廉名声。

后来，陶侃升任江夏太守，安排了隆重的仪仗，亲自回乡接母亲湛氏到官衙居住。儿子打心眼里希望母亲感到风光、荣耀，可是湛氏却神色平淡，不见半点欢喜，似乎深藏忧虑。到了官衙，湛氏在儿子官服的袖口内缝上一行字："汝当作佳官，尽心恤民，毋忘着葛衫时也。"陶侃看见题字，深感迎接母亲排场过分，决心谨遵母教，为百姓当好官。

在东晋，陶侃官至侍中、太尉、荆州刺史，都督荆、雍、益、梁、江、交、广、宁八州诸军事，拜大将军。谨遵母亲教诲，勤于吏职41年如一日。有一次他和僚佐饮酒，到了限量，戛然而止。有人劝他尽兴再饮几杯，陶侃凄楚地说："我少时曾有酒失，受到母亲责备，母亲与我约定了限量，如今双亲早已过世，不敢超过限量。"他临终前，军资器仗、牛马舟车、府库钱财皆有账簿，完备无缺，一一交割清楚，为时人所敬仰。

6. 郑善果母教子

《隋书·列女传》载：隋朝郑善果的母亲是清河崔氏之女。20 岁时，丈夫郑诚死于战阵，父亲崔彦穆想要她改嫁，崔氏抱着儿子郑善果说："丈夫虽死，幸有此儿。弃儿不慈，背夫无礼。"

后来，郑善果当了鲁郡太守。每当在厅堂处理政务，崔氏总是坐在胡床上，在帷帐后面听儿子判案。如果判案得体，回来后便让儿子坐下，母子相对有说有笑。如果儿子处理公务不公或随意发怒施展威风，回到后堂，崔氏就蒙着被子抽泣，一整天也不吃饭。郑善果就趴在床前请罪，不敢起身。他母亲这才起来对他说："我不是生你的气，是为你家感到羞愧。你父亲是忠勤之士，以身殉国。我希望你能继承父亲的忠臣之业。你是孤儿，我是寡妇，只有仁慈而缺乏威严，容易让你不懂得礼数规矩。你受父亲的恩荫，官至封疆大吏，这难道是靠你自身的本事得来的吗？你有什么资格任意生气耍威风，骄傲享乐而败坏政事！如果真的是这样，对内则会堕毁郑氏家风，甚至丢掉官职爵位，对外则会损害天子之法，我死后有何脸面见你父亲？"说得郑善果连连点头。

郑善果见母亲崔氏总是自己纺线织布，直到半夜才休息，就说："我被封侯爵，位居三品官，俸禄足够用，母亲何必要这样辛勤地劳作呢？"崔氏回答说："唉！你长这么大了，连这些基本道理都不懂，怎么能处理好朝廷公务呢？你的俸禄，是天子报答你父亲为国事殉命才给你的，你应当分给亲戚，以体现你父亲的恩惠，不能让母亲、妻子独享荣华富贵。况且，纺纱织布，是妇女的本分，上自皇后，下到百官之妻，都各有规定。如果懒惰，就会骄奢淫逸。我虽然不懂得礼，但也不能败坏自己的名声。"

在母亲崔氏的教育下，郑善果无论到何处做官，都从家里自带饭菜，公家提供给他的补助，全都用来修缮衙门或分送同事和下属，一时号称

"清吏"。隋炀帝派遣御史大夫张衡前去慰劳他，考评他的政绩为天下第一。

在历代母亲教子的方式中，有身教者、言教者，有言传身教者，更有著书立说而笔教者。清代长乐（今属福建）人陈时夏死，妻子田氏督导诸子读书，把自己和丈夫讨论学习的体会写成《敬和堂笔训》，用以教授诸子。西南大儒郑珍在母亲黎氏去世后，记下母亲生前对他的教诲，共 68 条，编成《母教录》。这些寄托着殷切希望的教诲，都表现了母亲对子女的慈爱。

7. 他年若不和根卖，便是吾家好子孙

宋人陈亚的《戒子孙诗》告诫不孝子说：

> 满室图书杂典坟，华亭仙客岱云根。
> 他年若不和根卖，便是吾家好子孙。

古代也有许多教子失败的例子。上述钟会之母教子有方，本人也贤明而有真知灼见，可偏偏钟会忘记母训而丢了性命。

北周武帝宇文邕对太子宇文赟要求极严，虽隆冬酷暑亦不得休息。宇文赟有过错即施以棍杖，致使他身上杖痕累累。可这宇文赟就是不堪造就，当太子时斗鸡、走狗、嗜酒、好色，当皇帝后荒淫残暴，亲昵佞臣，最终导致北周灭亡。

北周大将贺若敦居功自傲，口出怨言，被勒令自杀。临刑对儿子贺若弼说："我因口舌而死，你要牢记！"说完用锥子刺破儿子的舌头。按说，这比棍棒要厉害多了，可这并没让儿子长记性。后来，贺若弼统率隋军南下，统一了南朝陈。可他又犯了父亲的老毛病，和父亲同样居功自傲，同样口出怨言，牢骚满腹，最后被隋炀帝诛杀。《隋书·贺若弼传》说他"若念父临终之言，必不及祸矣！"

明朝大学士杨士奇溺爱儿子杨稷。杨稷贪狠狂傲，凌侮长吏，甚至侵暴杀人。有人告诉了杨士奇，杨士奇竟然把人家的名字和原话转述给儿子，这不是让儿子去报复人家么？时间长了，有关儿子的恶闻一点也听不到了。由于儿子杨稷积恶日深，官员们纷纷弹劾他。但碍于杨士奇的脸面，朝廷不好施以刑罚，只得把罪状整理好，交给杨士奇过目。杨士奇积忧成疾，一年后就死了。杨士奇一死，恶贯满盈的杨稷马上被送上了断头台。乡人们都预先写好了祭文，历数杨稷罪恶。

《三字经》说："子不教，父之过。"既然已经教育了，就不是"父之过"了。所以，上述几例虽然教子失败了，但责任不在父母，更不是父母不慈爱。而明代大学士杨士奇，那不是教子，更不是慈爱，是溺爱！杨稷的死，他有不可推卸的责任。

（四）知子莫若父母

《管子·大匡》讲："知子莫若父，知臣莫若君。"《礼记·大学》记载汉代民谚曰："人莫知其子之恶，莫知其苗之硕。"也就是说，没有比父母更了解自己儿子的了。

1. 范蠡长男救弟杀弟

春秋越国名臣范蠡帮助越王勾践灭掉吴国，雪会稽之仇后，乘舟浮海来到齐国，辞官经商，三致千金，天下称"陶朱公"。一天，传来消息，范蠡的中子杀了人被关在楚国。陶朱公说："杀人偿命，天经地义。然而'千金之子，不死于市'。"于是，派小儿子带黄金千镒（一镒合20两，一说24两）去疏通关系。大儿子一听，说："家有长子曰'家督'，现在弟弟有罪，大人不派长男而派少子，看来我是不肖之子了。"说完就要自杀。母亲急了，说："让少子去也未必能救得了中子，还是让大儿子去吧。"陶朱公不得已，只好叫大儿子去了。

临行，陶朱公拿出一封信，嘱咐大儿子："到了楚国，把信和千金交给我的故友庄生，一切听他安排。"大儿子走时自己也偷偷带了百金以备用。

楚国庄生住在城墙边，家里很穷。接到信和千金后，对陶朱公的大儿子说："你赶紧离开楚国，至于你弟弟的事，即使出来了也不要问什么原因。"陶朱公的大儿子有点不信庄生的话，又用私带的百金找楚国别的贵人去疏通这事。

庄生虽穷，但以廉直闻名楚国，楚王以下皆尊他为师。庄生对妻子说："此朱公之金，勿动，事成后还给他。"

庄生见了楚王，说："我夜观星宿，可能对楚国不利。"楚王一直信任庄生，问如何是好。庄生说："积德可以解除。"于是，楚王把国库及要害部门派重兵把守起来。楚王身边的贵人马上向陶朱公的大儿子说："你弟弟有救了。楚王把国库及要害部门派重兵把守起来，这是国家要举行大赦的征兆。"他听了当然高兴，但心想既然弟弟自然就会被赦免，那千镒黄金岂不就打水漂了。于是，又到庄生家说："我弟弟就要被赦免了，特来告辞。"庄生当然知道他的意思，"你送的黄金分文没动，你拿走吧。"陶朱公的大儿子真就把金子取走了，还洋洋得意呢！

庄生为孺子所愚弄，感到莫大的污辱。第二天一早，对楚王说："现在路人都说陶朱公儿子杀了人，并向大王身边的人送了很多金子，大王大赦并非是为了国家，而是为了陶朱公的儿子。"楚王大怒，命令先杀陶朱公中男，之后再发布大赦令。于是，大儿子带着弟弟的尸体回家了。

见到尸体，全家哭成一团，唯独陶朱公微笑，他对妻子分析说："我早就料到会如此。大儿子并非不爱弟弟，他从小跟我们吃苦奔波，知道金钱来之不易，太看重钱财了。小儿子是我们家累千金后出生的，自小挥金如土，千镒黄金根本就不放在心上。所以只有他能办成这件事情。"

看来，这个范蠡不仅是治国的谋臣，还是齐家"知子莫若父"的慈父。遗憾的是他救越国成功了，救儿子却失败了。

2. 赵括母辞将，克弘母荐儿

战国有个纸上谈兵的将军赵括，别看赵括不怎么样，他的父亲赵奢却是威震敌胆的名将，母亲是"知子莫若母"的良母。公元前 260 年，赵国将领廉颇与秦军在长平（今山西高平西北）相持三年，不分胜负。赵孝成王中了秦国的反间计，命令赵括代替廉颇为大将。赵括的母亲上书说："赵括不可为将。"赵王问道："这是为什么呢？"赵括的母亲说："赵括的父亲为将时，用自己的俸禄供养的食客有数十人，朋友有几百人。所得赏赐，全部分给手下将士。受命之日，不问家事。而赵括一当将军，高高在上，军吏都不敢抬头看他。大王给他的赏赐，他都藏在家里，见到好的田地房屋就买。赵王您认为他像他的父亲吗？他们父子截然不同，希望大王不要派遣赵括为将。"赵王说："你别说了，我已经决定了。"赵母接着说："既然大王您非要派他为将，如果赵括一旦耽误国家大事，你可别把我这个老妇人一起处罚。"赵王答应了。

赵括领兵出征，一改廉颇以逸待劳的策略，导致了长平之战的失败，赵括战死，赵军40万之众降秦，全被坑杀。赵括的母亲因有言在先，没有被株连。

五代十国时，南唐元宗李璟自不量力，奢谈收复中原，群臣都阿谀奉承，纸上谈兵，只有都虞侯柴克宏一句也不谈军旅之事，平日也从来没有听他谈论用兵之道，只是和朋友下棋饮酒，有人因此断定他绝非将帅之才。后来吴越军队围攻常州，柴克宏主动请缨。他的母亲也上表章说儿子有乃父之风，可以任命为将领，如果日后柴克宏有失职之处，愿意领罪受罚。

于是，南唐元宗李璟任命柴克宏为左武卫将军，率军救援常州，果然大破吴越兵于常州，斩首万级，自李璟登基以来，克敌之功，莫过柴克宏者。

赵括的母亲反对儿子为将，是不想让儿子做千古罪人，柴克宏的母亲推荐儿子为将，是想让儿子为国家建功立业。做法相反，但都出自"知子莫若母"的明智，都出自对儿子的慈爱。

（五）文章十帙官三品，身后传谁庇荫谁

自"禹传子，家天下"的世袭制度确立以来，历代都有不同程度的官爵世袭、庇荫制度。于是，传给子女家业财产、金钱、官爵、功名、积下阴德等，让子孙繁盛兴旺，又成为父母慈爱的一部分。

1. 为子孙积下阴德

阴德指暗中有德惠于人，不求回报、不沽名钓誉的行为。《史记·天官书》认为是天上的阴德星，主施德惠。古人认为，"为善得福，造恶得祸"。《周易·坤·文言》讲："积善之家，必有余庆；积不善之家，必有余殃。"《汉书·丙吉传》讲："有阴德者，必飨其乐，以及子孙。""他年若不和根卖，便是吾家好子孙。"所以，古人认为："积金遗于子孙，子孙未必能守；积书遗于子孙，子孙未必能读；不如积阴德于冥冥之中，此万世传家之宝训也。"

西汉于定国之父于公，住的闾门坍塌，邻居们正在修葺，于公说：

"请把闾门修得高大一些，能容纳驷马华盖的高车出入。我治理刑事案多积阴德，肯定会子孙昌盛。"到他儿子于定国时，果然官至丞相，封为西平侯。孙子于永承袭父爵，官至御史大夫，娶汉宣帝长女馆陶公主。

东汉高官虞诩的祖父虞经为郡县狱吏，执法公平，力求宽简仁恕，经常说："东海于公，高大里门，儿子于定国官至丞相。我断案六十年，虽不及于公，也相差不多，子孙未必不为九卿。"于是，给孙子虞诩起字"升卿"。虞诩后来官至司隶校尉、尚书令。临死对独子虞恭说："我忠直为国，问心无愧。唯一后悔的是，当朝歌县长时杀贼寇数百人，其中肯定有冤枉者。所以二十年来，我家不增一口，获罪于天也。"

东汉何敞的六世祖何比干，汉武帝时任汝阴县狱吏，救活过数千条人命。后来任丹阳都尉，狱无冤囚。汉武帝征和三年（前90）三月辛亥日，天下大雨，何比干梦见贵客车骑满门。醒来见门口有一位八十余岁白发老妇人，要求在他家避雨。当时大雨滂沱，老妇人的衣服鞋子却滴雨未沾。雨停后，何比干送老妇人到门口，老妇人从怀中拿出 990 枚简册，对何比干说："你有阴德，天赐你符策，让你子孙众多，佩印绶者如此数。"当时何比干已 58 岁，有六个儿子，结果老树新花，又生了三个儿子。汉宣帝本始元年（前73），何家从汝阴（治今安徽阜阳）迁到平陵（治今咸阳西北），世代是名门望族。

东汉明帝时的汝南人袁安，担任楚郡太守，审理楚王刘英谋反案，为被冤枉入狱的四百余人申辩昭雪。东汉一朝，汝南袁氏四世三公，门生故吏遍天下。

武则天时的宰相陆元方临终时说："我对人有阴德，后世子孙必兴。"后来，他的儿子个个才能出众，最著名的如陆象先做了宰相，陆景倩官至监察御史，陆景融官至工部尚书。

由此可见，积阴德是祖先给后辈留下的无形资产，或者叫福泽子孙。在中国古代，"给子孙留下阴德"，不仅寄托着父母希望子孙昌盛的期望，还激励着人们加强个体品格的自律，扼制道德的沦丧。

2. 留财产基业给子孙

为子孙留下基业财产，这在古代也是长辈们常做的事。西汉有"遗子黄金籯"的谚语，就说明了这一点。西汉萧何"买田宅必居穷处，为家不治垣屋。曰：'后世贤，师吾俭；不贤，毋为势家所夺'"。萧何之所以买贫穷偏僻之地的田宅，不花钱修治院墙房屋，一方面是让后代学习他的俭朴，另一方面是害怕子孙无能，被权势之家所夺。这也反映了他为后人留下家业财产的观念。

楚国令尹（宰相）孙叔敖总是不放心自己的儿子，他知道优孟是个贤人，很看重他。孙叔敖病危时嘱咐儿子说："我死了以后，你没有了依靠，说不定会贫困，如果那样的话，你就去拜见优孟，他会帮你。"

过了几年，孙叔敖的儿子果然穷困潦倒，不得不靠给人背柴度日。有一天，他遇到了优孟，就对他说："我是孙叔敖的儿子。父亲临终的时候，嘱咐我贫困的时候可以去拜见您。"

优孟是楚国的艺人，具有高超的易容之术。他回家命人缝制了类似孙叔敖的衣服、帽子，模仿孙叔敖的言谈举止。一年多以后，优孟简直活像孙叔敖，连楚庄王和左右大臣们都分辨不出来。楚庄王举行酒宴，优孟上前敬酒祝寿，楚庄王大吃一惊，以为孙叔敖复活了，要任命他为楚相。优孟说："请允许我回去和妻子商量商量，三天以后再来上任。"

三天以后，优孟来了。楚庄王问："你妻子说了些什么？"优孟答："我妻子不同意，她说楚相不值得做。孙叔敖身为楚相，忠诚廉洁，楚王才得以称霸。现在他死了，他的儿子无立锥之地，穷得靠背柴为生。像孙叔敖那样，还不如自杀。"楚庄王感到惭愧，向优孟道歉，马上召见孙叔敖的儿子，把寝丘的四百户封给他，用来供奉孙叔敖的祭祀。

作为父亲的孙叔敖可谓思虑殚精、用心良苦啊！看来，父慈母爱还表现在中国人对子孙所做出的不尽投入和高度的责任感。尽管古人也讲"儿孙自有儿孙福，莫为儿孙做马牛"。但又有几人能不为子孙担忧呢？蜀汉丞相诸葛亮《自表后主》说："成都有桑八百株，薄田十五顷，子弟衣食，自有余饶……臣死之日，不使内有余帛，外有赢财。"像诸葛亮这样"鞠躬尽瘁，死而后已"的千古名相，还给子孙留下桑树800棵，薄田15顷呢。

唐初扬州大都督长史李袭誉，居家俭朴，俸禄都用来周济宗族亲戚，剩下的用来抄书，家中有书数车。他曾对子孙说："我京师附近有赐田十顷，能耕之足以食；河内千树桑，事之可以衣；江都（扬州）书力读可进求宦；吾殁后，能勤此，无资于人矣。"

李袭誉为子孙考虑得更周全，古人讲耕读传家，所需要的资本他都为子孙准备好了。

3.家财不为子孙谋

《礼记·大学》讲："富润屋，德润心。"人留后代草留根，世代繁衍，生生不息，这是大自然的规律。那么，先人应该留给晚辈什么呢？留给子孙多多益善的物质财富，不是爱子，是害子。财富是纨绔子弟的温床，只会使子孙滋长奢侈依赖的心理，从而丧失独立创业的勇气和能力。《新唐书·张嘉贞传》载："近世士大夫务广田宅，为不肖子酒色费。"唐朝还有个李叔明"在蜀殖财，广第舍田产，殁数年，子孙骄纵，赀产皆尽，世言多藏者，以叔明为鉴"。即便是留下基业田宅，也会被不孝子花天酒地，挥霍一空。

据说有一个贵族学校的一个富家子弟，从不洗袜子，一次买40双名牌袜子，穿脏一双扔一双。这些孩子买一辆保时捷或凯迪拉克就像买一辆玩具车一样，一个月花几万元是常有的事。有的30多岁了，还在当啃老族，一个月自己挣的五六千元花得精光，这样的子女能独立创业么？实际上，是父辈用金钱财富把孩子的奋斗过程、奋斗乐趣剥夺了。"流自己的汗，吃自己的饭，自己的事自己干"，这才是现代父母教育子女应有的自觉意识。

（1）平当拒封让爵为子孙

西汉哀帝时，御史大夫平当严格治家，忠心报国，后升丞相。按当时惯例，冬日不宜封侯，先赐爵关内侯，待来年春天再行封侯。冬去春来，哀帝召平当进朝，打算正式封他为侯。此时平当卧病不起，不能进朝受封。汉代的侯爵有食邑，可以传子孙，非同一般。家里人着急，劝他说："你就不能为了子孙，硬撑着去接受封侯，把侯印拿回来么？"平当对家人说："我何尝不为子孙着想呢！如今，我已是尸位素餐，如果再挣扎着去接受封侯，而回到家卧床死去，不但毁了我一生清白，还会罪及子孙。我不去受封，正是为子孙考虑呀！"于是，平当上书哀帝，请求致仕退休。

事实证明，平当的考虑是对的。他因不贪图侯爵，获得了汉哀帝的赞赏。平当的儿子平晏很快位至宰相，封防乡侯。西汉一代的父子宰相，只有韦氏、平氏两家。

（2）一身清白留子孙

《后汉书·杨震传》记载了杨震留清白给子孙的故事。杨震字伯起，弘农华阴（今属陕西）人。杨震从小好学，博览群书，被誉为"关西孔子"。他为官公正廉洁，家竟贫寒。当涿郡太守时，子孙们常蔬食步行。知心故旧都劝他为子孙多置办点产业，杨震不肯，说："我身为官吏，自身清白。让后世称赞他们是清白官吏的子孙，不就是丰厚的家产么？"

杨震没有为子孙置办产业，却把一身清白留给了子孙。这种高尚的品德，实际上是一份千金难买的宝贵遗产。

南朝梁宰相徐勉是杨震的追随者。他为官"不营产业，家无蓄积，俸禄分赡亲族之穷乏者"。门人亲族劝他置买产业留给子孙，徐勉说："人遗子孙以财，我遗子孙以清白。"徐勉有一篇著名的《为书诫子崧》，在文中他清醒地意识到，给子孙留下的不应是物质财富，而应是光辉的人格风范。徐勉列举了两句古语，一句是杨震的："以清白遗子孙，不宜厚乎？"另一句是西汉邹鲁一带的民谚："遗子黄金满籝（容器），不如教子一经。"仔细咀嚼一下，绝不是虚妄之词。

《隋书·房彦谦传》载：唐朝名相房玄龄的父亲房彦谦，家有旧业，资产殷富。为官多年后，不仅家无余财，为官的俸禄也都用来接济亲友了。他临终对儿子房玄龄说："人皆因禄富，我独以官贫。所遗子孙，在于清白耳。"正是这笔"清白"的遗产，教育了他的子孙后代，成就了一代名相房玄龄。

做父母的应该给子女留下什么？杨震、徐勉、房彦谦不留钱财，而留"清白"给后代，让人深思。明朝清官海瑞做官几十年，连一亩地也没有给子女买过，临死时只余有俸禄几十两。这些人给子女留下了清白、留下了良知、留下了完美的人格和高尚的情操，从而使他们的子女养成自强、自立、自尊、自爱的可贵品质。

（3）戚景通遗子《兵法》抗倭寇

明朝抗倭名将戚继光从小受到父亲戚景通的严格教育，只要他有丝毫缺点，都会受到严厉批评。有一次，父亲问戚继光："宋代岳飞曾说过什么话?"戚继光答道:"文官不爱财,武官不怕死,国家就兴旺。""对,你要终生记住这句话,认真读书,勤练武艺,才能为国立功,干一番大事业!"几年后,戚继光成为了一名文武双全的青年军官。这时,父亲正埋头著一部兵书,有人劝他晚年要多置办些田产以留给后代,戚景通听后对戚继光说:"你知道我为什么给你取名继光吗?"戚继光答道:"要孩儿继承戚氏家风,光耀门第。""继儿,我一生没有留给你多少产业,你不会感到遗憾吧?"戚继光指着厅堂上父亲写的一副对联:授产何若授业,片长薄技免饥寒;遗金不如遗经,处世做人真学问。读了一遍后说:"父亲从小教我读书习武,还教导我做一个品德高尚的人,这就是给我最宝贵的产业,孩儿从没想过贪图安逸和富贵,我只想早些看到父亲将来像岳飞建'岳家军'一样,创立一支'戚家军'。"戚景通听了心中十分宽慰,笑着对儿子说:"我这部《戚氏兵法》已经完成了,现在传给你,这是我一生的心血,将来你用它来报效国家吧!"戚继光跪在地上,双手接过兵书说:"孩儿一定研读这部兵法,不管将来遇到什么艰难险阻,我也不会丢弃父亲的一生心血。"

戚继光初任登州卫指挥金事,后任总兵官,率军于浙、闽、粤沿海诸地抗击来犯倭寇,历十余年,大小八十余战,终于扫平倭寇,成为名垂青史的民族英雄。

戚景通的"授产何若授业,片长薄技免饥寒;遗金不如遗经,处世做人真学问",是父母慈爱子女的另一种途径:授业。古人有言:授人以渔而不授人以鱼。即传授子孙一种能衣食无忧的业艺、能做官食禄的学问、能抵御外侮、建功立业的本领。《南史·戴法兴传》载:南朝宋戴硕子有三个儿子,都善书好学。富户陈载有钱三千万。乡人传曰:"戴硕子三儿,敌陈载三千万钱。"如果说,遗子孙以财产是下策,授子孙以业艺就是上策。近代民族英雄林则徐曾说:"子孙若如我,留钱做什么?贤而多财则损其志;子孙不如我,留钱做什么?愚而多财则增其过。"这是父母为祖孙计的明智之举。

(六) 为人子, 止于孝

《礼记·大学》讲:"为人子,止于孝。"父母对子女施以慈爱,子女对父母则要尽以孝心。正因为"父慈",所以"子孝",这是父子双方道德义务的必然要求。关于"子孝"的内容,上述孔子、孟子以及《孝经》都反复讲过,"二十四孝"还给我们树立了方方面面的榜样。然而,历史上子女孝敬父母的典型事例难以尽述,在此仅述几例。

1. 孝女舍身救父

"二十四孝"讲到许多像杨香一样打虎救父母的孝子,历史上缇萦、诸娥救父,与这些打虎的勇士们相比,并不逊色。

西汉文帝时,临淄人淳于意任齐地太仓长,人称仓公。仓公自幼喜欢医术,为人治病,能决生死。后来,为仇家所告,被判处肉刑,押解到长安。肉刑是古代刺字、劓鼻、砍脚等伤残肉体的酷刑,一旦受刑,将终生无法做人。仓公无子,只有五个女儿,哭着送他上路。父女生离死别,又没儿子替父申冤,仓公心里愤懑,怒骂说:"生子不生男,缓急无可使者!"小女儿缇萦愤然随父到长安,上书汉文帝说:"我父亲做官吏,齐地都称赞他清廉公平,现在他犯法应当受肉刑,我痛心的是死者不可复生,而受刑的人不可能再长出肢体,虽然想改过自新,可没有机会了。我愿意舍身为官婢,来抵偿父亲的罪行。"缇萦的孝行感动了汉文帝,遂废除了肉刑。一个小姑娘不仅救了父亲,而且导致了中国历史上的刑法改革,在当时成为震惊朝野的奇闻,并以孝女救父的佳话流传至今。东汉史学家班固作诗称赞缇萦说:

> 三王德弥薄,惟后用肉刑。太仓令有罪,就递长安城。
> 自恨身无子,困急独茕茕。小女痛父言,死者不可生。
> 上书诣阙下,思古歌鸡鸣。忧心摧折裂,晨风扬激声。
> 圣汉孝文帝,恻然感至情。百男何愦愦,不如一缇萦。

唐朝天宝年间,朝廷敕建淳于孝女祠于齐州(治今山东济南),直到清代犹存济南府城之内。近代演义小说家蔡东藩赋诗赞颂缇萦说:

> 欲报亲恩入汉关,奉书诣阙拜天颜。
> 世间不少男儿汉,可似缇萦救父还。

西汉缇萦救父是幸运的，遇到了个比较仁慈的皇帝，而明代孝女诸娥为救父兄则付出了生命的代价。明初山阴（治今浙江绍兴）人诸娥的父亲诸士吉为粮长，遭逃避赋税无赖的诬告被判了死刑，两个哥哥诸炳、诸焕也受到株连而身陷囹圄。诸娥年方8岁，昼夜号哭，与舅舅陶山长赴京师诉冤。当时有规定，进京诉冤者必须先滚钉板才能受理。为了救父兄，诸娥毅然辗转钉板之上，几次昏死过去，终于将诉状递了上去。结果，只判一个哥哥戍边，父亲和另一个哥哥无罪释放。而诸娥终于经不住滚钉板的酷刑，伤重而死。当地人为她画像，配祀曹娥庙。

说到舍身救父母，历史上还有许多因海贼、倭寇、盗匪杀人，子女以身保护父母而死的行为。都表现了对父母的一种舍生忘死的关爱，上述业已述及，不再赘述。

2. 千里寻父的孝子们

"二十四孝"中，北宋朱寿昌弃官寻母。《明史·孝义传》中，刘谨三赴云南寻父。此类孝行还多着呢：

明初安仁（今属湖南）人王溥，原为陈友谅手下将领，后投归朱元璋，任河南行省平章。没当官时，曾与母亲叶氏避乱于贵溪（今属江西）而失散，一离就是18年。一天，他梦到母亲仿佛告诉他身在何处。王溥禀明了朱元璋，来到贵溪，却找不到母亲的坟墓，便昼夜哭泣。当地居民吴海说，他母亲为贼所逼，投井自尽了。王溥找到那口井，见有只老鼠从井里出来，投入他的怀中，又跳回井里。王溥排干井水，终于找到母亲的尸体。人们说这是"井鼠投怀报信"。

明武宗正德（1506～1521）年间，文安（今属河北）人王珣因家贫役重而逃出，20年没有音讯。其子王原多方寻父不果，遂告别母亲、妻子，离家寻父。有一天，王原渡海到了田横岛，和衣睡在神祠中，梦中到了一个佛寺，正当午时，以莎莱加上肉羹做午饭吃。这时一位老人也来到佛寺，王原惊醒过来。他把自己的梦告诉老人，请他占卜。老人说："午，是正南方。莎根附子，再加上肉做饭，就是附子脍（父子会）。你向南方去找，父子兴许能相会吧？"王原很高兴，辞谢老人上了路。

王原向南渡过洺水、漳水，到了辉县的一座梦觉寺，王原不觉心动，似乎感觉父亲就在寺院里面。当时天色已晚，下着大雪，王原就睡在佛寺门外。天明时,一个和尚开门出来,看见他后大吃一惊说:"你是什么人?"王原说:"我是文安人,为寻父亲而来。"父亲王珣就在这座寺院内,此时正在灶下做饭。和尚进寺对他说:"你家乡有一位青年来寻找父亲,你看是否认识这个人。"王珣出来见了王原,互不认识。问清各自姓名,父子俩抱头痛哭,寺内僧人无不感动。于是,父子相伴回家团聚。

明朝云南太和(今云南大理)人赵重华7岁时,父亲赵廷瑞到各地游历,一直没回家。赵重华长大后,到官府领了路条,把自己背上写上"万里寻亲"四个大字。另外,又准备了写着父亲年龄、面貌、籍贯的寻人启事数千张,开始了万里寻父的艰难历程。赵重华千里跋涉,来到武当山太子岩,岩北有字曰:"嘉靖四十四年(1565)十二月十二日,赵廷瑞朝山至此。"赵重华一见父亲的字迹,又悲又喜说:"我父亲果然到过此处,和我来的日月相同,肯定能和父亲相逢。"于是在父亲的字后接着写上:"万历六年(1578)十二月十二日,赵廷瑞之子重华寻父至此。"写完离开武当山,经历南阳,渡过淮水、泗水,回头向东,从丹阳(今属江苏)来到常州。路遇强盗,被抢劫一空,只剩一张路条。赵重华且行且乞,遇一老僧对他说:"你父亲住在无锡南禅寺中。"赵重华急忙奔向南禅寺,果然见到了父亲。父子大哭一场,一同回老家云南了。

清光绪(1875~1908)年间,河南清丰县后士子园村刘永之,2岁丧母,父亲刘怀智被征兵役开赴陕西,辗转到新疆伊犁,孑然一身,开荒种地,有家不能归。刘永之由祖母和叔父抚养长大,24岁时终于得到了父亲的一点音讯。不管消息真假,他横下心来,背起行装,踏上了万里寻父的路程。他也记不清爬过多少高山峻岭,涉过多少河湖沼泽,穿越过多少森林草地、戈壁荒漠,一路乞讨,一路询问,经半年有余,终于父子相见。然而父亲因多年来孤身一人,辛苦劳作,又加上思念家乡亲人终日啼哭,最终积劳成疾,卧病在床。刘永之靠上山打柴或乞讨换钱,为父亲治病,日夜精心侍奉,然不足一月父亲就离开了。刘永之无奈,收拾骨骸,背负父亲归葬故土。光绪皇帝特颁赐"万里归亲"御匾以彰其孝行。

王溥、王原、赵重华、刘永之等一颗孝心,不畏艰险,万里寻亲,不仅值得后人钦佩和敬重,还用自己感天泣地的孝行纠正了一种世俗的偏见："儿行千里母担忧，母行千里儿不愁。"

3. 花木兰替父从军

"花木兰替父从军"，来自南北朝民歌《木兰辞》，是一个美丽而动人的民间传说。

据说，花木兰是北魏人，自小勤奋纺织。北魏迁都洛阳之后，经过孝文帝的改革，社会经济得到了发展，人民生活较为安定。但是，北方游牧民族柔然族不断南下骚扰。北魏政权规定每家出一名男子上前线，木兰的父亲名列其中。《木兰辞》是这样说的："昨夜见军帖，可汗大点兵，军书十二卷，卷卷有爷名。阿爷无大儿，木兰无长兄。"由于木兰的父亲年纪大了，弟弟年纪又小，所以，木兰决定替父从军。"东市买骏马，西市买鞍鞯，南市买辔头，北市买长鞭。旦辞爷娘去，暮宿黄河边"，从此开始了她长达十年的戎马生涯。

"万里赴戎机，关山度若飞……将军百战死，壮士十年归。"女扮男装的花木兰与伙伴们一起英勇杀敌，终于取得抗击柔然的胜利，十年后凯旋班师。皇帝念她的赫赫战功，封她为尚书郎。花木兰辞官不做，回家孝敬父母。

《木兰辞》最后一段，描绘了花木兰凯旋，给全家带来的喜悦："爷娘闻女来，出郭相扶将；阿姊闻妹来，当户理红妆；小弟闻姊来，磨刀霍霍向猪羊。"花木兰不仅行孝替父从军，还给全家带来无限的荣光和天伦之乐。

花木兰替父从军，明朝杜槐则代父抗击倭寇。杜槐是慈溪（今属浙江）鸣鹤场人。明朝嘉靖（1522～1566）年间，倭寇侵扰县境，县令命杜槐的父亲杜文明组织武装抗御。杜槐以父老代行，散家财，募骁勇，奉命镇守余姚、慈溪、定海（今镇海）一线。嘉靖三十二年（1553），倭寇犯观海卫，杜槐召集群勇，击败倭寇。两年后，杜槐遇倭寇于定海白沙，身先士卒，激战一日，斩敌三十余人后阵亡。儿子替父抗倭，父亲为子报仇。杜槐的父亲杜文明又走向抗倭战场，在鸣鹤场斩杀一倭寇头目，倭寇惊呼"杜将军"。后来，杜文明也在奉化枫树岭壮烈殉国。

花木兰替父从军，杜槐代父抗倭，是古代忠孝两全的完美孝子。

4."马班"子承父业

孔子要求子承父志:"父在,观其志;父没,观其行;三年无改于父之道,可谓孝矣。"从孝的角度分析,"干父之蛊",子承父业,这正体现了子女将自己视为父母生命的延续,体现了对父母的敬爱与感激之情。

司马迁的父亲名叫司马谈,原来担任"太史令",是当时史坛上的泰斗。

西汉武帝封禅泰山,没让太史公司马谈参加,车驾浩浩荡荡东去,司马谈被滞留在周南(今洛阳一带),忧愤而死。临终,他握着儿子司马迁的手,一边悲泣,一边告诫说:"你的祖先是周朝的史官,曾显功名于虞夏,后世中衰。我矢志著史,可天子封禅泰山,我不得从行,这是命也。我死后,你为太史,一定要继承我的遗志,写出一部流传千古的史书,扬名于后世,以显父母,此孝之大者。"

父亲死后,司马迁任太史令,立下"究天人之际,通古今之变,成一家之言"的誓言,开始发愤写作《史记》。正当他专心致志写作的时候,一场飞来横祸降几乎断送了他的生命。将军李陵作战失败投降了匈奴,司马迁为李陵辩护,得罪了汉武帝,入狱受了宫刑。宫刑是伤残人的生殖器官的酷刑,辱及祖先,见笑亲友,是受刑者的奇耻大辱。司马迁羞愤交加,万念俱灰,绝望地说:"亦何面复上父母丘墓乎?"几次想了此残生,但为了完成父志,忍辱负重,继续写作,终于完成了中国历史上第一部纪传体通史巨著——《史记》,这部书被鲁迅誉为"史家之绝唱,无韵之离骚"。司马迁不仅成为中国历史上最伟大的史学家,而且成为史官继承父志,扬名后世的典范。

司马迁对自己的这段生死抉择,有一句传颂千古的名言:"人固有一死,死有重于泰山,或轻于鸿毛。"从某种意义上说,完成父亲的遗志,扬名显亲,就是司马迁认定的"重于泰山"。

司马迁是古代史官中的佼佼者,仅次于他的东汉太史令班固也是"干父之蛊"的楷模,后世把二人合称"马班"。班固的父亲班彪曾写成记载西汉历史的《后传》六十余篇,班固以父亲所续前史未详,乃潜精研思,继承父业,在《后传》的基础上写成中国第一部纪传体的断代史《汉书》,这实际上是父亲修史的继续。后来,班固遭逮捕死于狱中,《汉书》的八表及《天文志》尚未完成，班固的妹妹班昭续成八表，《天文志》由马续奉诏完成。可以说，传世至今的《汉书》，是经由班彪、班固、班昭和马续四人撰写，历时几十年才毕其功的。当然，其中最主要是班固二十余年心血的结晶。班固的妹妹班昭也成为历代赞颂的、继承父兄之业的孝女。

5. 归钺以德报怨孝继母

古代像闵子骞、王祥那样对继母以德报怨的孝子事例，实在是让人感动不已。尽管前已述及，有些事例仍然让人难以割舍。

明朝嘉定（今属上海）人归钺早年丧母。父亲又娶了继母，生了弟弟，归钺遂失去了父母之爱。父亲在继母的挑唆下经常用棍杖打他，有时继母嫌打得不狠，找来更粗大的棍杖，递给父亲说："用这个，别伤了你的身体。"归钺的继母很有心计，每到吃饭的时候，就喋喋不休地数落归钺的过错，父亲听了就把归钺赶走，用不准吃饭惩罚他。此举正中继母下怀，他们母子趁机吃得饱饱的。等归钺回来，饭早吃光了，继母还不依不饶地搬弄是非说："有子不在家，在外作贼。"结果，他又遭到父亲的一顿毒打。父亲死了，继母更容不下他了，把他赶出了家门。为了活命，归钺到市场上贩盐，生活渐渐有了好转。可归钺并没忘记继母和弟弟，经常向弟弟询问继母的饮食，买一些甘美食品让弟弟带给继母。

正德三年（1508），嘉定一带遭大饥荒，继母和弟弟活不下去了，归钺把他们母子接到自己家里。继母也觉得罪孽太深，愧对儿子，无颜前来，归钺涕泣奉迎。这时的归钺也不富裕，仅能自足而已。但只要有了吃的，总先给母亲、弟弟，自己经常挨饿。后来弟弟又死了，归钺奉养继母，终身未娶。

我们说的父母子女之间的家庭伦理是"父（母）慈子孝"，归钺的做法是母不慈，子也孝。这里涉及一个现代赡养父母的现实问题：父母对你不好，你养不养父母？现代子女为了逃避赡养父母的责任，总是强调父母对自己怎么怎么不好。我们应该树立的观念是：父母再不好，是刑满释放分子，是倾家荡产的败家子，子女也得赡养！这不光是家庭伦理，还是一种社会责任。

二 孝悌骨肉亲——兄友弟恭

"养父母为孝，善兄弟为悌。"孔子在《孝经》中说："教民亲爱，莫善于孝。教民礼顺，莫善于悌。"孝悌是有机联系在一起的，二者不可分割。"孝"是对长辈，"悌"是对同辈。"悌"是会意字，一个"心"字，加一个弟弟的"弟"字，心左旁边，心中有弟，表示哥哥姐姐爱护弟弟妹妹，兄弟姐妹之间诚心友爱。"弟"又是"次第"的意思，表示弟弟要尊敬、顺从兄长。"悌"反映了兄与弟的关系，兄对弟要友善，弟对兄要恭敬。即兄友弟恭，"友"是指友爱、提携、帮助，"恭"则是指尊敬、和顺、服从等。

古人云："兄弟同受父母，一气所生，骨肉之至亲者也。""他人虽同盟，骨肉天性然。"西汉苏武《古诗》描绘手足之情说：

> 骨肉缘枝叶，结交亦相因，四海皆兄弟，谁为行路人。
>
> 况我连枝树，与子同一身，昔为鸳与鸯，今为参与辰。

（一）连枝同手足，雁行如弟兄

关于兄友弟恭，前面业已叙述了舜友爱弟弟象、伯夷叔齐让位、紫荆花下"三田"兄弟、东汉三孝廉许武兄弟、颜含奉养兄嫂、王献之兄弟的生死情等诸多的事例。其实，历史上的兄弟情分是永远也说不尽的。

1. 卫宣公之子同生共死

春秋时期，卫宣公与庶母夷姜私通，生了个儿子叫急子。后来，宣公为急子娶齐僖公的女儿宣姜为妻。见宣姜长得漂亮，卫宣公又改变主意，自己娶了过来，生了两个儿子寿和朔。宣姜和小儿子朔一起陷害急子，卫宣公听信他们的谗言，派急子出使齐国，并把标志使者的白旄旗帜交给他，暗中却派强盗在边界上截杀急子，并约定，见载白旄旗帜者即杀。同父异母的弟弟寿知道内情，劝哥哥急子不要去。急子说："弃父之命而生，不可！"寿见劝不了哥哥，把哥哥灌醉，载着哥哥的白旄旗帜先到了边界。强盗一见白旄旗帜，当即把寿杀死。急子醒来，不见了白旄旗帜，知道不妙，急速驱车赶到边境，对强盗说："你们应当杀的人是我。"强盗当然不管这一套，又把急子杀了。

这个卫宣公上烝庶母，下抢儿媳，雇凶杀子，是个典型的淫暴不慈之父，但却有一对兄友弟恭的好儿子。急子和弟弟寿虽然同父异母，却用生命表达了对兄弟手足、骨肉之情的恪守和忠诚。

像急子、寿这样兄弟替死的事例还有很多。明朝海宁（今属浙江）人叶文荣的弟弟杀人被判了死刑，母亲数日悲泣不食。叶文荣对母亲说："我已年长有儿子，请让我代替弟弟去死。"于是他便到官府把弟弟的杀人罪揽到自己身上。结果，弟弟释放了，哥哥被处死了。

上述急子兄弟的生死情缘让人感泣，王文荣代弟弟受死固然可敬，却让人觉得惋惜。这老太太也糊涂，手心手背都是肉，小儿子杀人偿命天经地义，为什么要让无辜的大儿子去替死呢？

2. 汉惠帝刘盈的兄弟情结

汉惠帝刘盈也是友爱弟弟的典范。汉高祖刘邦时，太子刘盈是嫡妻吕后所生，赵王刘如意是宠妾戚姬所生。刘邦几次想废掉太子刘盈，立赵王如意为太子，因大臣张良、周昌的劝阻而作罢。

刘邦驾崩，太子刘盈即位，是为汉惠帝。此时赵王如意对帝位已无任何威胁，但吕后依旧念念不忘昔日仇恨，想把赵王置于死地。她先以皇帝的名义召赵王如意入宫。赵国国相周昌受刘邦重托，誓死保护赵王刘如意。他知道吕后的险恶用意，以赵王年弱多病为由，三次拒绝征召。吕后知道是周昌在暗中作梗，但周昌曾反对刘邦废太子刘盈，有恩于吕后母子，况且是刘邦的同乡，敢于直言，不便下手。

狡猾的吕后采取迂回战术，先召周昌进宫，周昌前脚刚离开赵国，吕后又下了一道命令，召刘如意进宫。这时的汉惠帝刘盈已察觉到母亲居心不良，念及兄弟手足亲情，处处袒护赵王。为防止吕后半路把刘如意杀掉，他亲自迎接刘如意。入宫后跟刘如意形影不离，连睡觉都同席共枕，吕后始终没机会下手。有一天，刘盈早起去射箭，赵王年小不能早起，刘盈也想让弟弟多睡会儿，留他在宫中。于是，吕后趁此"良机"，将刘如意毒死。

接着，吕后又砍断刘如意母亲戚姬的手足，放到厕所里为"人彘"。汉惠帝受此刺激，大病一场，一年多不能处理政务。病愈后沉湎酒色，不理朝政。司马光说他"笃于小仁而未知大义"。刘盈当然不是个雄才大略的皇帝，但却是个仁慈友爱的哥哥。

3．"三姜"、"两到"、"双丁"、"二陆"的典故

最早的兄友弟恭的典范是西周先祖泰伯、虞仲，后来又有"三姜"、"两到"、"双丁"、"二陆"，等等。

东汉彭城广戚（治今山东微山）人姜肱、姜仲海、姜季江兄弟三人以兄弟友爱著称。有一次，姜肱与姜季江遇到强盗，衣物都被抢走了，强盗又要杀兄弟俩。哥哥姜肱说："弟弟年幼，父母喜爱，又未娶妻，杀了我，留下弟弟吧。"弟弟姜季江说："哥哥是家之珍宝，国之英俊，请让我代哥哥死吧。"盗贼也不是铁石心肠，听后放下刀说："二君是贤人，吾等不良，妄相侵犯。"于是放下抢夺的衣物就走了。后来，兄弟三人虽都娶妻，仍然和小时候一样同被而寝，不进妻子的房间。只是因为需要繁衍后代，才轮换着回妻子屋里睡觉。后人因此用"三姜"比喻兄弟和睦情笃。《梁书·韦放传》载：南朝韦放"弘厚笃实，轻财好施，于诸弟尤为雍睦。每将远行及行役初还，常同一室卧起，时称为'三姜'"。

《梁书·到溉传》载：南朝梁彭城五原人到溉、到洽，兄弟友爱，共居一室。弟弟到洽死，到溉便把这间房子施舍为寺，从此断荤食素。时人把"两到"兄弟比作"二陆"。梁元帝萧绎赠诗曰：

　　魏世重双丁，晋朝称二陆。

　　何如今两到，复似凌寒竹。

"双丁"指三国时期魏的文学家丁仪、丁廙兄弟，兄弟二人志同道合，文才出众，因支持曹植，曹丕称帝后被杀。

"二陆"指西晋文学家、吴郡（治今江苏吴县）人陆机、陆云。兄弟二人都以文学知名当世，号曰"二陆"。"八王之乱"中被成都王司马颖所杀。另外，南朝陈陆瑜、陆琰兄弟，南宋陆九龄、陆九渊兄弟，陆细、陆传兄弟等，都称"二陆"。虽因才学而称，但也都是兄弟和睦的典范。

4. 从让枣推梨，到推官让爵

中国古代有个"让枣推梨"，或"让梨推枣"的兄弟仁让的典故，让梨的是东汉鲁国（今山东曲阜）孔融，推枣的是南朝梁王泰。

孔融是孔子第 20 代孙，兄弟七人，他排行第六。孔融 4 岁时，每次和兄弟们吃梨，总是挑最小的吃。大人问他原因，孔融说："我小儿，理当取小者。"孔融让梨的故事，一直流传至今，成了父母教育子女兄弟友爱最典型的事例。《三字经》讲："融四岁，能让梨。弟（悌）于长，宜先知。"

《南史·王泰传》载：南朝梁吏部尚书王泰年幼时，祖母把儿孙们都召集到一起，拿出许多枣、栗子扔到床上，让一大群孩子争抢。王泰却站着不动，大人问他原因，他说："我不取，大人自然会给我。"

唐朝史学家李延寿在《南史·梁武陵王传》说："友于兄弟，分形共气。兄肥弟瘦，无复相代之期；让枣推梨，长罢欢愉之日。""让枣推梨"说的就是孔融和王泰。

"仨瓜俩枣"相让，是兄弟情分，高官重爵相让就更是兄弟情分了。

北魏秘书监卢渊的爵位是固安伯，卢渊死，固安伯的爵位应由长子卢道将世袭，卢道将却将爵位让给了最小的弟弟卢道舒。北魏仪同三司魏兰根，太昌（532）初封巨鹿县侯，食邑七百户，他上书魏孝武帝，把爵位授给哥哥的儿子魏同达。北齐中书监陆子彰封爵为始平侯，长子陆卬应该承袭父爵，却上表将爵位让给小弟弟陆彦师，由于弟弟陆彦师坚决推辞，这才作罢。时人称："友悌孝义，总萃一门。"唐初镇军大将军段志玄临终，唐太宗说："我准备封你的儿子为五品官。"段志玄感泣说："请封我弟弟吧。"于是，弟弟段志感被封为左卫郎将。

像这些把官爵让给兄弟的行为，说起来容易，真正做到就难了。古代的人奋斗一生，读书人苦读寒窗，不就是为了谋个一官半职么？如果让他们了解这些让官、让爵的高尚行为，真的要瞠目结舌了。

5. "兄肥弟瘦"——生死面前的手足之情

"兄肥弟瘦"的典故，说的是东汉赵孝、赵礼兄弟。

《后汉书·刘赵淳于江刘周赵列传》载：两汉之际，天下大乱，饥荒严重，出现了食人之风。沛国蕲（今属安徽）人赵孝的弟弟赵礼被饿贼抓去，眼看就要被烹食。赵孝心急如焚，无奈之下，只好把自己绑起来，找到盗贼说："我弟弟长时间挨饿，长得太瘦，不如我胖，还是吃我吧。"饿贼们一下子都愣住了，他们没想到天下还有这样甘愿替别人死的人，相互震惊地对视着。大概是他们那坚封已久的恻隐之心，被赵孝的兄弟真情唤醒了，但饿贼们实在是饿极了，对兄弟俩说："放你们兄弟回去可以，但必须给我们送粮食来。"兄弟俩这才大难不死。可当时饥荒连年，饿殍遍地，赵孝根本找不到粮食，但又不能失去信用，第二次来到贼营，表示愿意就烹。饿贼们被他的信义所感动，再次把他放了回来。

《后汉书》叙述过赵孝的事迹之后，接连记载了王琳、王季兄弟，齐国儿萌子明兄弟，梁郡车成子威兄弟，淳于恭、淳于崇兄弟等，都是弟弟或哥哥被盗贼抓去欲烹食，另一个兄弟义薄云天，情愿以身相代，结果感动了盗贼，被双双放了回来。

《韩非子·安危》讲："奔车之上无仲尼，覆舟之下无伯夷。"在车翻舟沉的危急面前，人们会各自逃命，没有孔子、伯夷那样品德高尚的人。赵孝等人的事迹，让我们看到了真正的、经过生死考验的兄弟手足之情。

6. 王览、韦嗣立恃母护兄

《世说新语·德行》载："二十四孝"中那个"卧冰求鲤"的王祥，自小受到继母朱氏虐待。每当继母殴打他，同父异母的弟弟王览就哭着抱住并遮挡哥哥，使母亲无法下手。狠心的母亲天天让幼小的王祥打扫牛圈，王览就和哥哥一起打扫。王家有棵李子树结了果实，白天鸟雀都来啄食，朱氏又让王祥看守李子。鸟雀怕王祥受母亲责打，白天都不来啄食李子了。每当大风雨，因怕摇落李子，王祥就抱住李子树大哭。成亲后，朱氏又虐待王祥的妻子，王览的妻子也像丈夫保护哥哥一样保护嫂嫂。父亲死后，王祥的声望日高，朱氏因嫉生恨，吃饭时为王祥倒上了毒酒。王览知道内情，端起毒酒就喝。王祥也发觉继母异常，怀疑酒里有毒，怕王览不知情而误饮，哥俩争夺起来。朱氏见状不妙，夺过毒酒泼到地下。以后，朱氏给王祥的饮食，王览都要先尝一尝。朱氏害怕毒死亲子王览，遂不敢下毒了。

后来，王祥为朝廷三公，王览为少府、宗正卿。王祥有一把佩刀，相面的术士讲，为朝廷三公可配此刀。临终，王祥以刀授王览说："你的后代必定繁盛，可佩此刀。"王览有六个儿子，均位列卿相。王览的孙子王导辅佐晋元帝播迁江左，是东晋第一号的开国功臣，琅邪临沂（今属山东）王氏成为东晋南朝无与伦比的士族高门。

唐朝郑州阳武（治今河南原阳东南）人韦嗣立，与哥哥韦承庆同父异母。韦承庆的生母早死，父亲韦思谦又续娶，生下韦嗣立。母亲对老大韦承庆十分酷虐，经常用竹板笞打。每当母亲要打哥哥，韦嗣立就解开衣裳，请求代替哥哥挨打。母亲当然不会答应，韦嗣立便命令家奴毒打自己。母亲由此感悟，对两个孩子都施以仁爱。时人把他比作是西晋王览。后来，兄弟二人都考中进士，父子三人均官至宰相。

童年的善心孝行最为纯洁，丝毫无半点污染。王览和韦嗣立"恃母爱而不骄纵"，友爱哥哥，如上述兄弟间让枣推梨、推官让爵、舍生就死的行为一样高尚可敬。

7. 庾衮兄弟疫疠与共，杨椿兄弟不忍别食

西晋武帝咸宁（275～280）年间，颍川鄢陵（今属河南）一带瘟疫流行，死者枕藉。庾衮的两个哥哥相继染病而亡，三哥庾毗又染上疫病。当时瘟疫流行越来越凶，父母只好带着几个没病的儿子到外地躲避，庾衮主动要求留下照顾哥哥。父母强制他走，庾衮说："我生性不怕疾病。"家人拗不过他，只好让他留下了。此后，庾衮亲手服侍哥哥，白天晚上都不休息。父母走之前，已给哥哥准备了棺材。庾衮见哥哥的病情没有好转，一望见棺材就暗自哭泣。100天过去了，瘟疫减退，待家人返回，哥哥的病竟奇迹般地好了。父母做梦也没指望他们兄弟无恙。

当地父老对庾衮予以了高度的评价："异哉此子！守人所不能守，行人所不能行。岁寒然后知松柏之后凋。"庾衮用自己对哥哥炽热的爱心，不仅救了哥哥的性命，还创造了疫疠不传染孝悌之人的奇迹。

北魏华阴（今属陕西）人杨播教子有方，两个儿子杨椿、杨津不仅出将入相，还以兄弟友爱为当时人称羡。杨氏兄弟自小亲密无间，从早到晚都在厅堂里，形影不离。有一点美味，也要一同分食。晚上睡觉时，用帐子从中间隔开，各自就寝，高兴时他俩还隔着帐子谈笑。杨椿年老后，有一次到外边喝醉了酒，杨津把哥哥搀回家，躺在旁边不敢睡着，害怕影响侍候哥哥。杨津对哥哥有如父亲，每天昏晨省问，子侄们都站

立在台阶下，哥哥不命坐．就无人敢坐。

从先秦到两汉，中国人饮食都是一人一个食案的分餐制，隋唐以后逐渐演变为"伙食"。演变的原因，一是士族官僚的放荡不羁，二是魏晋南北朝时期家族兄弟观念的强化，其中杨椿兄弟就是代表。杨椿曾讲："吾兄弟若在家，必同盘而食，若有近行不至，必待其还，亦有过中不食，忍饥相待。吾兄弟八人，今存者有三，是故不忍别食也。"杨椿兄弟的和睦友爱，竟然联系着中国古代饮食风俗的重大革命。

8. 有义有礼，房家兄弟

北魏清河东武城（今山东武城西）人、尚书仪曹郎房景伯，性情平和宽厚，学问渊博，对儒学历史很有研究。弟弟们跟着学习，对他十分敬重，犹如父亲一般。大弟不幸身亡，他穿着粗布衣裳，吃着粗茶淡饭，丧期之内从没脱过衣服睡觉，哀伤得瘦了许多，就像身服重孝一般。二弟景先死后，最小的弟弟景远非常哀痛，哭了整整一年，从没在寝室睡过觉。乡亲们夸奖："有义有礼，房家兄弟。"后人写诗称赞说：

> 兄能慈阙弟，弟更爱其兄。
>
> 服期如服重，谣语定乡评。

诗中的"服期"，指古制兄弟丧服为五个月；"谣语"指乡间的谣谚。房氏兄弟紧密团结，彼此尊重，情深至极，这是搞好家庭关系的关键之一，也是应当提倡的一种美德。

9. 缠绵盗贼际，狼狈江汉行——黄玺万里寻兄

前面我们叙述了许多千里寻父母的孝子，他们凌霜冒雪、爬山渡水，艰辛备尝，用走遍天涯海角的毅力来完成对父母的拳拳赤子之心。而明朝浙江余姚人黄玺"万里寻兄"，以同样的行为表达了对兄长的手足之情。

黄玺，字廷玺，哥哥黄伯震外出行商，10年没有回来。黄玺到外地去寻找，行程万里，都没有见到踪迹。最后到了衡州（治今湖南衡阳），在南岳衡山庙中祈祷，梦见神人送他两句诗："缠绵盗贼际，狼狈江汉行。"一个读书人给他解梦说："这是杜甫《春陵行》中的两句诗，春陵

今属道州（治今湖南道县），你去那里寻找一下，就会有满意的结果。"
黄玺一听十分高兴，赶紧照此去办。有一天上厕所时，他把伞放在路边，
黄伯震恰好路过这里，见这把伞非常熟悉，激动地说："这像我们家乡的
伞啊！"他又仔细打量了一番，看到伞把上刻着"余姚黄廷玺记"六个小
字，惊喜地一下子就跳了起来。黄玺从厕所出来见哥哥在此，兄弟二人
悲喜交加，结伴而回。

10."白衣尚书"为佣劝兄

值得注意的是，兄友弟恭绝不是光有友好，没有规劝，就像"父有
诤子"一样，兄弟们互相劝谏，也是兄友弟恭的表现。

东汉东平任城（治今山东济宁）人郑钧，喜好黄帝和老子的学说。
他的哥哥是县吏，收取贿赂，为吏不廉。郑钧发现后多次劝谏，哥哥不
听。为了唤醒哥哥的良知，郑钧到外地做了一年多佣工，把挣来的钱交
给哥哥，对哥哥说："钱物是可以凭劳动得来的，没有了还可以再挣，而
贪赃枉法，你这个官位将永远不会再有。"哥哥一听，幡然醒悟，从此变
成了廉洁奉公的官吏。哥哥去世后，郑钧义无反顾，悉心养护寡嫂和侄
子。后来郑钧官至尚书，因病告老。汉章帝东巡任城，赐给他终身享受
尚书的俸禄，人称"白衣尚书"。

郑钧正是太爱自己的哥哥了，怕哥哥会因为贪污而受牢狱之灾，所
以，不断向哥哥进言，终于感化了哥哥。这也是弟弟对兄长的一种爱。

与父慈子孝一样，兄友弟恭也是我国古代的一项家庭伦理和传统美
德。对于现代独生子女家庭来说，兄弟关系虽然不存在了，但友悌的合
理精神却依然值得我们重视和发扬。

（二）本是同根生，相煎何太急

尽管封建的伦理道德积累得那么丰厚缜密，但父子、兄弟骨肉相残
的事例却是屡见不鲜、不胜枚举，而做出这些丑行的往往都是满嘴仁义
道德的天子王侯。如周公诛管叔，放蔡叔；郑庄公杀弟弟共叔段；隋炀
帝弑父杀兄；唐太宗玄武门弑兄杀弟；赵光义杀兄夺位；明英宗、明代
宗兄弟争帝位，等等，说来也真是封建道德的悲哀。西汉文帝刘恒的弟
弟淮南王刘长谋反事败，被迁徙到蜀地，路上绝食而死。民间作歌讽刺

他们说："一尺布，尚可缝；一斗粟，尚可舂；兄弟二人不能相容。"后来，因以"尺布斗粟"来形容兄弟不和。

东汉末年，曹操当上魏王，长子曹丕与弟弟曹植展开了激烈的太子之争。二人各自培植党羽，玩弄权术，斗智斗勇，最后技高一筹的曹丕如愿以偿，继位为太子，继而当上皇帝。接着，开始与弟弟了却这桩旧怨。这一幕骨肉相残的悲剧，却又成为中国文学史上的传世佳话。

黄初二年（221），曹丕将所有兄弟一律晋爵为公，唯独曹植没有晋封，仍然是临淄侯。曹植知道是皇兄在挟私报复，终日借酒浇愁，狂荡发泄。曹丕正愁抓不住他的把柄，立刻派人将他召到京师问罪。司徒华歆献计说："人说子建（曹植字）出口成章，可让他赋诗，如不能，就杀他；能，就贬他。"

一会儿，曹植进来了，惶恐伏拜请罪。"先王在时，你就以诗赋文章压我，我怀疑你是找人代笔。现在限你七步之内作诗一首，如作不出来，即行大法。"曹丕摆出一副皇帝的威严。文思高妙的曹植不由眼睛一亮："请出题目。"诗赋作文在任何时候都是难不倒他的。曹丕见弟弟死到临头还有如此雅兴，倒也有点茫然，匆忙命题说："你我是兄弟，就以兄弟为题，但不许犯'兄弟'字讳。"曹植就如胸有成竹似的，随口吟道：

煮豆燃豆萁，豆在釜中泣，
本是同根生，相煎何太急？

一同的血脉，一起的手足之情，竟敌不过地位和权力的诱惑。曹丕听了弟弟撕裂肝胆的指责，又如何不惭愧？于是，打消了杀害弟弟的念头，将曹植贬为安乡侯。

曹植的卓越才华，不仅避免了哥哥的残害，而且留下了谴责骨肉相残的千古绝唱，后来的文人学士在描述这一内容的诗文中，没有人能超越他。

三 三日入厨下，洗手作羹汤——姑慈妇听

古代的媳妇称公公叫"舅"，称婆婆叫"姑"，称公婆叫"舅姑"。唐

朝诗人朱庆余"洞房昨夜停红烛，待晓堂前拜舅姑"的诗句中，"舅姑"就是公婆。

"妇姑不相悦，则反唇而相稽（讥）。"妇姑关系即现代社会的婆媳关系，是古往今来最难缠、最让人头痛、最一言难尽的家庭伦理关系。

儒家对妇姑道德修养的根本要求是"姑慈妇听"，即要求为姑者慈爱，为妇者顺从。近代民谚讲："婆媳亲，全家和。"婆媳关系的好坏，往往是家庭和睦的关键。

（一）天下慈姑的典范——孟母和"母师"

《礼记·内则》讲述了许多媳妇孝敬舅姑的清规戒律，但婆母慈爱媳妇的却只有一条："子妇有勤劳之事，虽甚爱之，姑纵之，而宁数休之。子妇未孝未敬，勿庸疾怨，姑教之，若不可教，而后怒之；不可怒，子放妇出，而不表礼焉。"意思是说，在儿媳正在辛劳做事时，即便是疼爱她，也要任她去做，宁可让她多休息几次。儿媳还没有孝敬的表现，不必立刻生气，应该慢慢地教导她。如果不听教训，再责备她。实在不听管教，才让儿子把她休了，而不再宣扬她的违礼之处。这里大致包括：不要让儿媳过度劳累，要耐心教育儿媳，儿媳休掉后不再宣扬人家的过错，等等。此类的规定虽不多，但毕竟对婆婆提出了约束和要求，而且比较有人情味，有同情心，就算是"姑慈"吧。

大概是因为婆婆好了，媳妇就会闹翻天，史书上记载的好婆婆还真不多。在中国古代历史上，孟子的母亲，可谓是一位通达事理的好婆婆。

《韩诗外传》卷九第十七章载：孟子的妻子独自一人在屋里，叉开两腿，屁股着地坐着。从先秦到魏晋，遵守礼法的人都是膝盖着地跪坐，像孟子妻这样坐叫做"踞"，是很不雅观、很不礼貌的。孟子进屋看见妻子这个样子，就向母亲说："这个妇人无礼仪，请准许我把她休了。""为什么？"孟子说："她屁股着地，叉开两腿坐着。"孟母问："你是怎么看见的？""我突然闯进门，亲眼所见。""这是你无礼，并非媳妇无礼。"孟母接着说，"《礼经》上说：'将入门，问孰存；将上堂，声必扬；将入户，视必下。'这是为了防止突然闯进，窥见人的隐私。你突然闯到妻子闲居休息的房间，进屋没有声响，人家不知道，怎么能责怪妻子无礼呢?"孟子听了母亲的话，认识到自己错了，再也不敢说休妻的事了。

看来，孟母不仅是一个循循善诱、教子有方的慈母，还是一位宅心仁厚、通达事理的婆婆。她深知持家的艰辛，当儿媳劳作疲惫时，独自私下踞坐一会儿，稍事休息放松，是人之常情，是应该体谅的。遗憾的是，古代这样体谅儿媳的婆婆太少了。

西汉刘向《列女传》七记载了一位善于处理婆媳关系的婆婆——鲁国九子之母。

鲁国九子之母寡居，回娘家前，与儿媳们约定，天黑回来。可由于天阴回来得早了，将车停在闾门外等着，一直等到天黑才进家门。鲁国大夫从高台上见而怪之，右九子之母询问说："你从北方来，到闾门而止，一直等到天黑才进家门，为什么?"九子之母回答说："我早失丈夫，与九子同居。与儿媳们约定好天黑归家，结果回来早了。如果我进家门，就会看到儿子媳妇们的闺房之私。所以必须按约定的时间进门。"天下竟然有如此通情达理的婆婆，鲁大夫敬佩不已，马上将此事汇报给鲁穆公。鲁穆公赐予她尊号曰"母师"，命宫中的夫人、诸姬都向她学习。

这位九子之母，不仅是宫妃的"母师"，也应该做天下所有婆婆的老师。

（二）在封建礼教摧残中煎熬的媳妇

婆媳关系是我们说的主要家庭伦理之一，它要求的"姑慈妇听"中的"妇听"，从措辞上与同为弱势群体的"子孝"、"弟恭"有很大区别，"听"就是服从。除了对舅姑要孝、敬、礼，遵守三从四德外，细小的繁文缛节就一言难尽了。

1. 古代媳妇的枷锁——"三从四德"

古代把妇女应该遵守的道德规范称作"妇道"，虽然也包括婆婆在内，但在婆媳关系上，它却是婆婆虐待媳妇的工具。公婆一句"不守妇道"，媳妇便永无出头之日了。

《春秋谷梁传·隐公二年》记载妇女"三从"说："妇人，在家制于父，既嫁制于夫，夫死从长子。"《礼记·郊特牲》也有类似记载："妇人，从人者也，幼从父兄，嫁从夫，夫死从子。"

《周礼·天官·九嫔》载："九嫔掌妇学之法，以教九御妇德、妇言、妇容、妇功，各帅其属而以时御叙于王所。"妇德、妇言、妇容、妇功四德最初是天子、诸侯宫中的妃嫔应该遵守的道德规范，并用来教导同姓亲近的女子，经东汉班昭《女诫》的发挥，成为民间女子的普遍规范。在《女诫》中，班昭对"四德"作了系统的发挥：

> 女有四行：一曰妇德、二曰妇言、三曰妇容、四曰妇功。夫云妇德，不必才明绝异也；妇言，不必辩口利辞也；妇容，不必颜色美丽也；妇功，不必功巧过人也。清闲贞静，守节整齐，行己有耻，动静有法，是谓妇德。择辞而说，不道恶语，时然后言，不厌于人，是谓妇言。盥浣尘秽，服饰鲜洁，沐浴以时，身不垢辱，是谓妇容。专心纺绩，不好戏笑，洁齐酒食，以奉宾客，是谓妇功。

由班昭的"盥浣尘秽，服饰鲜洁"，"专心纺绩"，"洁齐酒食，以奉宾客"，与"君子远庖厨"，"男主外，女主内"等观念的结合，以及《礼记·内则》中的有关规定，把家务全部推给了妻子。孝敬舅姑的媳妇责无旁贷地承担了这些义务。清代文学家郑板桥的《恶姑》诗，就是描写恶婆婆用家务虐待媳妇的：

> 姑令杂作苦，持刀入中厨。析薪纤手破，执热十指枯。
> 姑曰幼不教，长大谁管拘。今日肆詈辱，明日鞭挞具。
> 五日无完衣，十日无完肤。吞声向暗壁，啾唧微叹吁。
> 岂无父母来，洗泪饰欢娱。一言及姑恶，生命无须臾。

2. 我自不驱卿，逼迫有阿母——七出

古代，舅姑对儿媳不满，丈夫就得"出妻"，后来叫休妻。据《公羊传·庄公二十七年》东汉何休注，出妻有"七出"的原则，其中第一条就是不顺舅姑。

古代的不顺舅姑非常苛刻，媳妇不必在舅姑的面前有什么过错，只

要舅姑不高兴，即可出妻。曾参因妻子为后母蒸梨不熟而出妻。东汉鲍永出妻更离奇，因为妻子在后母跟前"叱狗"，就把妻子休掉了。不过，古代中国是礼仪之邦，《礼记·曲礼》中确有"尊客之前不叱狗"的说法，可那是尊客啊！和婆婆一个锅里摸勺子，哪来这么多讲究？

更离奇的还有呢，南朝齐刘瓛四十多岁没结婚，齐高帝与司徒褚彦回为他撮合，娶了王氏女。王氏女在墙上钉钉子，有尘土落到隔壁婆婆的床上，婆婆不高兴，刘瓛当即就把妻子休掉了。

唐朝李迥秀的母亲出身低贱，妻子厉声斥责家中的婢女，母亲听后想起自己的身世，心里很难过。李迥秀马上出妻，并说："娶妇为的是服侍舅姑，像她这样老让我母亲不顺心，还留着干什么？"

由不顺舅姑可知，父母的权威远远凌驾于夫妻感情之上，丈夫完全成了婆婆压迫媳妇的工具。在过去的戏剧中，婆婆成为一种权威符号，媳妇则是善良与服从的化身，丈夫对母亲没有丝毫的违抗或劝解，对妻子更没有安慰，而是提笔就写休书。有人说，古代女子太软弱了，她为什么不抗争？其实，一个弱女子是无法和传统势力抗争的。

首先，丈夫不敢支持妻子。《左传·襄公二年》规定："亏姑以成妇，逆莫大焉。"丈夫即使认为妻子对，也要无条件地站到父母一边，否则就是大逆不道。南宋陆游有思想，有是非观念吧？明知唐婉委屈，也得很无奈地站到母亲一边。

其次，法律不站在妻子一边。《唐律疏议》卷二二《斗讼·妻妾殴詈夫父母》规定，"妻妾詈骂舅姑，徒三年"，"殴者，绞；伤者，皆斩"，"须舅姑告，乃坐"。詈骂舅姑三年徒刑，殴打舅姑判绞刑，无意中伤了舅姑也是死刑。只要舅姑告到官府，马上执行。这哪有媳妇的活路啊！别说是抗争了，逆来顺受都不行。

而婆婆责打媳妇，则是天经地义的。唐朝京兆府（在今西安）有一婆婆用鞭子把媳妇活活打死。府里的法官判婆婆死刑，刑部尚书柳公绰说："尊长打后辈，又不是民间斗殴，没有判死刑的道理。"并为这位婆婆减了刑。这就是说，唐朝婆婆殴打媳妇致死，也可减刑。晚清民国时期有句俗话叫"娶来的媳妇买来的马，任我骑来任我打"。

丈夫不敢支持妻子，法律更不支持，一个"比窦娥还冤"的媳妇也只能是叫天天不应，叫地地不灵了。所以，古代恶婆婆虐待媳妇是有恃无恐的，媳妇只有逆来顺受。山西祁太秧歌《扳牛角》唱道："忽听婆婆叫一声，吓得我胆战心又惊。"在封建礼教的压迫下，不胆战心惊行吗？

七出之二是无子，之三是淫僻，之四是口多言，之五是嫉妒，之六是恶疾，之七是盗窃。凡此种种，只要舅姑抓住一条把柄，丈夫就得出妻。

公婆的态度是决定出妻的关键。《礼记·内则》载："子甚宜其妻，父母不说（悦），出。子不宜其妻，父母曰：'是善事我。'子行夫妇之礼焉，没身不衰。"意思是说，儿子和儿媳相亲相爱，但父母不喜欢儿媳，儿子也要出妻。儿子和儿媳不相爱，父母说："这媳妇对我们好。"儿子还得和媳妇行夫妇之礼，终身不得离异。《孔雀东南飞》中焦仲卿休妻，南宋陆游休妻，都是婆母导致的婚姻悲剧。

看来，婆媳关系真有点"不是东风压倒西风，就是西风压倒东风"。在有礼教束缚的古代，被恶婆婆压迫的媳妇值得同情，值得为她们呼吁。在旧道德沦丧、礼教束缚解除的今天，婆媳关系颠倒了，媳妇强势，婆婆弱势，同样是值得呼吁的。

3.《礼记》中儿媳侍奉舅姑的繁文缛节

《礼记·内则》等许多典籍讲述了在生活细节方面媳妇孝敬舅姑的清规戒律，主要有：

第一，事舅姑如事父母。《礼记·内则》讲："妇事舅姑，如事父母。"唐朝散郎陈邈妻郑氏《女孝经》也讲："女子之事舅姑也，敬与父同，爱与母同。"这就是说，所有儿子、后辈对父母尊长所尽的孝道，媳妇都要做到。

第二，夙兴夜寐，昏定晨省，执箕帚、奉汤水、进巾栉，"不命退私室，不敢退"。

《礼记·内则》载，媳妇鸡鸣起床，梳洗穿戴完毕，即去舅姑住处问安，要下气怡声地问候寒暖；公婆出入要"敬扶持之"；盥洗时要"奉盘奉水"，洗毕再递上面巾。舅姑不说让回去，不能回房。郑氏《女孝经》也讲："鸡初鸣，咸盥漱衣服以朝焉。冬温夏清，昏定晨省。"

第三，"子妇无私货，无私畜，无私器，不敢私假（借），不敢私与

（送人）。"媳妇不准有自己的私有钱物，家里的东西更不能私下借出，私下送人。媳妇积累自己的钱财，古代叫攒私房，上述"七出"中的盗窃，也包括攒私房钱，也是要被出掉的。东汉陈留（治今河南开封）人李充就因妻子攒私房钱而出妻。

第四，"妇将有事，大小必请于舅姑。"这样，一切行动都在舅姑的掌控之中。

第五，饮食方面要"问所欲而敬进之"，即现在说的想吃什么就做什么。饭端上来，要"柔色以温之"，"父母舅姑必尝之而后退"。要和颜悦色把饭送给舅姑，站立一旁看看舅姑还有什么要求，等饭菜都合口味了才能退下。唐朝诗人王建的《新嫁娘》诗，就是这方面的反映："三日入厨下，洗手作羹汤。未谙姑食性，先遣小姑尝。"

第六，"父母在，朝夕恒食，子妇佐馂。"古人一天吃早晚两顿饭，叫恒食。古代吃剩饭叫"馂"。父母先吃，吃完剩下后，媳妇和丈夫一同吃剩饭，叫"佐馂"。如果父殁母存，由长子陪着一起吃，媳妇们仍然"佐馂如初"。

第七，"父母舅姑之命，勿逆勿怠。"对公婆的命令，不能抗命，也不能拖延，公婆给的饮食，虽不想吃，也得尝尝；公婆给的衣服，虽不想穿，也得穿上；公婆让别人给自己办事的时候，虽不愿意让别人办，也得让他办，然后自己再重新办。

唐朝才女宋若莘《女论语》事舅姑章第六，以四字一句的形式，用通俗的语言，叙述了媳妇侍奉公婆的细节：

> 阿翁阿姑，夫家之主。既入他门，合称新妇。
> 供承看养，如同父母。敬事阿翁，形容不睹。
> 不敢随行，不敢拉语。如有使令，听其嘱咐。
> 姑坐则立，使令便去。早起开门，莫令惊忤。
> 换水堂前，洗濯巾布。齿药肥皂，温凉得所。
> 退步阶前，待其浣洗。万福一声，即时退步。
> 备办茶汤，逡巡递去。整顿茶盘，安排匙箸。
> 饭则软蒸，肉则熟煮。自古老人，牙齿疏蛀。

茶水羹汤，莫教虚度。夜晚更深，将归睡处。

安置辞堂，方回房户。日日一般，朝朝相似。

传教庭帏，人称贤妇。莫学他人，跳梁可恶。

咆哮尊长，说辛道苦。呼唤不来，饥寒不顾。

如此之人，号为恶妇。天地不容，雷霆震怒。

责罚如身，悔之无路。

　　我们说，孝是中华民族的传统美德，但其中也有消极的因素。这些消极因素的表现之一，就是封建孝道对媳妇的压迫和摧残。

　　4."束缊请火"与邓元义休妻

　　"二十四孝"中纺织养姑的姜诗妻，因挑水回来晚了被赶出家门，其实她还不是太冤枉。《汉书·蒯通传》载：乡下一户人家中丢了肉，婆婆怀疑是媳妇偷的，就把她休掉了。媳妇受了冤枉，忍气吞声，向邻居家大娘告别，并说出了事情的原委。邻居大娘平时和这位媳妇友善，知道她绝不会干这事，就对媳妇说："你慢点走，我让你舅姑家再追你回来。"于是，邻居大娘用束缊（乱麻）做引火的材料，到媳妇家说："昨晚家里的狗叼来一块肉，互相争斗而死，到你家借火烤狗肉吃。"媳妇的婆家一听，知道冤枉了媳妇，这才把媳妇追回来。

　　这个媳妇背着偷肉的恶名被婆母出掉，如果没有邻居大娘，也只有冤沉大海了。

　　后来，"束缊请火"被用作求助于邻居，或者是不出儿媳的代称。唐朝诗人骆宾王《上瑕丘韦明府君启》："是以临邛遣妇，寄束缊于齐邻。"唐朝李德裕《积薪赋》："时束缊以请火，访蓬茨于善邻。"

　　《后汉书·应奉传》注引《汝南记》载：汝南邓伯考为尚书仆射，住在京城洛阳，儿子邓元义还乡里，留妻子在洛阳侍奉双亲。妻子很小心地服侍婆母，然而婆母不喜欢她，将她关在空屋子里，只给她一点点饭吃。妻子日渐瘦弱，公公邓伯考感到奇怪，询问原因。孙子邓朗回答说："母没病，是饿的。"公公不忍儿媳受虐待，把儿媳打发回家了。后来，妻子改嫁给将作大匠华仲。一次，她乘朝车出来，邓元义在旁观的人群中说："此我故妇，没有过错，家母对她太残酷了。"

后来，邓妻想念儿子邓朗，写信给儿子却不回，寄衣裳给儿子被烧掉。后托亲戚设计和儿子见了面。邓朗一见是母亲，转身就走，母亲一边追，一边哭泣："我在你家差点被饿死，又被你家抛弃，我有何罪？"

邓伯考、邓元义父子明知媳妇无辜，仍然要休妻；儿子邓朗明知母亲挨饿被出而改嫁，还怨恨母亲。得罪了婆母的媳妇，有理、有冤，到哪儿去说啊！

（三）恪守孝道的媳妇们

关于媳妇孝敬公婆，前面我们说了"姜诗妻纺织养姑"、"东海孝妇"、"唐氏乳姑不怠"，以及许多为婆母割股疗疾的事例。其实，类似的事例数不胜数。

1. 子妇不陷姑于不义

孔子讲的"子为父隐"，不光指儿子，媳妇也要为公婆隐恶扬善。

《汉中士女志》载：东汉末年，汉中赵嵩的妻子张礼修面对蛮横无理的婆婆，"终无愠色"。归宁回家父母盘问，只是引咎自责，从不说婆婆半句坏话。婆婆了解到媳妇在娘家的情况后十分感动，从此对媳妇慈爱有加，婆媳关系得以改善。乡人传言说："作妇当如赵嵩妇，使恶姑知变，可谓妇师矣！"后来，婆婆病了，女儿来探望，婆婆说："我不指望你们来看我，我有贤惠儿媳就够了。"这位恶婆婆总算为儿媳说了句暖心窝的话。

东汉有个孝妇乐羊子妻，丈夫在外寻师求学，七年不返家，乐羊子妻在家勤奋劳动供养婆母。可一个妇道人家的能力总是有限的，家中生活得并不富裕。婆母忍受不住清贫的生活，正好邻居的一只鸡跑到园中，便偷偷地给杀掉煮了。乐羊子妻见到香气四溢的鸡肉，不动筷子，只是不停地哭泣。婆母问她，她婉转地说："儿媳无能，不能让您有肉吃。"婆母羞愧地把鸡肉扔掉了。

乐羊子妻隐言劝谏，既不伤婆母的脸面，又让其幡然醒悟。看来，儿媳对婆婆的"谏净"，也不能伤害尊长的尊严，也需要灵活机智地进谏艺术。乐羊子妻凭着自己的真诚、智慧，做到了"子为父隐"，后来的媳妇们则在愚孝的束缚下，以自己的生命、声誉来隐匿婆母的丑恶。

2. 贵梅隐恶，王妙凤断臂

《明史·列女传》中有两例婆母与人通奸，媳妇宁死也不肯揭发的事例。

一则叫"贵梅隐恶"。明朝有个叫唐贵梅的女子，丈夫姓朱，体弱家贫。婆婆生性凶悍，又品行不端，和一个徽州商人通奸。那商人又垂涎贵梅的美色，用银钱买通了她的婆婆，劝诱她就范。贵梅当然不肯，婆婆就用棍棒打，用烧红了的烙铁烙她，唐贵梅至死不从。在商人的唆使下，婆婆以不孝的罪名把她告到官府，法官受了那商人的贿赂，把她打得死去活来。那商人还指望她能回心转意，又把她保释出来。贵梅的亲戚都劝她吐出实情，贵梅说："如果是那样，我的名节保全了，却让婆婆背上了恶名。"最后，唐贵梅穿戴整齐，在梅树上自缢而死。

另一例说的是吴县（今属江苏）人王妙凤，丈夫吴奎在外经商，婆母有淫行。与婆母通奸的奸夫见妙凤年轻貌美，拉住她的胳膊想调戏她。王妙凤拔刀砍向自己的胳膊，连砍两刀，才把胳膊砍断。妙凤的父母想告官，妙凤劝止说："我死不足惜，岂有媳妇状告婆婆的道理？"十多天后，妙凤伤痛而死。

这两位"不扬姑之恶"的孝妇，把婆婆的名声放在自己的生命之上，虽然孝心可嘉，却是典型的姑息养恶的愚孝。在这里，明显看出儒家倡导的"父为子隐"与正义、与大义灭亲的冲突。

3. 忍气吞声、委曲求全的贺氏

宋代兖州有一户平民媳妇贺氏，邻里叫她"织女"。贺氏的丈夫外出经商，常年往来于郡城之间。贺氏为新妇时，丈夫就在外面养了别的女人，经常好几年才回一次家，回来后住不了几天又走了，从不接济家里一个钱。贺氏知道这件事后，每当丈夫回家，殷勤侍奉，丝毫没有不快的颜色。丈夫心中不免有些惭愧，可仍旧无缘无故地辱骂贺氏。婆婆年老多病，贺氏便给人家织布接济家用，挣得的工钱如数交给婆婆，宁可自己挨冻受饿。婆婆和儿子一个鼻孔出气，天天虐待她。贺氏生怕老人生气，更加毕恭毕敬，低声下气，讨她喜欢。丈夫变本加厉，时常把情人领到家里，贺氏按照"不妒为妇之美德"的古训，对她以妹妹相称，毫无嫉恨。贺氏就这样默默无闻地恭顺丈夫，孝敬婆婆，苦苦撑了二十多年。

封建孝道的压迫和摧残，淹没了妇女的独立意识、抗争精神和理想追求。面对糊涂的婆婆、戎暴的丈夫，贺氏忍气吞声，委曲求全。孝敬公婆，顺从丈夫，操持家务，忍受丈夫、婆婆的打骂虐待，她认为这就是她的全部人生和全部生活。贺氏也是古代千千万万个这类媳妇的缩影。

四　白头老翁摩孙顶——祖孙隔代亲

中国是个宗法社会，祖先、子孙在人们心目中是最重要的。一个家族，祭祀恨不得上及几十代先祖，生子则祈求子子孙孙没有穷尽。按说，上到高祖，下到玄孙，就可以了，古代叫"六世亲属竭矣"，"六世亲尽无属名"。可后来仍没完没了地排序，以至于形成中国老百姓常说的"祖宗十八代"。十八代一般解释为自己的上下各九代宗族成员，向上是：生己者为父母，父之父为祖，祖父之父为曾祖，曾祖之父为高祖，高祖之父为天祖，天祖之父为烈祖，烈祖之父为太祖，太祖之父为远祖，远祖之父为鼻祖；向下是：子之子为孙，孙之子为曾孙，曾孙之子为玄孙，玄孙之子为来孙，来孙之子为晜孙，晜孙之子为仍孙，仍孙之子为云孙。这叫"子子孙孙引无极，世世昌盛长无穷"。

作为家庭伦理的祖孙关系包括两个方面，一是祖父母对孙子、孙女的疼爱，包括遗子孙以田宅财产，遗子孙以清白，为子孙积阴德，言传身教等，也包括从孙子们那里享受到的天伦之乐。二是孙子、孙女对祖父母的尊敬和孝养，这与子女孝养父母相同。

（一）"君子抱孙不抱子"

父亲在儿子面前是严厉的，很少有亲昵的举动，但在孙子面前，却是慈祥的。《礼记·曲礼上》讲："君子抱孙不抱子。"《白虎通·五行》也讲："君子远子近孙，何法？法木远火近土也。"看到这句话，马上想到现在的"隔代亲"，眼前目然会浮现出爷爷乐呵呵地抱着孙子，或者是领着孙子遛弯的画面。许多上了年纪的父母也都会催促自己的子女赶紧结婚生孩子，好早点抱孙子。其实，"君子抱孙不抱子"另有含义。

古代父母去世，安葬完毕，要用桑木为死者制作木主（灵牌），称作"虞主"，进行三次祭祀，称作"虞祭"、"三虞哭"。先秦时的虞祭要迎尸入门。"尸"是代表死者受祭的活人，一般以死者的孙子充当。因鬼神听之无声，视之无形，"故座尸而食之，尸饱若神之饱，尸醉若神之醉"。祭祀宗庙也要选尸。"尸位"、"尸位素餐"即由此而来。

《礼记·曾子问》说："祭成（成年人）丧者必有尸，尸必以孙。孙幼则使人抱之，无孙则取于同姓可也。"还有一种解释说，"抱孙"实际上是"抱于孙"，就是说孙子抱着亡故祖父的虞主接受祭祀。"君子抱孙不抱子"，就是因为孙子将来能当祭祀自己的"尸"。

"祭者，教之本也"。虞祭立孙为"尸"，还是古代一种孝的教育形式。《礼记·祭统》讲："夫祭之道，孙为王父尸。所使为尸者，于祭者，子行也。父北面而事之，所以明子事父之道也，此父子之伦也。"就是说，让孙子代表死者接受祭祀，这个孩子就可以切身体会到父亲对爷爷的感情，从而知道将来如何对待自己的父亲。这样，孝道就在潜移默化中传承了下来了。

（二）含饴弄孙——祖孙之间的天伦之乐

与"君子远其子"的严敬父子关系相反，祖父和孙子间的关系是十分亲近的，东汉明帝马皇后讲："吾但当含饴弄孙，不能复关政矣。""含饴弄孙"指祖父母用麦芽糖逗着孙子玩，从中享受天伦之乐。清朝画家焦秉贞曾作过一幅《含饴弄孙》的画，就是以马皇后为题材创作的。现藏故宫博物院。画中一个老人含着糖逗孙辈们玩，几代同堂，其乐融融。遗憾的是，现代祖父母、外祖父母四个人才能摊上一个孙辈，这种天伦之乐大打折扣了。

东晋王羲之"率诸子抱弱孙，有一味之甘，割而分之，以娱目前"，就是一种祖孙间的天伦之乐。

东晋名将王镇恶五月五日生。古人认为，五月五日是恶月恶日，此时出生的人，长大后男害父，女害母。家人想把他出继给别人，祖父王猛说："此儿非常，昔孟尝君恶日生而相齐，此儿亦将光大我家门户。"为孙子取名"镇恶"。后来，王镇恶果然成为东晋的一代名将。

据《明外史·薛瑄传》载，薛瑄出生时肌肤透明如水晶，五脏六腑都能看得见。母亲吓坏了，想把他抛弃。祖父听见孙子的啼声，说："此儿体清而声宏，必异人也。"后来，薛瑄高中进士，官至礼部侍郎、翰林学士，成为明代著名的理学大师，河东学派的创始人。

明朝诗人陈献章"家有良田二顷"，亲自参加耕种。长子陈景云生子，为嫡孙取名曰"田"，并写《命孙田》诗：

> 新开斥卤走通川，剩种乌糯益税钱。
>
> 士不居官终爱国，孙当从祖是名田。
>
> 幸生天下承平日，屡见人间大有年。
>
> 从此不须忧俯仰，茅斋向暖抱孙眠。

诗的大意是说，新开垦的盐碱地一直通到江边，多种庄稼缴纳赋税。读书人不当官却爱国，孙儿应当继承祖业以"田"作名字。有幸生在太平盛世，屡见五谷丰登。从此不必与时俯仰，在温暖的茅屋里抱着孙儿睡觉。

看来，祖父不仅从孙儿那里获得天伦之乐，还对孙儿寄托着无限的爱和建功立业、光大门户的殷切期望。

（三）古代"孝"的代表作——李密的《陈情表》

西晋犍为武阳（治今四川彭山）人李密，刚生下四个月父亲去世。年四岁，母亲又改嫁，祖母刘氏含辛茹苦把他养大。长大后，李密在蜀汉政权中任郎官。他感念祖母的鞠养之恩，对刘氏照顾得无微不至。祖母有病，李密衣不解带，亲尝汤药，不离左右。蜀汉灭亡后，晋武帝召李密到洛阳任太子洗马。当时祖母已经 96 岁了，李密一听要离开祖母，到千里之外的洛阳当官，悲痛万分，断然拒绝了晋武帝的征召。

李密为祖母辞官，自然表现了他真诚的孝心，然而让他千古留名的却是他为辞官写给晋武帝的《陈情表》。文中说，祖母"日薄西山，气息奄奄，人命危浅，朝不虑夕"，"臣无祖母，无以至今日，祖母无臣，无以终余年","臣尽节于陛下之日长，而报养刘（祖母）之日短也"。晋武帝看了，为李密的一片孝心所感动，同意他暂不赴召。直到祖母去世，服丧完毕，李密才应召出仕。

李密的《陈情表》感情真挚，词意凄恻婉转，催人泪下，被后世奉为孝的代表作和读书人做人、作文的典范。民间有读李密的《陈情表》不落泪，即为不孝的说法。

（四）原谷谏父，刘殷辞官

有时候，孙辈的孝比子女更温暖人心，有的孙子比儿子更孝。南朝南阳有个宗元卿，为祖母所养大。祖母有病，宗元卿在外地就心痛，祖母大病他即大痛，小病则小痛。乡里称他为"宗曾子"，说他像曾参一样。这样与祖母有心理感应的孙子，能不孝么？

山东省济宁市嘉祥县东汉武氏祠画像石中，有一"孝孙原谷妙语救祖父"的画面。据《太平御览》卷五一九《宗亲部九》引《孝子传》载：原谷的祖父年老了，父母厌恶他，想抛弃他。15岁的原谷劝谏父亲说："爷爷抚养儿女，一辈子勤俭度日，怎么能因为老了就抛弃他呢？这是忘恩负义啊！"父亲不听，做了一辆小推车，载着爷爷奔向了野外。原谷跟在后边，见父亲将爷爷扔到野外后，他又把小推车带了回来。父亲问："你带这凶具回来作什么？""留着，等将来你们老了，好用它来扔你们。"父亲又是惭愧，又是后怕，赶紧把老人接回来奉养。

上述那个西晋刘殷，不仅孝敬曾祖母王氏，感天而得堇、粟，还为奉养曾祖母而多次辞官。刘殷7岁丧父，居丧悲哀超逾礼制，服丧三年，从不露齿而笑。刚成年，就精通经史，文章诗赋无不备览。郡中任命他为主簿，州中征召他为从事，他都以家中无人供养曾祖母王氏为由，推辞不就任。后来，齐王司马攸征他为掾吏，征南将军羊祜召他任参军，都被他推辞了。王氏去世时，刘殷夫妇悲哀损伤身体，几乎丧命。

（五）殷亮断指剪发自誓，刘审礼负祖母避乱

《新唐书·殷践猷传》载，唐朝澄城县丞殷寅不幸得病，临终挂念老母萧氏含恨去世。入殓时，殷寅的儿子殷亮"断指剪发置于棺中"，对着

死去的父亲发誓，一定承担起侍奉祖母的责任，让九泉之下的父亲放心。后来，殷亮牢记自己的誓言和责任，把祖母萧氏服侍得十分周到，人们交口称赞。后来祖母有病，殷亮细心护理，"不脱衣者数年"，引来一对白燕在他家屋檐下筑巢。后来殷姓的家族成员纷纷以"白燕堂"为堂号，传承着殷亮的孝道。

徐州彭城（治今江苏铜山）人刘审礼，年少丧母，由祖母元氏抚养长大。隋朝末年，天下大乱，年少的刘审礼自家乡背着祖母渡江避乱，一路吃尽苦头。唐朝建立，天下太平，他又带着祖母西入长安。祖母如果有病，他就亲尝汤药，精心护理。祖母激动地说："孙子孝顺，对我体贴入微。每当我想到这一点时，心里就高兴，老病根就觉得好多了。"

（六）朱娥舍命救祖母，王璧探视百岁祖

宋代越州上虞（今属浙江）有一个叫朱娥的，母亲早亡，祖母将她养到10岁时，里中有个人名叫朱颜，和祖母发生冲突，持刀要杀死祖母，全家惊恐异常，纷纷逃离。朱娥冲到祖母前边，用身体挡住祖母，用手拉住朱颜的衣服，大声呼号说："我宁肯让你杀了我，也不能让你杀我祖母！"祖母因此得救，而朱娥被砍了几十刀，手还紧紧挽着朱颜的衣服。朱颜狂怒至极，一刀又割断了她的喉管。此事传开后，朝廷为表彰朱娥的孝行，诏赐粟帛。后来，会稽令董偕为朱娥立像于曹娥庙中，人们把她和孝女曹娥并称"二贤"。

明朝黄岩（今属浙江台州）人王璧在京师为郎署，百岁的祖父在家乡黄岩，题诗于墙壁："若使来看百岁祖，何妨迟作十年官。"王璧听说后，赶紧请假回家探望祖父。朝廷得知此事后，予以嘉奖，并给其假探亲。

上述以不同方式孝敬祖父母的子孙们，都表达了他们对祖辈真挚的感情和孝心，都应成为后世效法的榜样。

（七）清宫里的祖慈孙孝

俗话说："家贫出孝子"，其实也不尽然，清朝孝庄太后与康熙的祖孙情，不仅显示着血缘亲情的珍贵，而且系结着清王朝的安危盛衰。

孝庄太后是清太宗皇太极的妃子，清军入关后的第一个皇帝、顺治帝福临的生母，康熙皇帝的祖母。作为太后，她是运筹清宫，稳定清初统治的政治家。作为祖母，她是一位成功的教育家。

顺治十一年（1654），福临的佟妃生下一子，取名玄烨，即后来赫赫有名的康熙帝。按照清宫规定，皇子出生要由保姆和乳母喂养，但孝庄太后唯恐小皇孙受到委屈，专门派了自己的侍女苏麻喇姑协助照看。她不仅关怀、呵护玄烨，而且更注重教育、培养他。玄烨还在牙牙学语的时候，祖母对他的饮食起居、言谈举止就有了严格规定，并进行训练培养。康熙自己回忆说："朕自幼龄学步能言时，就遵行祖母慈训，凡饮食、走路、言语皆有矩度，即使平常独处，也不敢越轨，稍微失态就加督责，因此养成了良好的习惯。"

一次，6岁的玄烨向顺治皇帝请安后，认真地说："我长大了，一定要效仿父皇，勤勉治国。"玄烨能有如此的雄心抱负，与祖母潜移默化地影响是分不开的。

由于祖母的言传身教，玄烨自幼便对读书学习产生了浓厚的兴趣，并养成了严谨治学的态度。玄烨7岁的时候，开始学习儒家典籍，诵读经书。读书已成为玄烨童年生活的主要内容。一次早饭后，玄烨立即捧起一本厚厚的典籍，聚精会神地读起来。到了午饭时间，保姆连叫了数次，他仍沉浸在书中。保姆被迫去拿他手里的书，趁他吃饭的时候，又把书藏起来，让他多休息一会儿。见此情景，孝庄太后既高兴，又心疼，她抚摸着孙儿的头，用责怪的口气说："哪有像你这样贵为天子，却像书生赶考一样苦读的呢？"

顺治十八年（1661），福临去世，在孝庄太后的主持下，8岁的玄烨登上皇位。孝庄太后殷切希望玄烨尽快成熟起来，把很大精力放在培养他的执政能力上，使他很快成为一位励精图治的明君。

祖母呵护、栽培孙儿，孙儿孝敬祖母。康熙皇帝虽日理万机，但每日下朝后的第一件事，就是到慈宁宫向祖母请安。即使在南巡途中捕得鲜鱼或在围猎时获取野珍，他也会以最快速度送给祖母。

有一次，孝庄太后患病，思念嫁到远方的女儿淑慧公主，康熙立即派人兼程前往，将淑慧公主接回宫中，母女相见，太后一高兴，病也就好了。

由于晚年的孝庄太后患有皮肤病，康熙皇帝先后六次亲自陪同祖母到温泉洗浴。一路上他精心照料，无微不至，不仅关心祖母的饮食起居，而且每次行至道路颠簸时，他都下马，亲手为祖母"扶辇整辕"，"随驾步行"。道路危险处，他亲自勘验，确保无危险后，才请祖母过去。

随着年龄增长，年事已高的孝庄太后身体每况愈下。祖母病重期间，康熙皇帝亲自护理，一个多月衣不解带。并顶着呼啸的北风，亲自步行到天坛为太后祈祷。他跪在坛前，泪如雨下，祈求上天，减少自己的寿命，让祖母康复。

孝庄太后是经历三朝、匡扶两代幼主的巾帼女杰，她以祖母的慈爱，为大清帝国培育了一位政绩卓越的著名皇帝，巩固了清朝初年的统治。

五　兄弟怡怡，宗族欣欣——孝悌传家

宗法家族观念的牢固，使中国古代存在许多同居共财的大家庭。东汉樊宏"三世共财"，唐朝张公艺九世同居，宋朝陈兢一家"十三世同居"，浙江金华"郑义门"历南宋、元、明三朝累世同财共食。一个大家族就是一个小社会，要生产、生活，必须依靠家规、家训来管理，而维系它的则是孝悌，即以孝齐家。

（一）孝道的外延——睦于父母之党

孔子的孝强调"由亲到疏、由近及远"，孟子主张把孝"达之天下"。这样，孝从孝敬父母的家庭伦理，外延到家族和社会政治。

孝的亲族性外延即"睦于父母之党"。《礼记·坊记》载孔子语曰："睦于父母之党，可谓孝矣，故君子因睦以合族。"

以家族而言，孝道除了以父母为中心而渗透到兄弟、夫妇关系中外，亦从父脉和母脉衍生出众多的血缘系统。如从父脉上溯至高祖、始祖父母直系，下衍出"五服"，旁衍出亲、堂、族系的伯、叔、姑及其配偶，以及从母脉衍生出外公婆、舅姨，等等。若再把夫党与婆党、妻党与岳家体系的亲戚关系也包括在内，孝道的涉及面就更广了。

"睦于父母之党"是说，作为后辈，对家族、亲族中的父母之辈，都要睦、爱、敬。唐朝名相房玄龄的父亲房彦谦，15岁出继给堂叔，奉养继母如亲生，孝敬伯父房豹竭尽心力，凡五服以内的亲属都以礼相待，整个房氏家族都以他为楷模。

孝的社会性外延是敬老尊长。敬老尊长来自几千年进化迟缓而又稳定的农耕社会，儒家有许多道德规范，例：

《礼记·曲礼》载："谋于长者必操几杖以从之。长者问，不辞让而对，非礼也……年长以倍，则父事之；十年以长，则兄事之。五年以长，则肩随之。群居五人，则长者必异席。"

《礼记·乡饮酒义》："乡饮酒之礼，六十者坐，五十者立侍，以听政役。"

《礼记·王制》："五十养于乡（乡学），六十养于国（国中小学），七十养于学（大学）……五十杖于家，六十杖于乡，七十杖于国，八十杖于朝，九十者，天子欲有问焉，则就其室。"

孟子的"老吾老，以及人之老；幼吾幼，以及人之幼，天下可运于掌"，以及"为长者折枝"使孝获得了广泛的社会性存在价值。

这些思想，成为历代封建王朝养老政策的思想基础。

上述那个视母亲为"命根"的沈周，因为母亲与邻居老太太友善，便把邻居老太太请回家，晨夕奉之若母。中国历史上的信陵君为侯嬴执辔、张良圯上敬履、张释之为王生系袜，都是敬老尊长的典范。

尊师也是孝道的社会性外延。

《国语·晋语一》载："民生于三，事之如一。父生之，师教之，君食之。"

《礼记·曲礼》记载了关于尊师的行为规范："从于先生，不越路与人言，遭先生于道，趋而进，正立拱手，先生与之言则对，不与之言则趋而退。"这里强调对老师的尊敬。和老师同行，不能和路对面的人打招呼，这样会冷落了老师，是无视老师的存在。路上遇到老师，要快步赶到跟前，正立拱手，老师和你说话便说，老师不和你说话，就乖乖地退回来。

周武王尊姜太公为师，称"师尚父"。在中国社会都称老师为"师父"，遵守"一日为师，终身为父"的道德规范。中国历史上东汉卢植侍师、三国夏侯惇延师授业、北宋杨时、游酢"程门立雪"，都是尊师重道的典范。

孝的政治性外延，一方面是国家的养老制度，另一方面是忠君。这些下一章将作详述。

（二）家有千口，主事一人——家长和族长

族长、家长在人类社会历史上源远流长，早在国家产生以前就有了。摩尔根在其《古代社会》中将古代人类社会的发展及其基本构成分为氏族、胞族、部落、部落联盟，最后形成民族和国家。而族长、家长制最早就源于原始社会中的父系氏族。时至今日，家长、家族对部分地区、部分家族，尤其是广大农村仍产生着不容忽视的影响。

1. 家长

家长制源于家庭、家族等血缘群体。在母权制和父权制的家庭中，权力集中于家长一人手中，后又推行于社会群体，如手工业作坊、店铺、行会。封建帝王把国家视为私有的"家天下"，采用家长式统治方式。它是在生产力水平低下、社会分工不发达、群众规模相对狭小、结构相对简单的传统社会中的一种手工业组织管理方式，在现代社会中逐渐被淘汰，但其残余仍可能存在。

由父系血缘关系联结的古代家庭内部等级结构主要是按辈分、依排行来确立等级地位，长者尊、幼者卑；男者尊，女者卑。祖父或父亲作为家长，高踞于全体家庭成员之上，拥有至高无上的权威和权力。古代典籍众口一词，毫不动摇地重复强调着这一点。《礼记·坊记》叫"家无二主，尊无二上"。《礼记·内则》叫"国无二君，家无二尊"。

《仪礼·丧服》讲："父，至尊也。"这个至尊的父家长，是家族中的主宰。南宋朱熹《朱子家礼》强调："凡诸卑幼，事无大小，毋得专行，必咨禀于家长。"这就是我们说的古代家长制的统治，其特点是家长专制。

关于家长的权威和继承情况，以浦江郑义门为例。元朝时郑文嗣当家长，堂弟郑文融（字大和）继任家长。郑文融严肃而有恩义，家规家

法犹如官府，子弟稍有过错，"斑白者犹鞭之"。每逢岁时节日，郑文融端坐堂上，群从子弟皆冠带整齐，按照次序从左边雁行而进，跪拜奉觞（古代酒器）上寿，行礼完毕则拱手从右边趋出。气氛肃穆，无一人敢喧哗、拥挤。

《宋史·陆九韶传》载：南宋抚州金溪（今属江西）陆九渊的陆氏家族，是一个九世同居、阖门百口、有二百多年历史的大家庭。辈分最长者为家长，一家之事皆听命于家长。"晨兴，家长率众子弟，谒先祠毕，击鼓诵其辞，使列听之。"

与古代帝王的父死子继不同，家长继承的特点是以尊长为家长，一般是哥哥死后将位子传给弟弟，在没有弟弟的情况下，传给年长的侄子，可以说是兄终弟及、叔死侄继。郑义门的郑文嗣、郑文融兄弟相继任家长，郑文融传郑文嗣之子郑钦，郑钦、郑钜、郑铭、郑铉兄弟相继任家长。郑铉去世，又传给侄子郑渭。郑渭、郑濂、郑渶兄弟相继任家长。北宋江州德安（今属江西）陈氏义门的家长承袭也是这样。陈鸿、陈兢兄弟相继为家长，陈兢死，传堂弟陈旭，陈旭、陈蕴、陈泰、陈度兄弟相继为家长，陈度死后再传给侄子陈延赏、陈可。这种以尊长为家长的继承制，不会出现"幼主"，比帝王之家的嫡长子继承制要公正多了。

2. 族长

族长，亦称"宗长"，是封建社会中家族的首领。通常由家族内辈分最高、年龄最大且有权势的人担任。族长总管全族事务，是族人共同行为规范、宗规族约的主持人和监督人。

先秦时期的地方组织依托家族、宗族而存在。《周礼·地官·大司徒》讲："令五家为比，使之相保。五比为闾，使之相受。四闾为族，使之相葬。五族为党，使之相救。五党为州，使之相赒。五州为乡，使之相宾。"比、闾、族、党，是大小不同的家族，州和乡是由家族组成的基层组织。《孟子·滕文公上》提出的"死徙无出乡，乡田同井，出入相友，守望相助，疾病相扶持"，就是建立在这一家族基层组织之上。

明清时期，族权进一步强化。家族需要设立族长，一是因为有许多属于家与家之间的家族事务需要族长协调处理，二是族祭、祖墓、祖产也需要统一管理等。族长形式上都是推举产生，实际上大多数由本族地主、乡绅遴任，贫困族众只有名义上的被选举权，这当然是由地主士绅的经济、政治地位决定的。

3. 家长、族长的权力

古代家长、族长的专制权力主要包括如下几点：

第一，主持祭祀权

家祠私祭由家长主持，岁时族祭由族长主持。也就是说，家长、族长代表祖先和天地，拥有族权和神权。

《左传·成公十三年》载："国之大事，在祀与戎。"祭祀对天子、诸侯来说，是族权和政权的象征。例如周族，只有周天子才有资格和权力祭祀始祖弃以来的列祖列宗，诸侯没有这个祭祀权。对诸侯来说，例如鲁国，只有国君才有资格和权力祭祀始封君周公以来的列祖列宗，大夫没有这个权力。对一个家族，只有家长、族长才有资格和权力率领本家族的全体成员祭祀始祖以来的列祖列宗。主持祭祖就意味着代表着祖先，就有权以祖先的名义把自己的意志加给族人。所以，这种权力一般都归家族内最高统治者——族长所有。有的大家族仿照古代的宗法制度，设宗子一人，专主祭祀祖先，但没有实权，实权依然掌握在族长手里。明代浙江余姚《徐氏宗范》称："宗子上承祭祀，下表宗族，大家不可不立……凡当立宗子者，族长、家相务要竭力教养，成其德性……方可使之治事。"

第二，财产管理支配权

经济专制是封建家长制的基础。家中的财产，不论房产、地产、流动资产等，都归于家长名下，家长享有对这些财产的所有权和使用权。家庭的全部收入，也都归家长。《礼记·曲礼》中说："父母存……不有私财。"《礼记·内则》也讲："子妇无私货，无私畜，无私器，不敢私假（借），不敢私与（送人）。"司马光在《涑水家书议》讲："凡为人子者，毋得蓄私财。俸禄及田宅收入，尽归之父母，当用则请而用之，不敢私假，不敢私与。"那些同居共产的大家族，往往把"尺帛斗粟无所私"当成是家族的荣耀。民间俗语"同居无私产"，就是对家长财权的认同。如北宋深州饶阳（今属河北）李氏家族，七世不异炊，宋初宰相李昉任家长时，家法尤严，"凡子孙在京守官者，俸钱皆不得私用"，与其他收入一同输入宅库，按月平均供给，家族中的孤寡分支也能得到一份。

族产是宗族的公有财产，是维持家族制度的经济支柱。包括族田、耕牛、山场、桥渡、沿海滩涂及水利工程、水碓、碾房等生产和生活设施。有的大家族的族产相当可观，如福建连城县四堡邹氏家族，至清代道光年间（1821～1850），仅租佃出去的族田，每年收入谷米四百余石，钱租近十万文。族产主要用于建祠修墓、祭祠、纂谱联宗、办学考试、迎神赛会、门户应役、兴办公益事业、赈济贫困以及处理与外族的民事纠纷、诉讼、械斗等。族产与家产不同，它不是族长的私有财产，但由族长总管，或由族长指派专人管理。也有的采取董事、经理制的管理方法，并受家族的共同监督。

第三，家庭内部纠纷、违规的仲裁权、惩罚权

南宋赵鼎《家训笔录》载，家长通常的权力是"庭训"，"子孙所为不肖，败坏家风，仰主家者集诸位子弟，堂前训饬，俾其改过。甚者，影堂前庭训。再犯，再庭训"。庞尚鹏《庞氏家训》载："子孙故违家训，会众拘至祠堂，告于祖宗，重加责治，谕其省改。"

子孙如忤逆家长，触犯家规、家法，家长、族长有权任意处罚或送交官府代为惩治。金华"郑义门"郑文融当家长时，家规家法犹如官府，子弟稍有过错，即便是头发斑白者也要鞭打。身为官宦者也不敢丝毫违背家法。南宋抚州金溪（今属江西）陆氏家族的子弟有过错，家长召集众子弟当面训斥，如仍不改正，则施以杖责。个别怙恶不悛，为家族所难容者，则报告官府，赶出家门。明朝霍韬《霍氏家训》也载："子孙有过，俱于朔望（初一、十五）告于祠堂，鸣鼓罚罪。初犯责十板，再犯责二十，三犯卅。"

族长等于族内法官，在明清时期，国家将某些轻微的刑事案件和一般的民事案件的立法、司法权下放给家族，允许他们在自己的家族范围内行使权力，当然由掌权者——族长来具体实施。族长在这方面的权威是至高无上的，他以家法族规为依据，以祖宗名义处理家族内部事务和争端，维护家族的稳定。

金华《郑氏家范》规定："兄弟天合，敬爱本于性真。稍有不和者，皆有见小。或争铢两之利，或听妇人言，致伤孔怀之情。脱有不平，许

禀命房长剖断，自有公议。如不服，拘理者许房长经禀族长，会同宗子、家相、一族之人，不问是非，各笞数十。"惩罚的方式主要有训斥、罚跪、记过、锁禁、罚银、硬板、送官、不许入祠、出族、处死等。

第四，对家族成员婚姻的决定权

婚姻的目的在于"上以事宗庙而下以继后世"，需要从整个家族的利益打算。在这种情况下，族长、家长理所当然地成为家族成员婚姻的决定者。明洪武二年（1369）令曰："嫁娶皆由祖父母、父母主婚，祖父母、父母俱无者，从余亲主婚。"实际就是由家长、族长商量决定。如果想自己选择，不仅会触犯家法族规，还会受到整个家族的鄙视和唾弃。

家长、族长的这些权力，得到国家法律的认可。《孝经·五刑章》讲的"五刑之罪，莫大于不孝"，已把孝注入进法律之中。此后的法律都把对尊长的忤逆言行定为不孝、恶逆等重罪，隋朝《开皇律》把"不孝"定为十恶之条。明清律令规定："卑幼擅用财二十贯，笞二十，每增加二十加一等，罪止杖一百。"另外，子孙别籍异财者，以不孝罪论，属十恶不赦之罪。法律直接为家长、族长管理家务提供了依据和保证。明清法律对家长的惩戒权也有所支持，除故意杀无过子孙要受处罚外，杀有过子孙则无罪。明清时期的族长，可以不经任何法律手续，用许多惨无人道的手段把失贞的寡妇处死，依据就在这里。另外，家长还有送惩权，父母控子，即照所控办理，不必审讯。事实上，国家又把家长、族长的惩罚权无限化了。

封建统治者给予家长、族长权力，目的在于让他们履行义务，协助官府管理户口、赋役，维护社会稳定等。官府征发兵役徭役，唯家长是问。《晋书·刑法志》讲："举家逃亡，家长斩。"家里有人犯法，也要追究家长责任。特别是家人共同犯罪，要由家长负责，《唐律疏议·名例》中叫"尊长独坐，卑幼无罪"。

六 家族繁荣昌盛的希望——家训和家法

家训，亦称作"家范"、"家戒（诫）"、"家书"、"家规"、"家语"、"家仪"、"家教"、"家政"、"家订"等，是家族中长辈对子孙立身处世、持家治业的教诲和训示，包括口头遗言和书面训示两种形式。还有一些家训存在于家谱中，名称有"宗规"、"祠规"、"家约"、"乡约"等。有的家训是长辈临死时教诫子孙的，如"遗令"、"遗书"、"遗命"、"遗诫（戒）"、"终制"、"顾命"、"遗言"、"遗训"等。总之，只要是有关教家训子的内容，都可以视之为家训。

（一）家训的产生与发展

"三代而上，教详于国；三代而下，教详于家。"家训从产生、发展到成熟、完善，经历了一个漫长的过程。

先秦到两汉是家训发展的第一个阶段。早在西周时代，就有家训了。《尚书》中的《康诰》、《酒诰》、《梓材》，是周公训诫弟弟康叔的篇章。《召诰》是召公奭训诫侄子周成王的篇章。上述"周公吐哺"是周公对儿子伯禽的训诫。《论语·季氏》记有孔子要求儿子伯鱼学诗、学礼的"过庭之训"。这些已是标准的家训了。

两汉时期不同形式的家训有三十多种，主要有刘邦的《手敕太子》、孔臧的《诫子书》、司马谈的《遗训》、东方朔的《诫子书》、杨王孙的《病且终令其土大夫俭葬》、刘向的《诫子歆书》、马援的《诫兄子严、敦书》、张奂的《戒兄子书》、郑玄的《戒子益恩书》、蔡邕的《女训》，等等。这些家训还只是一些保存在子书、史传、文集和类书中的只言片语或单篇文章，篇幅也不太长。这个时期的家训已基本形成了以儒家思想为主导，以官僚士大夫为主体，包括帝王家训、女训、遗训等在内的各级各类家训的框架，为我国家训的发展奠定了坚实的基础。

三国两晋南北朝到隋唐是家训发展的第二个阶段。由于士族官僚"重家族，轻朝廷"观念的形成，一些有识之士已经开始认识到在离乱动荡的年代，子孙奢侈腐化、养尊处优、不学无术的严重后果，为避免家族衰败，子孙倾覆，纷纷用各种形式的家训告诫子孙立身处世的道理，要求他们"务先王之道，绍家世之业"。北齐颜之推说，当时的家训"犹屋下架屋，床上施床"，著名的有曹操的《诫子植》、《诸儿令》及《遗令》，刘备的《遗诏敕后主》，诸葛亮的《诫子书》和《诫外甥书》、王昶的《戒子书》、王肃的《家诫》、杜恕的《家诫》、王祥的《训子孙遗令》、稽康的《家诫》、王僧虔的《诫子书》、徐勉的《诫子崧书》、杨椿的《诫子孙》、魏收的《枕中篇》、狄仁杰的《家范》，等等。

该时期的家训，有三个特点：其一，"儒术独尊"的局面被打破，玄学、佛学、道教的内容充斥到家训之中。其二，出现了以北齐颜之推《颜氏家训》为代表的洋洋万言、独立成书的家训著作。《颜氏家训》系统总结了作者自己教子的切身经验，内容涉及和囊括了教育、经济、文化、社会习俗等方方面面。它的问世，创立了我国古代家教文献的独特体裁——家训体。《颜氏家训》被誉为"百代家训之祖"，成为后世家训仿效的范本。其三，伴随着隋唐文化的空前繁荣，还出现了以杜甫的《又示宗武》、《宗武生日》，韩愈的《符读书城南》等为代表的、以诗为体裁的家训，开创了以诗歌体裁进行家教的先河。古代童蒙著作《三字经》、《百家姓》以及劝孝歌的出现，杜甫、韩愈功不可没。

宋元明清是家训发展的第三个阶段，也是家训成熟完善的顶峰时期。宋代印刷术的发展，促进了家训的普及化和大众化。据《中国丛书综录》所列书目记载，我国古代家训类著作公开印行的有 117 部，宋元明清时期就占了 110 部。比较著名的有北宋司马光的《家范》、《居家杂仪》，南宋袁采的《袁氏世范》，陆游的《示儿》诗和《放翁家训》，明朝袁黄的《袁了凡家训》、庞尚鹏的《庞氏家训》、姚舜牧的《药言》，清朝朱柏庐的《朱子治家格言》、孙奇逢的《孝友堂家规》、张英的《聪训斋语》、许汝霖的《德星堂家订》、丁耀亢的《家政须知》、曾国藩的《曾文正公家训》等。

通俗家训的出现，是宋元明清家训的突出特点。通俗家训多为语录体，语言通俗简短，近似白话，有的还对偶押韵，便于记诵，既教子孙，又教百姓。因此流传广泛、影响深远。家训的普及化和大众化，使家教的重心迅速下移到平民百姓阶层，在高深的精英思想与普通民众之间架起了一座桥梁，使得社会的主流思想能深入到黎民百姓之中，故家训的意义远远超出了家庭教育的范围，它不仅成为家庭成员的行为准则，而且对民族共同心理的形成、民族凝聚力的增强，都起着不可估量的作用。

（二）家训的内容

家训的内容包罗万象，几乎涉及家庭生活、社会生活的方方面面，凝聚着历代家长的智慧，蕴涵了天下父母教子的心得，荟萃了大量立身处世的至理名言。既有尧舜孔孟之道，尊长师友之戒，又有"傅婢之指挥"，"寡妻之诲谕"；既有家法、家规、家禁等道德律令，又有严父慈母苦口婆心的规劝、开导；既有治生业、隆家道的方略，又有睦亲族、传子孙的诀窍。具体来说，有以下几个方面的内容：

1. 孝悌忠信，敦宗睦族

孝悌是传统家训教化中的一个重要内容。强调孝悌就是要求每个人在家庭中要做到尊敬长辈，长幼有序。我们知道，"修身、齐家、治国、平天下"始终是儒家伦理教化的重点任务和宏伟目标。其中，"齐家"是这一思想的重要环节之一，是"治国"、"平天下"的前提和基础。"修身"又是"齐家"的首要条件，因而，"孝"作为修身之本，自然成了家训的核心内容。

纵观历代的家训，从简单明了的数百字的单篇，到洋洋万言的巨著，都有"孝悌忠信，敦宗睦族"的内容。

《新唐书·穆宁传》载，唐朝秘书监穆宁"尝撰《家令》训诸子，人一通。又诫曰：'君子之事亲，养志为大。'之前，宰相韩休以训诫子侄严肃而闻名，贞元（785～805）间言家法者，尚韩、穆二门"。河东节度使柳公绰的孙子柳玭"述家训以戒子孙"说："孝慈、忠信、笃行，乃食之醢（醋）酱，可一日无哉？"

被《四库全书提要》誉为"《颜氏家训》之亚"的《袁氏世范》，大力提倡"人不可不孝"，"兄弟贵相爱"。宋人赵鼎在《家训笔录》中的第一项便指出："闺门之内，以孝友为先务。"

明清之际学者孙奇逢在《孝友堂家训》中讲："父父子子、兄兄弟弟，元气固结而家道隆昌，此不必卜之气数也。父不父，子不子，兄不兄，弟不弟，人人凌竟，各怀所私，其家之败也，可立而待。"父子兄弟团结就能家道隆昌，反之则家道衰败。他讲的敦宗睦族，其实就是我们现在说的"家和万事兴"。

孔子讲，"孝慈则忠"，"弟子入则孝，出则弟（悌），谨而信，泛爱众而亲仁"。许多家训都原封不动地转述这些内容，注意培养子孙"敦厚忠信"的品格。《袁氏世范》也要求子孙诚实守信，宽厚待人，做到"忠信笃敬，先存其在己者，然后望其在人者"。另外，这种忠孝观念还常常渗透到家训著者所在的宗族当中。我们知道，中国古代封建社会是典型的宗法社会，大都聚族而居。因此，许多家训也往往成为大家族的族训，这就大大拓展了教化对象的范围。

2. 以农为本，耕读传家

中国的封建社会是一个以农为主，自给自足的封闭型社会。日出而作、日落而息，男耕女织一直是老百姓千百年来循规蹈矩的生活方式。

北齐颜之推牢记颜氏"世以儒雅为业"的传统，在《颜氏家训·勉学篇》中，用大量的历史和现实的事例阐发了以儒学思想为立身治家之道，耕读传家的深刻道理。

"人生在世，会当有业。农民则计量耕稼，商贾则讨论货贿，工巧则致精器用，伎艺则钻研技巧，武夫则惯习弓马，文士则讲议经书。"颜之推还引用当时谚语："积财千万，不如薄伎在身。"他强调的实际上是一种自立自强的敬业精神，一种在社会上安身立命的生存能力。在士、农、工、商诸行业中，颜之推首推从事耕稼的农业。

在《治家篇》中他谆谆告诫子孙说："生民之本，要当稼穑而食，桑麻以衣。蔬菜瓜果，园场之所产；鸡猪鹅鸭，栏圈之所生。房屋器械，柴米灯油，都是种植之物。能守其业者，闭门即可丰衣足食。""筑室树果，生则获其利，死则遗其泽。"就像孟子的"五亩之宅"一样，颜之推描绘了一个田园与庭院相结合的耕稼树艺、饲养六畜的农业经济蓝图，确立了颜氏家族的治家守业之本。

在士族门阀地主"耕当问奴，织当问婢"的时代，"稼穑而食，桑麻以衣"，只是教导子孙以农为本，治家守业的道理，"知稼穑之艰难"，不一定要真的亲自从事稼穑，颜氏子弟亲自从事的是读书治学，这是"务先王之道，绍家世之业"的根本。颜之推在《勉学篇》中全面论述了读书治学的作用和优越性：

> 虽百世小人，知读《论语》、《孝经》者，尚为人师。
> 若能常保数百卷书，千载终不为小人也。夫明六经之指，
> 涉百家之书，纵不能增益德行，敦厉风俗，犹为一艺，得以

自资。

> 夫学者犹种树也，春玩其华，秋登其实；讲论文章，春华
> 也，修身利行，秋实也。

> 孔子曰："学也，禄在其中矣。"今勤无益之事，恐非业也。

读书治学本身就是一门守业传家、"易习"而尊贵的技艺，它是行道利世、修身利行、开心明目和个体品格完善的源泉，更是做官食禄的资本和途径。这是颜之推从颜氏家族兴盛不衰和南北朝时代变迁中感悟出的卓识和信念，它业已洋溢着"万般皆下品，唯有读书高"的传统精神。

南宋陆游《放翁家训》的观点与颜之推不同，他讲："吾家本农也，复能为农，策之上也。杜门穷经，不应举，不求仕，策之中也。安于小官，不慕荣达，策之下也。舍此三者，则无策也。"在他看来，务农是上策，读书不做官是中策，做小官不求荣达是下策。他的《示子孙》诗，实际是一篇家训，也表达了这一思想：

> 为贫出仕退为农，二百年来世世同。
> 富贵苟求终近祸，汝曹切勿坠家风。
> 吾家世守农桑业，一挂朝衣即力耕。
> 汝但从师劝学问，不须念我叱牛声。

中国古代有两种不同层次的家族价值观，一种是出人头地，追求高官厚禄；一种是孟子说的"父母俱在，兄弟无故"。陆游属于后者。这是普通百姓最低层次的追求，亦即不求富贵显达，不求出人头地，一家老小平平安安，丰衣足食，足矣！那些遭祸端的仕宦家族，每当大祸临头、心灰意冷之际，便会与之产生共鸣。秦朝丞相李斯辅佐秦始皇成就帝业，声名显赫，到秦二世时被"夷三族"，临刑时对儿子说："现在我想和你牵着黄狗到野外逐狡兔，能行么？"明清之际的思想家孙奇逢的《示子孙》诗，就反映了这种价值观：

> 家学渊源二百年，不谈老氏不谈禅。

家贫何似力农好，富贵苟求终祸端。
堪笑庸人虑目前，自驱陷阱冀安然。
道人拈比作家诚，淡薄由来是祖传。

　　清代学者张履祥也主张"治生唯稼穑"，宣称"治生以稼穑为先，舍稼穑无可为生者"。在他们看来，只有农业才是治生之本，才是唯一的治生正道。这些劝诫虽然有利于农业生产的发展，有利于国家的安定，有利于统治阶级的统治，但在这种浓郁的乡土意识的支配下，世世代代的农民囿于闭塞的农村，大大阻碍了社会的进步和发展。

　　3. 勤俭为本，朴素为美

　　"历览前贤国与家，成由勤俭败由奢。"勤俭节约一直是中华民族的传统美德。勤，指劳作上的勤奋和不懈的进取精神；俭，指财用上的节俭和生活中的淡泊习惯。勤可以丰家，俭可以长久。

　　颜之推在《治家篇》引孔子语曰："奢则不孙，简则固。与其不孙也，宁固。"意思是说，奢侈则僭越不逊，节俭则简陋不及。与其僭越不逊，宁肯简陋不及。颜之推的俭奢观是：可俭而不可吝。俭，不一定不及礼，恰恰是以节约为礼。吝，是指不恤穷救急。现在的人，施舍则奢侈，节俭则吝啬，最好的做法是"施而不奢，俭而不吝"。梁朝裴子野家素清贫，有远亲故属饥寒者皆收养，由于人数众多，灾荒年二石米做稀粥，仅能尝遍，裴子野与之同食，面无厌色。这是"施而不奢"。北齐有一领军，贪积丰裕，家奴八百。每人膳食以十五钱为限，来客食不兼味。后被籍没家产，有麻鞋一屋，弊衣数库，其余财宝，不可胜数。这是"俭而吝啬"。可见，颜之推的俭奢观，比孔子又深入了一个层次。

　　颜之推的勤俭持家与上述的耕读传家紧密相连，亦即"稼穑而食，桑麻以衣"。他对比南北之间奢侈与勤俭的风俗差异说："北土风俗，率能躬俭节用，以接衣食；江南奢侈，风气不及北方。"

　　明朝姚舜牧《药言》讲："居家切要，在勤俭二字。"《朱子治家格言》告诫子孙，"一粥一饭，当思来之不易；半丝半缕，恒年物力维艰"，"居身务期俭朴"。

　　直到民国时期，勤俭持家仍然是一般小康人家的治家原则。

4. 立志高远，勤奋勉学

古人立志，就是今天说的树立远大的理想。"有志者，事竟成"，只有树立了远大志向，人们才会有克服重重困难的信心和决心，才会有为达到心中的目标而不懈奋斗、孜孜追求的恒心。

从大量的"家训"、"家诫"中可以看出，众多的家长都期望子孙能够立志成才、勤奋勉学。嵇康在《家诫》中称："人无志，非人也。若志之所之，则口与心誓，守死无二，耻躬不逮，期于必济。"明朝大儒姚舜牧也在《药言》中说："凡人须立志，志不先立，一生总是虚浮，如何可以任得事？"可见，立志是人生至关重要的大事，是人之为人的根本。

在提倡子孙立志的前提下，传统家训也都非常重视学习的作用。如西汉的孔臧在《诫子书》中鼓励儿子"人之进世，惟问其志，取必以渐，勤则得多"。人非生而圣贤，勤学方能有成。学习能帮助人们解决疑难，获得知识，增长才能，完善自我。因此，在我国古代家训读物当中，劝学勉学的事例随处可见。颜之推《颜氏家训》的《教子》、《勉学》两篇，专门论述了勤奋好学、立志成才的重要意义和有效方法。如在《勉学》篇中列举了锥刺股的苏秦、映雪读书的孙康等许多刻苦读书的典型，为子孙垂范。在《勉学》篇指出："夫明六经之指，涉百家之书，纵不能增益德行，敦厉风俗，犹为一艺，得以自资。""世人不问愚智，皆欲识人之多，见事之广，而不肯读书，是犹求饱而懒营馔，欲暖而惰裁衣也。"颜之推历仕四朝，亲眼目睹了梁朝士族子弟因不学无术造成的可悲局面，因此，深感学习的重要性。另外，颜之推还提出了很多学习和家庭教学的方法。如惜时勤学、好问则裕、学贵能行、固须早教、慈严相济，等等。其中，"固须早教"中的早背书的方法，尤其值得深思。

现在往往把素质教育与死记硬背对立起来，其实是一种误导。颜之推对婴幼儿的可塑性、记忆力深有体会。《颜氏家训·勉学》指出："人生小幼，精神专一，长成已后，思虑散逸。固须早教，勿失机也。"颜之推回忆，他7岁时，背诵的《灵光殿赋》，间隔十年不复习，犹不遗忘。而20岁以后背诵的经书，一个月不温习就荒废了。过去私塾教学，四五岁的小孩摇头晃脑背四书五经，是符合生理学和教学法的，抢在最佳年龄期，把该背的书背会，不用懂，光背就行，长大自然就懂了。到成年以后，他能把"十三经"背下来，你提开头他就知道结尾，你能说这不是素质？遗憾的是，这种科学有效的教学方法至今得不到认同。

（三）传统家训的功能和特点

中国古代的教育主要有学校教育、社会教育、家庭教育等形式。从教育史的角度看，在中国这个以家族亲族为主要人际关系的宗法社会，传统家训有很多合理的地方，有着不可替代的地位。《颜氏家训·序致》讲："同言而信，信其所亲；同命而行，行其所服。"意思是说，同样一句话，父母说出来，子女就相信；同样一道命令，所佩服的人发出来就会执行。由此可以理解家庭教育的特殊作用。

1. 家训是一种培养、塑造人格的教育

北齐颜之推《颜氏家训·序致》讲："圣贤之书教人诚孝、慎言、检迹、立身、扬名。"中国古代家训涉及的内容比较全面，但都围绕着道德修养来进行教育。中国历史上的众多家训，无一不把教子做人作为重点内容。如，教育子孙在为人处世上，要不断完善自我，做到胸怀宽广，与人为善；在治家上，提倡勤俭持家，不可贪恋奢华；在为官上，要清廉，反对贪赃枉法；在读书上，提倡首先明理做人，其次才是应举考试。在各个方面，家庭不但承担着传承生命的任务，而且为子孙后代的成长和生存提供了一个世代相传的亲情教育环境，使他们更好地适应社会，立足于社会，奉献于社会。

家训对子孙树立正确的世界观、人生观、价值观，具有其他教育形式难以替代的优势。家训以其特有的伦理教化功能，使子孙达到自律和家庭和睦，从而为封建社会提倡的"修身、齐家、治国、平天下"的政治理想的实现提供了现实基础。明朝学者曹端《续家训》诗，说的就是这个道理：

修身岂止一身休，要为儿孙后代留。
但有活人心地在，何须更为鬼神求？

此外，家训重视家德家风的养成教育，使家庭成为一个和谐、友爱、

稳定的群体，进而对社会风气也产生了良好的影响。中国传统家训史，在一定意义上是一部道德教育史，为中华民族精神文明的传播作出了贡献。作为家庭及社会教育的组成部分，家训既带有启蒙性质，又贯穿人生命的整个过程，同时又带有终身教诲的特质，因而也就成了国家培养道德之民、法律之民、智慧之民不可缺少的教育形式。

2. 家训是一种生活化、亲情化的教育

寓教于家庭生活，寓教于亲情感染，是家训教育的显著特点。家训涉及生活的方方面面，如饮食起居、礼节、节俭、交友、经营、为官、婚恋、治家、书法、音乐、美术等，就各个历史时期而言，尽管家训的内容各有侧重，但都随着社会和家庭生活的发展而不断充实。孩子生活知识的获得，生活习惯的养成，都是通过长辈的照料和引导，在家庭生活中完成的。家训就是这样一个搭起生活和教育的桥梁，让孩子在丰富的生活情景中体验和顿悟。生活环境是多变的，孩子也会在生活中受到影响，在生活中发生变化，在生活中发展自己。

家训教育的亲情化是指从事教育的人与受教育者都是有血缘亲情的人，具有不可替代的感染性。《颜氏家训·序致》讲："凡人之斗阋，则尧舜之道不如寡妻之教谕。"儿子在外面打架，你给他讲尧舜的大道理不管用，妈妈喊一声，他可能就会乖乖地跑过来。父母长辈用生动的模范事例来感染子女，或者用生活中出现的事情来开导、说服子女，用感情和理智相结合的方式，使其对生活有深刻的感受和认识。这样的教育方式就避免了冷冰冰的语言和空洞的说教，也避免了像学校教育那样的强行灌输和机械学习。

前面讲过"知子莫若父"、"知子莫若母"，长辈们可以根据子孙的个性和特点，根据社会和家庭需要，灵活、及时、有针对性地对晚辈进行教育和纠正。因材施教，因人而异，因时而异，有的放矢，体现了家训教育极大的灵活性。

3. 家训是一种情感与约束统一的规范化教育

记得春秋时期的孙武为吴王阖闾操练宫女时讲："约束不明，申令不熟，将之罪也。"家训教育的规范化就在于它是人人都见得到的成文，明令公布，历历在目，家庭成员该怎么做，不该怎么做，不言而喻。

家庭是由有血缘关系的人组成的一个团体，家庭成员在长期的生活中建立了坚固的、深厚的、长久的感情基础。父母对于子女，可谓爱之深，责之切。但这种爱是要适度而有原则的。要热爱不要溺爱，更不能放纵。家训更是这种"爱"与"严"相结合的教育。除了这些苦口婆心的教导、说服、引导之外，有很多的家法、家约、家规、家仪等，对子孙的行为进行了严格要求。有的家训中还带有惩罚性质的规定。比如，家法就是为保障家训的有效而做出的以惩罚为重要特征的规范形式，具有明显的强制性。家长们在为子孙指明为人之道的同时，也指出了要惩罚违犯家训的不孝子孙，由此规定了进行惩罚的具体办法。家训的这种强制性使得家庭教育更加规范化，更好地保证了教育的有力和有效。

4. 家训是家族兴盛，社会和谐的保证

儒家讲齐家、治国、平天下，"欲治其国者，先齐其家……家齐而后国治"。家训是古代齐家的指导思想和规范原则，它有效地维护了家族的和谐、稳定和发展，从而成为社会和谐、稳定、发展的基石。

北齐颜之推《颜氏家训·序致》讲："圣贤之书教人诚孝、慎言、检迹、立身、扬名……轨物范世也。业以整齐门内，提撕子孙。"儒家讲："其为人也孝悌，而好犯上者鲜也。"追求"诚孝、慎言、检迹、立身、扬名"的子孙，是不会扰乱社会秩序的。《宋史·孝义传》载，北宋江州德安（今属江西）人陈兢的曾祖、江州长史陈崇"为家法戒子孙"，"建书堂教诲之"，被誉为"义门"，"乡里率化，争讼稀少"。

忠孝传家、守道尊德、修身慎行、治学修业、立身扬名、树立优良的家风激励子孙奋进，是中国家训文化的基本精神。它对家族的发展和昌盛，对凝聚民族精神、弘扬道德教化有着不可估量的作用。历史上凡久盛不衰的大家族几乎都有家训。以颜之推的《颜氏家训》为例，它使颜氏家族成为一个家学渊源深厚的文化豪门。隋唐时期，颜氏家族人才辈出。颜之推的儿子颜思鲁、颜敏楚、颜游秦，孙子颜师古、颜相时、颜勤礼都是闻名隋唐的儒学宗师。到唐朝后期，颜之推的第六代孙颜杲卿、颜真卿在"安史之乱"和抗击藩镇中大义凛然、视死如归，为久盛不衰的颜氏家族树立了一座光照秋千的丰碑。

中国家训文化是传统文化的重要组成部分，同时也是传统教育的重要组成部分。家训实际上是一部家庭教育的百科全书，它凝聚着祖先们数百年来对家族昌盛的执著追求，是先人留给我们的一份宝贵的精神财富。

（四）朝廷律令的家庭版——家法

家法，即家族法规，是调整家族或者家庭内部成员人身以及财产关系的一种强制性规范。它是中国宗法社会的特殊现象，是古代法律体系的一个重要组成部分。我国地域辽阔，偏僻的农村是封建法律推行的"盲区"，为了更好地维持当地的社会秩序，统治阶级也默认了家法的存在。从现代法律的意义上理解，家法不是法律。

家法作为一种家族自治的规范，其产生与法律应该是同源的，二者都是源于原始社会习惯规范，后来作为"大家"的国家出现后，二者才开始逐渐分离，各自发展。然而，中国的第一部家法究竟发端于何时，现在已经无法确切考证。宋人王谠《唐语林·德行》中提到唐朝的家法："开元天宝（713～756）间传家法者，崔沔之家学，崔均之家法。"最早的成文家法是唐昭宗大顺元年（890），九江郡清阳县（今江西德安）义门陈氏家长陈崇创立的《义门家法》33条。从其问世经过一千多年，家法族规走过了由盛而衰的历程。

1. 唐后期至宋元时期的家法

这一时期，家法族规的发展比较缓慢，并具有以下几个特点：

第一，由家训演化成家规

南北朝时期开始的撰写家训的热潮，在此后的年代里并未降温。在大量撰写家训时，有些家长扩充了其内容，除了告诫子孙，为他们指明为人之道，同时还对于不按家训行事的不孝子孙规定了惩罚的具体办法。因此，"正面教育"式的家训开始分流，一类沿着传统的体例，继续作为纯粹的家训，如宋代袁采、陆游等人所著的"家训"、"世范"等；另一类则转化为具有强制执行性质的家规，如司马光的《居家杂仪》，增入了惩罚规定。

《苏氏家语》载：北宋范纯仁娶妇，传说新妇以绫罗为帷帐，其父范仲淹说："吾家素清俭，安得乱吾家法？敢持至吾家，当火（烧毁）于庭。"范仲淹说的家法是否是成文的家法，就无从考证了。

北宋开封府尹包拯的家训十分简约，但其中明确规定，"后世子孙仕官，有犯赃者，不得放归本家。死不得葬大茔中。不从吾志，非吾子若孙也。"这既是家训，又是家法。

元朝毗陵新安（今江苏武进）刘氏乐隐公在至正二年（1342）撰写《家劝录》，共制定训诫8条，规定了家族内的一些事务，如田产、陵墓、子孙、修谱等，而最后也规定"至有为匪盗而不悛者，始除其名"。也就是说，把在宗谱中除名作为对不孝子孙的惩罚。

制订于元代中期的《盘古高氏新七公家训》，多处提到"家法"、"家规"，而作者的本意是将其与"家训"作为同义词来使用，可见在家训向家法族规转化的初期，家训、家法、家规在时人心目中并无根本性的区别。高氏家训中既有正面教育的开导训诫，又有强制性的惩罚。如在"重祭典"条中，对于卖祭田、祭器，伐坟木，毁墓石，废时祭等行为，"皆重惩之，毋得容隐"。在"戒淫盗"条中，则"少有干犯，即当痛责"，"致若犯劫盗之罪案，经族正会议，立予除名，不准入谱"。这几份家训的内容中，显示出了家训向家法族规演化的轨迹。

第二，"义门"家法有所发展

对于前朝形成的数代同居的"义门"，诸如江州陈氏，宋代的统治者们大加褒美，并给予多种特殊的待遇。由于朝廷的倡导，在宋朝及宋朝之后又形成了不少数世同居的大家庭，并产生了一些"义门"家规。如北宋江州德安（今属江西）"义门"的陈崇就曾"为家法戒子孙"。影响较大并成为"义门"家法典范的，是浦江（今属浙江）郑义门的《郑氏家范》。郑氏同居之初，由于人丁尚少，家长们以"孝"齐家，尚未订立家规。到同居的第五代，主持家政的郑德璋开始"以法齐其家"。接着，其子郑大和在名儒的帮助下，制定了《家范》58则。随后，其子郑钦等作《后录》，增70则。从子郑铉又作《续录》，增92则。后经损益，定为168则。这些法规要求族人忠于国，孝于家，乐于助人，造福乡里；禁止他们失长幼之序，乱男女之别，奢侈淫佚，欺压乡邻；并规定了"削名"、"痛笞"、"告官"等惩罚手段。如，私置田业者"击鼓声罪而榜于壁"，赌博无赖者"会众而痛笞"，不尊长者"甚不得已，会众笞之"。

《郑氏家范》是一份比较完备的"家法"，有一万余字，是中华传统家法族规的代表作，对中国家法族规的发展产生过很大的作用，后世各家族、宗族订立的家法族规，多依此作参考。

2. 明朝家法族规的转型

明朝初期，明太祖朱元璋亲自对浦江郑氏大加褒美，给予种种殊恩，并亲自订立了六条规范子民日常行为的"圣训"。开国元勋、一代名儒宋濂又帮助浦江郑氏子孙将《家范》、《后录》和《续录》合并为 168 则。这样，上行下效，在明朝制定家法族规的家庭、宗族就逐步增多，其内容和形式也渐趋成熟。

由于《郑氏家范》的示范，很多高官显贵和社会名流都模仿订立本家庭、本家族的家法族规。当时的名儒曹端以《郑氏家范》为底本，编写了约束本宗族的《家规辑要》。《家规辑要》分若干章，每章先引用《郑氏家范》的相关条款，省略少量作者不加认可的内容。同时，在每章中作者又订立一些新的条款。直到明朝中后期，制订此类规范的达官贵人仍比比皆是。其中，传诸后世的有曾任吏部尚书的霍韬所订立的《霍渭厓家训》，曾任福建巡抚的庞尚鹏所订立的《庞氏家训》，等等。

明朝前期，订立家法族规的普通百姓很少，直到明朝中叶以后数量才逐渐增长。这是因为经过大约一个多世纪的休养生息，明初一夫一妻的小家庭已发展成数十口直至数百口的宗族。这些宗族又建造宗祠、纂修宗谱等，因而有了订立家族规范的需要。如湖州王氏在明朝中期还没有编纂族谱，也未订立家法族规，随着人丁的逐步兴旺，到万历（1573~1620）年间，族中便有人"修订"族谱。天启（1621~1627）年间，科场落第的王元春在完成族谱编辑的同时，写成了该族的第一份族规。不少宗族与湖州王氏有相似的情况。现存的出自民间的明朝家法族规，大多制订于明朝后期。

唐、五代、宋、元时订立的家法族规，对于违反家法族规的子孙的惩罚，相对较轻。进入明朝后，随着家法族规的严密、完善，并因宗族人口的不断增多，族人之间的血缘关系越来越疏远，对于违反家法族规者的惩罚，已经有了加重的趋势。明初的家法族规，诸如曹端的《家规辑要》等，已经将处死列入家法族规之中。如，犯有淫乱行为的妇女，要逼令自尽。到明朝后期，家法族规中的惩罚办法逐渐增多，惩罚力度逐渐增强。有些家族甚至对于一些很小的事情，也大动干戈，加以重惩。如撰写于万历三十八年（1610）的广东五华缪氏《家训》规定，对搬弄是非的"小家婆妇"，须"重治而禁绝之"。

3. 清朝家法族规的兴盛

较之汉族统治者，统治着多数民族的满洲贵族更需要扶植宗族势力来维护其统治。特别是到了嘉庆以后，各种反清武装起义风起云涌，清政府只能更加倚重宗族势力，把家法族规作为束缚民众的又一工具。与此同时，到清朝中期，经过一百多年的承平，人口急剧增长、宗族扩大，致使不少宗族的尊长发出"族繁矣"的感慨。人口激增而生产并未相应的发展，无论城乡都出现了众多的无业游民，又使尊长们为族众"良莠不齐"而忧虑。许多家庭和宗族将制定和强化家法族规作为防止家族衰败的良方。基于这两方面的原因，家法族规于此时进入全盛时期。

在清朝建立后不久，顺治皇帝就订立了"教民"的6条"圣谕"。由于清政府的提倡，在康熙、雍正、乾隆时期出现了订立家法族规的热潮。嘉庆（1796~1820）年间，爆发了白莲教起义。此后，又爆发了震撼全国、持续了十多年的太平天国运动。为了不致在战乱中湮没，尚未订立家法族规的家庭特别是宗族在此时期纷纷补订，以便约束家人、族人，从而安全地度过乱世，这使得清朝中后期出现了订立家法族规的高潮。到此时，在编印过谱牒的宗族中，绝大多数制定有如何修谱的谱例，其中有一部分还包括制约族人行为的条款。此外，在上述宗族中，大约有一半左右还制定有诸如"族规"、"祠规"等若干种家法族规。

清朝以前，在大多数家法族规中，常见的惩罚方式只有谱牒除名、不准入祠及笞责等数种。如驱逐一类较为严厉的惩罚方式，虽也载入某些家法族规，但尚未普及。进入清朝中期后，家法族规中的惩罚方式大大增加。诸如涉及财产的惩罚方式，常见的有罚钱、罚戏、罚祭、罚香烛、罚锡箔，等等。同时，对于违反家法族规者的惩罚强度也明显加重。在此之前，所能见到的要被家法族规处死的，只有淫乱妇女，且以逼迫她们自尽为主。而在此时，不孝、偷窃、抢劫，在有些宗族中甚至是出家为僧、为尼，都会被宗族处死。处死的办法也增加了较逼令自尽更为残酷的活埋、沉潭等多种。

在中国封建社会，国法与家法并存。"家之有规，犹国之有典也。国有典则赏罚以饬臣民，家有规，寓劝惩以训子弟。其事殊，其理一也。"它的功能，同家训一样，对调整家族与国家、家族与家族、家族与族人、族人与族人之间的社会关系，对于封建宗法结构的稳固和强化，发挥着特殊作用。所不同的是，家训重在教育训导，家法重在约束惩罚。

（五）与列祖列宗共事的家庙和祠堂

家庙也称宗庙、庙堂，是祭祀祖先、商量家国大事的场所。《淮南子·兵略训》说："故运筹于庙堂之上，决胜于千里之外。"范仲淹《岳阳楼记》也有"居庙堂之高，则忧其民；处江湖之远，则忧其君"的名句。这里的"庙堂"，还是决定军政大事的地方。

祠堂，又名宗祠、宗庙、家庙、祖庙、祢庙、家祠。"祠"即是祭祀的意思，祠堂就是祭祀神灵的房堂。秦汉以后建在坟墓处，用来祭祀死者的享堂叫祠堂。明清时期的家庙多称祠堂。如清朝赵翼《陔余丛考》卷三二《祠堂》称："今世士大夫家庙皆曰祠堂。"

值得注意的是，古代许多有惠政的地方官，当地百姓也为他们立祠堂祭祀，如西汉南阳（今属河南）百姓为太守召信臣立祠，西汉庐江舒县（今安徽庐江县西）百姓为大司农朱邑立祠，唐朝魏州（治今河北大名东北）百姓为刺史狄仁杰立生祠。此外还有文人学子祠堂、忠勇将士祠堂、烈女孝子祠堂等，虽都称祠堂，但不是宗族祠堂，更不是家庙。

1. 商周时代的宗庙

中国祠堂文化的滥觞，与中国古代传统的祖先崇拜有着密切关系。古人祭神特别是祭祀祖先的场所，实际上就是祠堂的前身。到了商代，祖先崇拜和祭祀有了发展，建立了初步的宗庙制度和祭祖规则，但商代祭祀礼仪尚未形成定制。

西周为巩固统治，建立了分封制和宗法制。周朝贵族特别重视宗庙。"君子之营宫室，宗庙为先，厩库为次，居室为后。"宗庙祭祀的规模也有严格的规定。《礼记·王制》载，天子七庙，诸侯五庙，大夫三庙，士一庙，庶人祭于寝。天子"七庙"是指天子可以为包括太祖在内的最近的七代祖先立庙，以下以此类推。周朝庶人没有宗庙，只能在家中正堂上祭祖。这样，以宗庙为核心的祭祖礼制正式形成。中国家庙、祠堂也正式诞生，对后代产生了极为深远的影响。

诸侯国的宗庙并不把几代祖先放在一起，各代国君一般都单立一庙。鲁庄公父母双亡，夫人哀姜举行庙见之礼，把父亲鲁桓公的庙装饰一新。《左传·襄公六年》记载有"襄宫"，是齐襄公的庙。《战国策·齐策一》讲："先王之庙在薛"，指的是田氏齐威王的庙。

2. 秦汉以后的祠堂和家庙

司马光《文潞公家庙碑》讲，秦朝"尊君卑臣，于是，天子之外无敢营宗庙者，汉世公卿贵人多建祠堂于墓所"。在坟墓处建祠堂开始于西汉。至今犹存的东汉嘉祥武氏祠，就建在坟墓旁。

东汉清河王刘庆的母亲宋贵人饮药自杀，后葬于洛阳城北的樊濯聚。刘庆想为母亲修祠堂，因没敢向汉和帝提出，后引为没齿之恨。

曹操受封为"魏公"，后建宗庙于邺（今河北临漳），以诸侯礼立五庙。以后，多以官品或爵位来比拟先秦时代的庙制。南朝宋郭原平服丧完毕，自己盖了两间小屋，以为祠堂，每至节日祭祀。

唐宋时期的祠堂多称家庙。唐太宗时，宰相王珪不作家庙，四时祭于寝，被人弹劾。唐太宗不想治他的罪，亲自为他立家庙，让他感到羞愧。时人指责王珪只追求节俭而不顾礼仪。可见，唐初一定品级的官员（五品以上）必须立家庙，否则就会受到法司的弹劾。

《大唐开元礼》规定：文武官二品以上祠四庙，加始祖共计五庙。五品以上祠三庙。六品以下到庶人，祭父祖于正寝。

唐朝以来，修在野外坟墓之处的祠堂又移到了城镇。文武百官的私家之庙多集中在京城长安城内的繁华之处，以致皇帝去南郊行大祀之礼必经的天门街左右诸坊都有私庙。唐武宗会昌五年（845），诏京城不许群臣作私庙，但可在居住之处立庙。

五代时，士大夫多不建庙，四时祭祀于室屋。所以，南宋叶梦得《石林燕语》说，士大夫家庙自唐以后不复讲。

《宋史·礼志十二》载，天历元年（1041），"南郊赦书，应中外文武官并许依旧式立家庙"。北宋元丰三年（1080），宰相文彦博留守西都长安，始祭祀家庙。一般大臣仍然不能建庙，学者贵为公卿而祭祀先人只能备庶人之制。北宋右正议大夫王存经常以此为憾。告老致仕后，营建住宅时首先营建家庙。

绍兴十六年（1146）正月，秦桧立家庙，宋高宗赏赐给他许多祭器。赐给将相祭器，宋高宗首开先例。

南宋初的抗金名将杨存中的祖父永兴军路总管杨宗闵、父亲知麟州建宁砦杨震以及母亲都在抗金战场上殉国。杨存中累战功至检校少保，领殿前都指挥使。请求立家庙，赐予祭器。朝廷特许他祭祀五世先祖，并赐祖父的庙额为"显忠"，父亲的庙额为"报忠"。

从上述历代宗庙的演变可以看出，古代有官爵者才能立家庙，一般百姓没有这个权力和荣耀。由此可知，金榜题名、加官晋爵不光能扬名显亲，还能让列祖列宗有一个显贵的住所。

3. 明清时期的家庙与毁庙、祫祭

明朝洪武六年（1373）规定，公侯品官于居室之东修祠屋三间，以祭祀高、曾、祖、考（生为父，死为考，入庙为祢）。嘉靖十五年（1536）又规定，三品官以上立五庙，以下立四庙。三品以上官"今之得立庙者为世世奉祀之祖，而不迁焉，四品以下，四世递迁而已"。要理解这些规定，先得了解古代的毁庙礼制。

先秦时期就有毁庙礼制。比方说"四庙"祭祀高祖、曾祖、祖父、先考四代，也有的是祭祀始祖，再加曾祖、祖父、先考三代宗亲，共四庙。可等这家的长辈死了，儿子成为祭祀的主人，原来的曾祖成了高祖，四庙就不够用了。于是，原来的高祖或曾祖成了"亲尽"之庙，这就有了"毁庙"制度。三年之丧完毕，因先考的神主迁入宗庙，多出了一庙。这时，将列祖列宗的神主都请出来，进行总祭，叫做"祫祭"。然后把不在庙数的神主（始祖除外）移入"祧（tiāo）庙"内，藏在祏（shí，古代宗庙里藏神主的石函）或专设的房间内，留下最亲近的先祖。祫祭每五年举行一次。上面说的"四品以下，四世递迁而已"，就是这个意思。

"今之得立庙者为世世奉祀之祖，而不迁焉"，是说三品以上官所立的五庙可世世代代祭祀，不再有毁庙制度。中国人祭祖，恨不得几代、几十代的列祖列宗都祭祀。这个"不迁"终于突破了先秦以来的祭祀礼制，满足了民间厚葬久祀的愿望。这样，立庙者得以世世代代奉祀，随着子孙的不断繁衍，就出现了祭祀历代列祖列宗的宗族祠堂了。

　　明清徽州（治今安徽歙县）一带流传，"家必有谱，族必有祠"，"无祠则无宗，无宗则无祖"。安徽黟县西递村胡氏祠堂众多，被誉为"祠堂世界"。西递村胡氏奉唐昭宗李晔之子昌翼公为始祖，昌翼公因随奶娘避唐末之乱，改为奶娘丈夫的胡姓，昌翼公的第五代后人胡仕良率族人迁到西递村。胡氏祠堂最高一级的叫本始堂，是宗族全体族人祭祀始迁祖的祠堂，也是西递胡氏等级最高的总祠堂。后因宗族人口繁衍众多，又出现从宗族分出来的、祭祀本支族先祖的支祠，祭祀本家族先祖的家祠，等等。西递村胡氏的族权思想、宗法秩序比较淡化，祠堂还作为家族内部教育子孙的训诫地。如"敬爱堂"即启示后人敬老爱幼，互敬互爱，和睦相处。作为宗祠，这里一直是商讨族事的场所，遇有族人婚嫁喜事，或教斥不孝子孙，也在这里进行。

　　"追源溯本，莫重于祠。"孔子认为，祭祀既是对祖先"慎终追远"的道德情感的培养，又是向子孙灌输"孝"和"恭敬"的道德意识手段。所以，家庙祠堂对培养子孙对祖先的认同感和归属感，培育家族的凝聚力和自豪感，塑造敬老爱幼、治学修业、立身扬名，树立奋发向上的家族文化精神，有着巨大的作用。

第三章 移孝作忠、以孝治国
——伦理政治型的家国同构

《孟子·离娄上》说:"人有恒言,皆曰'天下国家'。天下之本在国,国之本在家,家之本在身。"《礼记·大学》谈修身、齐家、治国、平天下的关系说:

> 古之欲明明德于天下者,先治其国。欲治其国者,先齐其家。欲齐其家者,先修其身。欲修其身者,先正其心。欲正其心者,先诚其意。欲诚其意者,先致其知,致知在格物。物格而后知至,知至而后意诚,意诚而后心正,心正而后身修,身修而后家齐,家齐而后国治,国治而后天下平。

政治伦理型的家国同构,是指国家主要的社会根基是以血缘关系为纽带的宗法制度,国家是家族的扩大和延伸,家是小国,国是大家;父为家君,君为国父。由"亲亲"而"尊尊",父为子纲,父家长地位至尊,权力至大;君为臣纲,君王地位至尊,权力至大。孝道转化为治国之道,即历代王朝的以孝治天下,家庭人伦渗透到国家制度的方方面面。社会政治收缩为家庭人伦,外在的等级制度被内化为家庭伦理道德,君父、父母官、臣子、子民的观念深入人心。移孝作忠,为国家、为民族建功立业,既是忠臣事君报国,又是孝子扬名显亲。

一 家是小国,国是大家——家庭伦理与国家政治的结合

"家国同构",君父同伦,是孝道政治化最鲜明的表现。外国有政教

合一的国家，中国是政治和家庭伦理合一。"家"始终是中国传统社会的核心组织，叫做"天下一家"。君长"以孝治天下"，家长"以孝齐家"。国家由皇帝这个大家长以及各级"父母官"来实行"父权制"管理。政治上是统治与被统治的关系，同时还是一种与家庭血缘相联系的伦理道德上的情感关系。"国"和"家"，"君臣"和"父子"，"忠"和"孝"是统一的。宗法上的孝，就是政治上的忠。为政者是"爱民如子"的父母官、"亲民官"，是一个维护地方秩序和福利的"家主人"。老百姓是他们的子民、赤子，接受君父、"父母官"的统治也是恪尽孝道。

（一）家国同构的君臣父子论——从孔子、韩非子到董仲舒

家国同构的君臣父子论是由孔子提出，经韩非子、董仲舒完成的。

1. 孔子的君臣父子论

《论语·子路》中孔子提出"正名"，认为"名不正，则言不顺，言不顺，则事不成"。《论语·颜渊》载，春秋齐景公问政于孔子，孔子回答说："君君，臣臣，父父，子子。"意思是，让国君、大臣、父亲、儿子各有自己的名分，各守本分。君臣父子都安守本分，天下就安定太平。

在这里，孔子已经把政治上的君臣与伦理上的父子联系起来。前面"孔子论孝"讲到，孔子主张"始于事亲，中于事君，终于立身"；"君子之事亲孝，故忠可移于君。事兄悌，故顺可移于长；居家理，故治可移于官"；"明王以孝治天下也"。由"孝"而"忠"，从"亲亲"到"尊尊"，形成了家庭伦理与社会政治合二为一的君臣父子论。

在孔子之时，严格的忠君意识还没有形成，他强调的君臣关系主要有三：一是称赞、歌颂圣君。即"仲尼祖述尧舜，宪章文武"；二是主张正君臣名分；三是强调君臣双方必须遵守的伦理道德义务。受春秋战国工商业等价交换意识的影响，这种道德义务带有鲜明的互利、互惠、等价交换的特色。《论语·八佾》讲："君使臣以礼，臣事君以忠。"也就是说，国君想要臣忠，首先得礼遇大臣，这里可归结为"君礼臣忠"。它与父慈子孝的道德取向是一致的，都是强调双方各自应该承担的道德义务。

基于孔子的道德等价交换原则，他的君臣父子论有两个特点：一是君臣间的双向选择。《左传·哀公十一年》载孔子语曰："鸟则择木，木

岂能择鸟?"《后汉书·邓禹传》注引《家语》中,孔子又讲:"君择臣而任之,臣亦择君而事之。"这些话后来演变成"良禽择木而栖,贤臣择主而事"的成语。二是孔子不赞成放弃孝,而成就忠。《韩非子·五蠹》载:"鲁人从君战,三战三北,仲尼问其故。对曰:'吾有老父,身死莫之养也。'仲尼以为孝。"前文孔子斥责楚人"直躬之信,不若无信",也是这种态度。

2. 韩非子与秦汉时期的君臣父子论

战国时期的思想家韩非子出于加强君主集权的需要,发展了孔子的君臣父子思想。《韩非子·忠孝》讲:"臣事君,子事父,妻事夫,三者顺则天下治,三者逆则天下乱,此天下之常道也。"这一命题,为西汉董仲舒的"三纲"画出了一个明晰的轮廓。

然而,战国到两汉,仍然把忠、孝各自分开,把父亲摆在君主的前面。

《韩诗外传》卷七第一章载:战国齐宣王问田过说:"君与父孰重?"田过回答说:"殆不如父重。"齐宣王愤然说:"既然如此,那些士人为什么还要离开父亲出来当官事君?"田过说:"没有国君的土地,无法安置父母;没有国君的俸禄,无法赡养父母;没有国君的爵位,无法尊显父母。受之于君,致之于亲,凡事君者都是为了父母。"齐宣王这才无言以对了。可见,齐宣王已有加强君权,让臣下放弃孝成全忠的意识。

由于汉代强调以孝治天下,这一观念仍没多大改变。西汉"王阳回车,王尊叱驭"的典故,反映了忠、孝都不是唯一的价值选择。郭店楚墓竹简《六德》篇讲:"为父绝君,不为君绝父;为昆弟绝妻,不为妻绝昆弟;为宗族杀朋友,不为朋友杀宗族。"这显然是贯彻了孔子"由近及远,由亲至疏"的爱人思想,仍然把孝父放在忠君前面。

甚至到东汉末,仍然把父亲放在国君的前面。《三国志·魏书·邴原传》注引《原别传》载:曹操为魏王时,曹丕为太子,一次大会宾客,曹丕问大臣们说:"在国君、父亲都生重病的情况下,只有一颗药丸,只能救一人,是救君啊,还是救父亲?"宾客群臣众说纷纭,有的说救国君,有的说救父亲,只有邴原一言不发。太子让他表态,邴原非常干脆地说:"救父亲!"曹丕并没指责他。

3. 董仲舒的君臣观

西汉儒学家董仲舒吸收各家学说，对儒学进行再创造。为了维护绝对君权，他吸收了韩非子的君臣父子说，提出了三纲五常的说教。

三纲五常是董仲舒天道系统掩盖着的政治主张。所谓"三纲"即君为臣纲、父为子纲、夫为妻纲；所谓"五常"即仁、义、礼、智、信。

董仲舒的君臣观，主要有三方面的含义：

第一，正式提出"三纲"的概念

董仲舒大讲《春秋》大一统，鼓吹"强干弱枝"，提出"王道之三纲，可求于天"，"天不变，道亦不变"。君臣关系成为永恒的，不可违背的天道，亦即君权神授。虽然尚未提出"君为臣纲，父为子纲，夫为妻纲"的具体条文，但意思已很明确了，待西汉末成书的《礼纬》就把"三纲"的条文具体化了。

第二，把君臣父子阴阳化

董仲舒用"阳尊阴卑"解释君臣关系说："君臣、父子、夫妇之义，皆取之阴阳之道。君为阳，臣为阴；父为阳，子为阴；夫为阳，妻为阴。"君臣、父子、夫妻的尊卑关系从此定位。

第三，通过对君、父、夫的意志服从，使"三纲"得到绝对体现

"三纲"把君臣父子关系置于严格的等级秩序之中，要求每个人必须按自己的身份去行动，不犯规、不越位。它强调绝对服从，弱化君、父、夫的义务和臣、子、妻的权力，强化君、父、夫的权力和臣、子、妻的义务，使这些弱势阶层在社会中逐渐只有义务没有权力，逐渐迷失了自己。

从西汉董仲舒倡言三纲五常后，逐渐淡化"君礼"、"父慈"，强化"臣忠"、"子孝"，以后便形成了愚忠、愚孝意识，其表现有三：其一，忠臣不事二主，由君臣间的双向选择变成了单向选择；其二，君叫臣死，臣不死不忠；父叫子亡，子不亡不孝；其三，忠孝不能两全，即要求臣子放弃孝而成全忠。西汉那个"叱驭"的王尊就是弃孝全忠的典范。

（二）天子——"天下一家"的君长

对于中华民族来说，天下是一家。中国人是按照家庭结构来理解天

下各具体区域的交往关系的。天下一家的观念，与周初分封大量姬姓诸侯国有关。《左传·昭公二十八年》载："昔武王克商，光有天下，其兄弟之国者，十有五人，姬姓之国者，四十人，皆举亲也。夫举无他，唯善所在，亲疏一也。"

《左传·桓公六年》载："君姑修政而亲兄弟之国。"

《左传·成公十一年》："晋与鲁、卫，兄弟也。"

这里的兄弟，都是指诸侯国之间的关系。由此形成"四海之内，皆兄弟"的观念。

秦汉以后，虽然封建制度基本解体，但是天下一家的观念不但没有被削弱，反而得到了强化，以至于形成了我们今天非常熟悉的"五十六个民族，五十六朵花，五十六个兄弟姐妹是一家"的观念。

1. 天无二日，土无二王——君长的权威

秦汉以来，中国古代的国家政体是君主制，统治者被称为天子和皇帝。

"天子"一词始自周朝。周人尊天，以天为至上神。周的统治者在殷代已称王，灭殷后，感到天命靡常，夏与殷都灭亡了，所以要提高周统治者的地位，而称为天子。"天子万年"、"明明天子"、"天子之功"，是《诗经》中的常用措辞。《左传》中"天子"之词甚多，如"天子经略，诸侯正封"、"天子有命"、"天子有事于文武"、"天子蒙尘于外"等。到了战国时代，礼崩乐坏，王不再是周王的独自尊号，许多诸侯也自己称王。现在所见的战国诸子书纷纷称天子。《孟子·万章下》更在讨论周室班爵之制时谈到当时的爵制是"天子一位，公一位，侯一位，伯一位，子男同一位，凡五等也"。《白虎通德论·爵篇》说："天子者，爵称也。爵所以称天子者何？王者父天母地，为天之子也。"

秦始皇是中国的第一个皇帝，他自认为德高三皇，功过五帝，称始皇帝。东汉蔡邕的《独断》说，天子正号曰皇帝，自称曰朕，臣民称之曰陛下，其言曰制、诏，皇帝的车马、衣服、器械、百物曰乘舆，居住的地方曰禁中，出行所在地曰行所在，印曰玺。皇帝的命令一曰册书，二曰制书，三曰诏书，四曰戒书。这些名号为秦所创，以后两千年的专制时代基本没变。

《礼记·坊记》称："天无二日，土无二王，家无二主，尊无二上。"

《礼记·内则》也讲："天无二日，土无二王，国无二君，家无二尊。"

这里把国与家相提并论，天子皇帝不仅是天下的王，还是这个"天下一家"的大家庭的家长。

既是天子皇帝，又是大家长的君主是天下财富、土地和人民的最高所有者和主宰者。《诗经》上叫："普天之下，莫非王土；率土之滨，莫非王臣。"《荀子·荣辱》叫："贵为天子，富有天下。"君主的权力和权威是全国最高的，无可匹敌，叫做"天无二日，民无二王"。普天之下的民众都是他的臣民、臣仆、子民。《盐铁论·备胡》讲："四方之众，其义莫不愿为臣妾。"

2. 古代君王的"天下一家"意识

古代帝王的"天下一家"意识，有两层含义，一是天下大一统，二是把国家收缩为家庭，皇帝是君父，百姓是赤子、臣子。

公元前 221 年，秦始皇统一六国，建立秦朝，确立了统一的专制主义中央集权的封建国家，秦始皇二十八年东巡，留下的峄山刻石有："乃今皇帝，一家天下"。秦始皇"天下一家"的大一统思想，对我国古代封建文明的发展起了重要的奠基作用。东汉光武帝对部将冯异说："（我们）义为君臣，恩犹父子。"

经过东晋十六国南北朝以来的民族融合，隋唐皇帝的"天下一家"又表现为"华夷一家"。隋朝建立后，隋文帝杨坚便以天下一家为己任，他曾对尚书仆射高颎说："我为百姓父母，岂可限一衣带水不拯之乎？"《隋书·突厥传》载隋炀帝语曰："今四海既清，与一家无异，朕皆欲存养。"唐高祖李渊曾说："胡越一家，自古未有。"唐太宗反复讲："王者视四海如一家，封域之内，皆朕赤子，朕一一推心置其腹中。"贞观二十一年（647），唐太宗又强调说："自古皆贵中华，贱夷狄，朕独爱之如一，故其种落皆依朕如父母。"唐文宗也提出了"海内四极，惟唐旧封；天下一家，与我同轨"的思想。

北宋太祖赵匡胤也是在"天下一家"的意识中完成局部统一的。唐后主李煜派辩士徐铉对宋太祖说："李煜事陛下，如子事父，没有过失，为什么要出师征伐?"宋太祖反问说:"父子分为两家,行吗?"后来,宋太祖又严正宣告:"天下一家,卧榻之侧,岂容他人鼾睡!"

元世祖"天下一家"和"圣人以四海为家"的思想更为突出。他改国号为大元,就是为了"见天下一家之义"。明太祖朱元璋多次阐述"圣人之治天下,四海内外,皆吾赤子","天下守土之臣皆朝廷命吏,人民皆朝廷赤子"等观点。明成祖也强调"华夷本一家","天之所覆,地之所载者,皆朕赤子"。

孙中山主张"五族共和",在《五族国民合进会启》中指出:"我五族国民原同宗共祖之人,同一血统,所谓父子兄弟之亲也。"后来在《中华民国临时约法》中也要求"五大民族相爱相亲,如兄如弟"。

(三)官吏——国君的臣子,百姓的父母官

我国自进入阶级社会后,历代王朝都是通过"官"这个"工具"来对人民进行统治的,对这个"工具"美其名曰"民之父母",而把被统治者亲切地称为"子民"。把"父母"和"官"合二为一称"父母官",正是伦理与政治相结合的产物。

1. 儒家论"为民父母"

《尚书·泰誓》称:"亶聪明,作元后,元后作民父母。"

意思是,人诚实聪明则为大君,就能作民父母。

《诗经·小雅·南有嘉鱼》称:"乐只君子,民之父母。"

意思是,和美快乐的君子是民的父母。

《诗经·大雅·泂酌》:"岂(恺)弟(悌)君子,民之父母。"

意思是,和悦平易的君子是民的父母。

明人张志淳讲:"《书》曰'元后作民父母',《诗》曰'岂弟君子,民之父母'……则父母二字,皆人君之称也。"他认为,先秦时代只有君子才被老百姓称为父母。其实君子在孔子那里是道德人格高度完美的人,在其他场合是指统治者。东汉郑玄讲:"君子止谓在官长者。"这里的君子就是包括国君在内的官长,即要求官长像父母那样和蔼地对待他的子民。

《礼记·大学》解释说:"《诗》云:'乐只君子,民之父母。'民之所

好好之，民之所恶恶之，此之谓民之父母。"

《礼记·孔子闲居》载：子夏问孔子说："怎样做才算民之父母？"孔子回答说："为民之父母，必须熟悉礼乐，做到并能实施'五至三无'。"

孔子说的"五至"，即达到志、诗、礼、乐、哀的最高境界。"三无"即"无声之乐，无体之礼，无服之丧"，实际上是能够恰到好处地推行乐、礼、丧。

《孔子家语·贤君》载：鲁哀公问政于孔子，孔子说："国君施政，就应该让民富且寿。薄赋敛则民富，轻刑罚则民寿。"鲁哀公说："如果这样，那寡人就贫穷了。"孔子说："诗云：'恺悌君子，民之父母'，未见其子富而父母贫者也。"孔子明确把国君和人民说成是父母与子女的关系，而且把让民"富与寿"，说成是为民父母的施政方针。

孟子也谈到，为民父母就必须让民的生活有基本的保障。《孟子·梁惠王上》讲："为民父母行政，不免于率兽而食人，恶在其为民父母也？"《孟子·滕文公上》讲："为民父母，使民盼盼（xì，勤苦不休）然，将终岁勤动，不得以养其父母，又称贷而益之，使老稚转乎沟壑，恶在为民父母也？"

可见，早期的父母官并非指地方的官长，而是指国君和各级官长。为民父母，就是要求统治者像父母一样，好民之所好，恶民之所恶，以诗书礼乐教化百姓，让百姓衣食无忧，富裕长寿。

2. 前有召父，后有杜母——由"父母"到"父母官"

汉朝南阳郡曾出现了两个政绩卓著、爱民如子的地方官，南阳为之语曰："前有召父，后有杜母。"这时的"父母"，已经有了地方长官代称的含义。

《汉书·循吏传》载：西汉元帝时，南阳郡太守召信臣视民如子，劝民农桑，亲自指导农耕，常出入于田间，住宿在民家。他行视郡内水源，开通河道，兴修了数十处用来蓄水的水门堤坝，扩大灌溉农田面积三万多顷。为了防止纷争，他让百姓订立用水公约，"刻石立于田畔"。他还禁止婚丧大办，严惩贪官。于是，郡内政治清平，户口增倍，盗贼狱讼衰止，吏民亲爱信臣，号之曰"召父"。

荏苒百年，至东汉武帝刘秀建武七年（31），南阳郡百姓又幸运得遇新任太守杜诗。《后汉书·杜诗传》载：南阳郡太守杜诗"节俭而政治清平"，爱惜民力，减徭轻赋。发明了水力鼓风的"水排"，用来冶铁铸造农具，"用力少，见功多，百姓便之"。又组织百姓"修治陂池（水库），广拓土田"，使全郡家家丰衣足食。百姓把他比作是以前的召信臣。

自汉朝开始，称地方官为"父母"便广泛流传了。

南朝梁武帝萧衍的弟弟、始兴郡王萧憺任荆州刺史，励精图治，广辟屯田，减省力役，吊死济困，颇有政声。天监七年（508）奉诏回京师建康（今南京），当地人依依不舍，作歌唱道："始兴王，人之爹，赴人急，如水火，何时复来哺乳我？"老百姓把地方官称作"爹"，是可以"哺乳我"的衣食父母。

北宋以后，把州县地方官正式称为"父母官"。北宋诗人王禹偁《赠浚仪朱学士》诗："西垣久望神仙侣，北部休夸父母官。"《水浒传》第十四回，雷横对晁盖说："本待便解去县里见官，一者忒早些，二者也要教保正知道，恐日后父母官问时，保正也好答应。"

清朝一些州县署衙，常有县官自撰的衙联，以表心迹。父母官的说法已是司空见惯了。如：

民不可欺，常愁自折儿孙福；
官非易做，怕听人呼父母名。
眼前百姓即儿孙，莫言百姓可欺，当留下儿孙地步；
堂上一官称父母，漫说一官易做，还尽些父母恩情。

到处皆称父母官，要对得自家父母，方可为人父母；
此中易作子孙孽，须顾全百姓子孙，以能保我子孙。

人人论功名，功有实功，名有实名，存一点掩耳盗铃之私心，终为无益。
官官称父母，父必真父，母必真母，做几件悬羊卖狗的假事，总不相干。

这些官联，格调有高下之分，中心都是论官者为民父母，要有爱民之心、抚民之政，自励要作真父、真母，为民尽父母之恩情，切莫口是心非，悬羊卖狗，作子孙孽。

称官长为"父母"、"父母官"，是各级官吏以家庭伦理处事施政的体现，正如南宋吕本《官箴》所讲："事君如事亲，事官长如事兄，与同僚如家人，待群吏如奴仆，爱百姓如妻子，处官事如家事……故事亲孝，故忠可移于君；事兄悌，故顺可移于长；居家理，故治可移于官，岂有二理哉。"

3. 清心为治本，直道是身谋——包拯

古代百姓最推崇的父母官当属包拯、包青天，他是百姓心目中父母官的偶像。

宋仁宗天圣五年（1027，庐州合肥（今属安徽）人包拯金榜题名，高中进士。朝廷任命他为建昌知县，但他因要在家侍养双亲，毅然放弃前程，直到父母相继去世，居丧服除。为了孝敬父母，包拯蹉跎了十年的时光，这与利欲熏心、一心追求官禄的封建士大夫是格格不入的。

直到40岁时，包拯才出任天长（今属安徽）知县。有一县民告状，说自家的牛被割了舌头。包拯认为，必是仇家所为。因为当时法律禁止宰牛，牛无舌无法吃草必死，牛一死，主人肯定要杀牛卖肉，仇家即可趁机诬陷他。于是，包拯对牛主人说："你回去杀牛卖肉。"次日，果然有人来告发有人私杀耕牛，结果案情大白。

不久，包拯升任端州（治今广东肇庆）知州。端州以产砚台著名，称作"端砚"。包拯知端州两年，离任时"不持一砚归"。因政绩卓著，包拯升任监察御史。奉命出使契丹还，历任京东、陕西、河北路转运使，入朝先后任三司户部副使、知谏院，授龙图阁直学士，又曾担任瀛州（治今河北河间）、扬州知州，再召入朝，历官权知开封府、御史中丞、三司使、枢密副使等。后卒于官，谥号"孝肃"。

包拯在任期间，曾建议朝廷练兵选将、充实边备，以防止契丹和西夏的侵扰；轻徭薄赋，准许解盐通商买卖，表现了一片爱国爱民的拳拳之心。他不畏权贵，不徇私情。曾弹劾窃位素餐的宰相宋庠、皇亲李昭亮、国戚张尧佐，七次弹劾转运使王逵，四弹边帅郭承祐，无所畏惧，寸步不让。如弹劾张尧佐时，包拯与宋仁宗面折廷争，以至于唾溅帝面。

他"天性峭严"，不苟言笑，有人称包拯"笑比黄河清"，意思是说让包拯笑，比让黄河水清还困难。由于他为官清正廉明，京师流传"关节不到，有阎罗包老"。戏剧舞台上把包公扮成黑脸，称作包黑子，除了他铁面无私外，也因为这个缘故。

包拯死时，百姓痛失青天，京师吏民一片哀痛叹息之声，到家吊唁的人群川流不息。包拯虽然死了，可他青天父母官的清官形象，一直是古代百姓伸张正义、鞭笞邪恶的精神寄托。

4. 苏钦、林思承、张养浩爱人为本，不忍病民

北宋苏钦任新建（今属江西南昌）知县时，县内积欠赋税，郡守责令尽数催征。苏钦谏诤说："民力告竭，若加垂杖责办，为民父母，何忍为之？"苏钦宁可去职，也不忍对岁歉力竭的子民雪上加霜，强行催征税赋。又有提辖河东冶铸钱币的陈彦恭、权相蔡京和死党王桓想比常年增加数倍鼓铸量，陈彦恭坚决阻止说："山泽之利不可竭，祖宗之法不可逾。以此病民，吾不忍也！"王桓大怒，将其罢官。

明朝莆田（今属福建）人林思承任冀州（治今河北柏乡北）知州。该州有荒田 2000 顷，朝廷却按可耕田常年课赋，百姓益加逃亡。林思承联合同僚奏免一半，安定了民心。林思承又率民增筑漳河堤堰百余里，免除了水患。礼部郎中陈云的弟弟仗势殴杀平民，林思承依法严惩。有人向他求情，林思承说："人命关天，以人命讨好上司，怎么为民父母！"毫不犹豫地将罪犯正法。

为政以爱人为本。古代先贤还以"民之父母"来谆谆告诫为官者，要好民所好，恶民所恶，乐民之乐，忧民之忧。元朝名臣张养浩告父母官们说："民病如己病。民之有讼，如己有讼；民之流亡，如己流亡；民在缧绁（监狱），如己在缧绁；民陷水火，如己陷水火。凡民疾苦，皆如己疾苦也。"

张养浩说得极为清楚明白，而且达到了极其高尚的境界，颇有点与人民"同呼吸，共命运"的味道。如果所有的地方官都能做到这些，一个王朝怎么能不长治久安呢？

5. 辛毗、林伸、薛利和——"知为民计，不知为身计"

在古代封建政治制度下，贤臣为民请命，并非可以随心所欲。因所

请政务，常涉及朝廷现实利益，或触犯权奸及地方豪强的利益，故此，当为民请命危及自身安全之时，"为民计（打算）"抑或"为身计"，无疑是个严峻的考验和抉择。

三国魏文帝曹丕想迁徙冀州（治今河北柏乡北）士家10万户到河南。当时蝗灾连年，百官都以为不可。侍中辛毗向曹丕进谏，据理力争，曹丕拒不采纳，转身欲回宫内，辛毗上前拽住曹丕的衣服后襟，可还是让曹丕挣脱跑掉了。辛毗不死心，就等在宫门口。过了好长时间，曹丕出来说："左治（辛毗字），你逼我何太急也？"辛毗说："如果你迁徙了，民无所食，就会失去民心。"曹丕只好答应迁徙一半。

皇帝不采纳大臣的意见想回宫，臣子竟然拽住皇帝的衣襟，不解决问题就不让走，天下哪有这样进谏的？辛毗的进谏，没有任何的私心杂念，完全出于一颗忧国忧民的高度责任心。

宋神宗时，内臣程昉为都水使者，负责水利建设，将原有的河道封闭，新开一条葫芦河，肆意毁占民田、住屋和坟墓，致使四个州县百姓均受其害，人莫敢言。永静幕官林伸挺身而出，为民请命。他亲历实地勘察后，认为旧河深，新河狭，水势趋下，不可力胜。程昉以阻挠破坏修河弹劾林伸。有人劝林伸罢手，林伸回答说："伸知为民计，不知为身计，身危民安，虽去无憾！"

北宋熙宁（1068～1077）初，王安石推行新法，选拔宝元元年（1038）进士、韶州知州薛利和提举广东茶事。薛利和深知新茶法一旦实行，必使茶农陡加税项，受无穷之苦。于是，赋诗拒绝说："一路生灵徒顿平，庙堂康济岂无人？君侯若问茶租法，请把茶租乞与民。"

辛毗、林伸、薛利和宁肯放弃头上的乌纱，也要"为民计，而不为身计"，显示了古代正直无私的父母官爱民如子的本色。

6. 为民请命 甘愿坐罪的父母官

在昏君当国，权奸主政之下，刚正爱民之臣，为民请命，不但无功，反而致罪，此类事例成为历史上不断重演的悲剧。然而，可贵的是，一些爱民如子的父母官明知山有虎，偏向虎山行，为了安民济世，甘愿坐罪下狱。

东汉桓帝时，宦官徐璜等五侯专权，徐璜的弟弟徐宣为下邳令，想娶李暠的女儿，遭到拒绝后，带人到李家抢了人回来，当箭靶射死。有关官吏谁都不敢管。东海相黄浮将徐宣抓了起来。手下吏佐一齐谏诤，黄浮慷慨激昂地说："徐宣国贼，今日杀之，明日坐死，足以瞑目矣！"遂将徐宣斩首示众，暴尸街头。后黄浮果然遭徐璜陷害，被罢官治罪。

北宋仙游县（今属福建）人蔡伸，字伸道，为名臣蔡襄之弟，政和五年（1115）进士。在真州（治今江苏仪征）任上，民房失火，延烧千余家，灾民露处雪中，老幼号呼盈道。蔡伸开辟寺院、官舍分头安置灾民，并开仓赈灾，守仓吏认为不可，蔡伸曰："此国家所以备非常也。如得咎，请独当之！"结果，事闻朝廷，释之不问。

而北宋宗正丞徐确却没有蔡伸那么幸运了。徐确以宗正丞出使两浙提举常平，适逢水灾。徐确经反复论证，认为吴淞江泥沙湮塞，水溢为患。奏请疏通其中长14里的水道，计需用民工两百余万人，用常平缗钱米十八万余贯作为民工的费用。这样"以工代赈"，既解饥民燃眉之急，又根除水患之源，实为一举两得。徐确身先士卒，亲执畚锸励众开挖，不久便疏浚了入海水道。不料，有人以救灾不力，饥民就役死亡者众为由，上告徐确，徐被降职三级。降职后的徐确说："此役不兴，饥者当骈道就死。以是获罪，吾所甘心也！"为民解困、兴利致罪而心甘情愿，何其坦然也。

明朝莆田（今属福建）人刘克逊任潮州知州，起初银价平，每丁赋钱五百，后银贵加至四倍，刘克逊下令减免，说："纵得罪，无恨！"

明朝英宗时，内织染局因朝廷不足赏赐，奏请苏、杭五府加造7000匹文绮。工部右侍郎翁世资认为，东南正值水灾，民力饥困，想和尚书赵荣、左侍郎霍瑄联名上奏，减免一半。赵荣、霍瑄皆有难色。翁世资说："倘得罪，某请以父子三人当之！"明英宗见疏，以为是沽名钓誉，把翁世资下狱论罪，贬知衡州（今属湖南）府。

这些慨然为民请命的父母官，尽管结局各不相同，但都彰显了官德，表达了"父母官"的赤诚爱民之心。

历史上还有很多爱民如子的"父母官"，不再一一缕述。"堂上一官称父母"，上述父母官爱民如子的高尚行为，尽管带有浓厚的封建愚昧意识，与平等、民主、法治的观念格格不入，但他们真诚地做百姓的"真父"、"真母"，是值得尊敬和弘扬的。鲁迅先生曾讲："我们从古以来，就有埋头苦干的人，有拼命硬干的人，有为民请命的人，有舍身求法的人……虽是等于为帝王将相作家谱的所谓正史，也往往掩不住他们的光耀，这就是中国的脊梁。"

（四）百姓——父母之邦的"子民"

《诗·大雅·烝民》讲："天生烝（蒸）民，有物有则。"意思是上天生下众民，有了民所遵守的制度法则。古代的民即被统治者，他们的伦理政治身份就是皇帝和各级官吏统治下的子民。他们须像儿子对待父亲一样对待各级父母官和君父。

1. "黎民百姓"词义的演变

在先秦典籍中，"百姓"一词多次出现。《诗·小雅·大保》称："群黎百姓，遍为尔德。"《尚书·尧典》称："九族既睦，平章百姓。"西汉孔安国注释说："百姓，百官。"《国语·周语》："百姓兆民，夫人奉利而归诸上。"三国吴韦昭注释说："百姓，百官。官有世功，受氏姓也。"在这里"百姓"均注释为"百官"，即因做官而得姓的人。所以说，在先秦时期，"百姓"是指称做了官，有身份，有地位的达官贵族。

在周朝，与现代百姓含义一致的称呼叫平民、庶人。平民是周族的成员，是统治阶层中无官爵者。周朝统治阶层居住在国中及近郊，称为国人。国人中的上层为卿、大夫、士，下层为平民。平民享有贵族给予的政治军事权利，如参加国人大会，参与军事活动等。庶人是被周族征服的部族成员，居住在野中，也叫野人、鄙人。他们耕种贵族分给的土地，承担沉重的义务。《左传·昭公三十二年》讲："三后之姓，于今为庶。"意即虞舜、夏禹、商契三代帝王的后代，到周朝成了庶人。

秦朝实行郡县制后，"百姓"转义为平民了。《史记·张耳陈余列传》称："（秦）罢百姓之力，尽百姓之财。"《北史·苏绰传》："身不能理自己而望理百姓，其犹曲表而直影也。"唐诗人刘禹锡《乌衣巷》："旧时王谢堂前燕，飞入寻常百姓家。"元人方回《有感诗》："不如穷百姓，何谓求诸侯。"

这些"百姓"已从表示氏族或诸侯国的达官贵族转化为指称与官吏相对立的平民了。这里已没有统治者和被统治者，大家都是平头百姓，汉朝叫"编户齐民"。统治者标榜的"与百姓同甘苦"、"与百姓同享乐"、"抚百姓"、"镇百姓"等,连同君主专制下的不平等,卑贱的地位,痛苦的生活一起注入了"百姓"之中。统治者"以孝治天下",把他们定格为"子民",给百姓的卑贱地位披上了一层温情脉脉的伦理面纱。

2. 古代百姓的子民意识

古代百姓的子民意识亦即臣民意识,是遍及传统社会的基本政治意识。董仲舒《春秋繁露·为人者天》讲:"君者,民之心也;民者,君之体也。心之所好,体必安之;君之所好,民必从之。"这种依附观念是臣民意识的主要表现。它一方面来源于君权至上的君主专制制度,另一方面来自儒家父慈子孝的家庭伦理。一句话,来源于儒家政治伦理型的君臣父子论。这种臣民意识有以下表现:

其一,士农工商各安其业

《谷梁传·成公元年》称:"古者有四民:有士民,有商民,有农民,有工民。"

《汉书·食货志上》称:"士农工商,四民有业,学以居位曰士,辟土殖谷曰农,作巧成器曰工,通财鬻货曰商。"

士农工商要做到"少而习焉,其心安焉,不见异物而迁焉","士之子恒为士","农之子恒为农","工之子恒为工","商之子恒为商",各行各业世代因袭相传,"其父兄之教不肃而成,其子弟之学不劳而能"。这与上述"干父之蛊",子承父业的孝道一脉相承。

其二,皇权主义思想

所谓的皇权主义就是在君父观念的影响下,拥护一个好皇帝。中国农民中的皇权主义有种种表现,有的思念前朝的皇帝,反对当朝的皇帝。王莽篡汉后,人心思汉,王莽末年的各支起义军都拥立姓刘的当皇帝。有的只反贪官,不反皇帝。《水浒传》中,造反的梁山好汉却要"酷吏贪官都杀尽,忠心报答赵官家"。有的拥护农民领袖当皇帝,刘邦、朱元璋都是被手下拥戴为皇帝的。

《明史·周敖传》载:河州卫周敖听说明英宗被蒙古瓦剌部俘房,大哭不食七日而死。其子周路方在别墅读书,听说父亲死,恸哭奔归,以头触庭槐而死。周敖父子的死,来自对君、对父的一种莫名其妙的拥戴和孝敬。

其三，安分守己的臣民意识

希望在天地、自然、人际和谐的环境中生存，是农民的淳朴要求。这一要求不是依靠自己，而是依赖对君父、清官、天地、祖先、命运等权威崇拜和寄托来实现。对君父、清官的崇拜和拥戴，使农民把实现和谐生活的幻想寄托在有道明君和青天大老爷身上，当他们有冤无处申的时候，或会高喊"天高皇帝远"，或呼唤"青天大老爷"。以丧失主体意识为代价，依赖客体的主宰来实现自己的价值目标，决定了百姓的臣民意识。几千年来，百姓在对权威主宰的崇拜、寄托、服从中安分守己地生活，他们的本分就是勤劳耕作，纳税服役、礼敬、服从以"君父"为代表的权威，恪守子民的义务。"百姓纳了粮，好比自在王"，"官打民不羞，父打子不羞"，"冤杀莫告状，穷杀休作贼"等俗语，都说明农民对君父的统治安分守己地适应、服从。任何一种新规范、新摊派，只要出自君父和各级父母官之口，便可产生体制和道德上的约束。

中国的皇帝更希望百姓尽子民、臣民之道。清雍正帝曾宣称："我朝既仰承天命，为中外生民之主，则所以蒙抚绥爱育者，何得以华夷而有殊视？而中外臣民既贡奉我朝以为君，则所以归诚效顺、尽臣民之道者，万不得以华夷而有异心。"明清之际的思想家孙奇逢讲："在家则家重，在国则国重，所谓添一个丧元气进士，不如添一个守本分平民。"

3. 窦建德的臣民意识

隋末农民起义领袖、贝州漳南（在今山东武城）人窦建德的臣民意识就很浓厚。他本是淳朴善良的农民，邻居有父母丧，家贫办不起丧事，窦建德正在地里耕田，听说后便辍耕而帮助邻居安葬父母。由于他仗义豪爽，不少人都来投奔他。他父亲死，来奔丧的有千余人。

当时，山东、河北一带遭大水灾，隋炀帝仍然横征暴敛，导致民不聊生，群盗并起。漳南一带有孙安祖、高士达、张金称等多支绿林义军，焚烧宅舍，抢掠财物，唯独不入窦建德家。郡县官吏怀疑他与群盗勾结，把窦建德全家全部杀死。窦建德这才被"逼上梁山"，参加了起义军。

后来，窦建德称夏王，部众发展到十余万。但仍保持农民的淳朴本色。史书上说他"倾身接物，与士卒均勤劳"，"不啖肉，常食唯有菜蔬、脱粟之饭"。在夏国"劝课农桑，境内无盗，商旅野宿"。凡捉到隋朝的官员一概不杀，量才录用。

大业十四年（618），宇文化及发动"江都兵变"，杀死隋炀帝，拥众北上，称帝于魏县（在今河北）。听到消息，窦建德说："吾为隋之百姓数十年矣，隋为吾君二代矣，今化及杀之，大逆无道，此吾仇矣。"马上率军讨伐宇文化及，迫使其退守聊城。窦建德又攻破聊城，进城首先谒见隋炀帝的萧皇后，把元凶宇文化及全家、所有参与弑君者斩首示众。宇文化及的弟弟宇文士及娶隋炀帝女南阳公主为妻，生有一子名禅师，年仅10岁。既然要诛灭宇文氏全家，当然也包括禅师。窦建德向南阳公主请示说："公主之子亦是宇文氏，法当从坐，若不能割爱，亦听留之。"南阳公主竟狠心地说："既是宇文氏之子，何须多问！"无辜的禅师就这样丢掉了性命。

说来也够荒唐的，一个大逆不道的反隋盗贼，竟然就是安分守己地恪守君父、子民观念的典范。他要报君父之仇，似乎忘记了是这个君父的官员杀了他的全家。而这正显示了儒家君臣父子论的思想统治威力。

二　国家制度中渗透的孝

儒学的独尊和以孝治天下的口号，使孝道渗透到封建国家的官吏选拔制度、官吏管理制度、赋役制度、旌表制度、养老制度以及封建法律的方方面面。

（一）求忠臣必于孝子之门——孝行开启的仕途

据说，早在黄帝、尧、舜时代，部落联盟领袖在选用助手和继承人时就已经"求忠臣于孝子之门"了。尧经反复考察后，认定舜是大孝子，遂选用为臣，晚年便把王位禅让给他，舜又禅让给孝亲模范和治水功臣大禹。

《战国策·齐策一》载，战国齐国名将章子（又名匡章）的母亲被父亲杀死，埋在马槽底下。齐威王派章子率军抵抗秦军，临行对章子说："得胜归来，我为将军改葬母亲。"章子说："臣并非不能改葬母亲，我母亲得罪我父亲，父亲临死没让我改葬，我如果改葬母亲，就是欺骗死去的父亲，所以不敢。"在章子看来，没有父亲的遗嘱而擅自改葬母亲，就是欺父不孝。

章子到了前线，命一部分齐军换上秦军的旗帜，混入秦军。齐国的探马向齐威王汇报说："章子率军降秦。"齐威王无动于衷。接二连三传来了章子投降的消息，有人建议，增派军队，到前线诛杀章子，齐威王仍然没有反应。过了几天，传来捷报，章子大败秦军，秦王派使者向齐国请罪讲和。有人问齐威王："大王为什么确信章子不会投降呢?"齐威王说："章子为人子而不欺死父，为人臣岂能欺生君哉?"看来，古代"求忠臣必于孝子之门"还真有道理，章子就是"在家孝父，在国忠君"的忠孝两全者。

1. 汉朝选官制度中的举孝廉

从汉武帝开始，按照"求忠臣必于孝子之门"的原则，要求各郡国向朝廷推举孝顺父母的孝子、办事廉正的廉吏，由朝廷任命为官。这一选官制度称作"举孝廉"。从此，国家以正式的选官制度为孝子开启了一条通达的仕途。

东汉的许多名臣都是靠孝廉出仕的。汝南人袁安被举为孝廉，由阴平长一直做到司空、司徒。自袁安开始，汝南袁氏四世三公，门生故吏遍天下，成为著名的世家大族。

东汉河内人杜乔被举为孝廉，初为南阳太守，一直做到太尉，忠于朝廷，刚正不阿，抵制外戚、宦官专权，与另一位名臣李固合称"李杜"。

东汉名士陈蕃也是孝廉出身，官至太尉。年少时就有"大丈夫当扫除天下，安事一室"的雄心壮志，为官耿直，汉桓帝时因犯颜直谏曾多次被降职。汉灵帝时和大将军窦武共同谋划剪除宦官，事败而死。

司隶校尉、河南尹李膺也出身孝廉，与太学生联合反对宦官专权，弹劾奸佞，被太学生誉为"天下楷模"。后李膺在党锢事件中被下狱拷打致死。

"二十四孝"中的黄香，被江夏郡太守刘护召为"门下孝子"。汉章帝亲自召见，拜为尚书郎。黄香历仕四朝，历任尚书令、魏郡太守，做官三十余年。经常独宿于府衙，"昼夜不离"，"忧公如家"。任魏郡太守时，将官府田园全部分给贫民耕种，"不与百姓争利"。遇到水灾，带头将俸禄及所得赏赐钱物全部分给灾民，郡县官员和富民争相效仿，使"荒民获全"。其子黄琼亦有孝名，为官正直敢言，弹劾权奸贪官，威震朝野，百姓敬之如神。

袁安、杜乔、陈蕃、李膺、黄香等，忠孝两全，都是朝廷通过孝廉选拔的优秀人才。

汉朝对不孝的官员处罚得相当严厉。西汉山阳瑕丘（今山东兖州北）人陈汤，被富平侯张勃举为茂才，"父死不奔丧"，不仅本人被拘捕入狱，连张勃也被削夺了 200 户的封邑，并在死后被谥为"缪侯"。汉哀帝时的丞相薛宣，不供养母亲，不为母亲服丧，以不忠不孝的罪名免官，并被削去高阳侯的爵位。

东汉初年，幽州牧朱浮与渔阳太守彭宠交恶，嫌隙越积越深，朱浮向汉光武密奏彭宠罪恶，说他"遣吏迎妻而不迎其母"，"又受货赂，杀害友人，多聚兵谷"，图谋不轨。现在看来，带家属是很正常的，"迎妻而不迎其母"实在不算什么罪行。而后面那些罪行远比"迎妻不迎母"严重得多。朱浮之所以将其写到前面，因为在"求忠臣必于孝子之门"的汉代，不孝是要被免官禁锢的。

东汉颍川人甄邵为邺令，依附外戚梁冀，有朋友得罪了梁冀，投奔甄邵。甄邵假意收留，暗中却报告给梁冀，朋友被抓杀死。后甄邵要升为郡太守，适逢母亲去世，为不耽误当官，没有为母亲办丧事，把尸体埋到了马圈里。在去洛阳的路上，被河南尹李燮派人揍了个半死，并在帛上写了"谄贵卖友，贪官埋母"八个字缠在背上。后甄邵被免官禁锢终身。

2. 魏晋以后官吏管理制度中的孝

自魏晋实行九品中正制，隋唐实行科举制以来，不再专门选拔孝子为官，但孝仍是官员升迁的依据。武则天时的韦嗣立、韦承庆兄弟，虽不是因孝出仕，却是因孝被武则天重用。当时，任凤阁舍人的哥哥韦承庆因病离职，武则天对弟弟韦嗣立说："你父亲曾说：'臣有两男忠孝，堪事陛下。'自你兄弟任职以来，果如父言。我任命你为凤阁舍人，让你们兄弟自相替代。"遂让韦嗣立接任了哥哥凤阁舍人的职务。在武则天时，哥哥韦承庆三次任天官（吏部）侍郎，官至宰相。弟弟韦嗣立由兵部尚书升任宰相。朝廷的重要官位凤阁舍人、天官侍郎、知政事、黄门侍郎等成了韦氏兄弟的专利，一会儿哥哥做，一会儿弟弟做，弟兄二人"前后四职相代"，"父子三人皆至宰相"。一门贵盛，有唐以来，无与伦比。

魏晋以来虽无选拔孝子为官的制度，却有不孝子被罢官严惩的规定。

东晋元帝时，世子文学王籍之在为叔母服丧期间结婚，东阁祭酒颜含在叔父丧期间嫁女，都遭到丞相司直刘隗的弹劾。

北魏步兵校尉拓跋嵩在叔叔服丧期间出外游猎，孝文帝大怒，下诏说："嵩不能克己复礼，以鸑鷟取乐，有如父之痛，无犹子之情，便可免官。"古代叔父如父，侄子如子，服丧期间游猎，就是不孝。

《隋书·郑善果传》载：郑善果的从父郑译"事后母不谨"，隋文帝赐《孝经》以羞辱之，郑译的儿子郑元也以不孝闻，"士丑其行"。

《新唐书·李渤传》载：李渤的父亲李钧任殿中侍御史，以不能养母而被终身免官。李渤深为父亲羞耻，与哥哥李仲刻志于学，隐居庐山而不出仕。父亲不孝不仅断送了自己的仕途，还让儿子羞于出仕。

《新唐书·柳公绰传》载：唐朝河东节度使柳公绰的孙子柳珪要升任右拾遗，给事中萧倣、郑裔绰反对说："柳珪不能事父。"结果不仅柳珪的右拾遗泡汤了，原来的官职也给废了。柳公绰家法严整，为唐朝士大夫所崇尚。

唐朝招讨府掌书记于公异，当官后不回家探望后母。唐德宗诏赐《孝经》，罢官归田里。卢迈因举荐于公异不当，也被罚俸禄两个月。

《唐律疏议》规定：有父母、丈夫丧，匿不举哀者，流二千里。服丧期间，忘哀作乐，徒三年。明朝顾炎武的《日知录》记载：后唐明宗天成三年（928），滑州（治今河南滑县）掌书记孟升隐匿母丧，大理寺依法判为流放，而唐明宗以"孟升身被儒冠，贪荣禄匿母丧而不举，渎污时风，败伤名教，十恶难宽"，赐孟升自尽。可见，朝廷对官员不孝处理得极其严厉。

官员在为父母居丧期间稍有越礼行为，也要遭到严惩。《日知录》

载，唐宪宗元和九年（814）四月，京兆府原法曹陆赓的儿子陆慎余与哥哥陆博文，居丧期间穿着华丽的衣服过坊市，饮酒食肉。宪宗下诏，各杖四十，陆慎余流放循州（今属广东），陆博文赶回原籍。十二年（818）四月，宰相于頔第四子、驸马都尉于季友居嫡母丧期间，与进士刘师服宴饮，于季友被削官爵，笞四十，流放忠州（治今重庆忠县）。刘师服笞四十，配流连州（今属广东）。于頔以训子不严而被削官阶。唐德宗时，监察史皇甫镈因居母丧期间游玩，被贬官为詹事府司直。

对官员服丧期间嫁娶的不孝行为，惩罚也极其严厉。唐宣宗时，进士杨仁瞻的妹妹出嫁，母丧期间纳聘，被贬为康州参军。唐明宗时，原州司马聂屿丧妻不到半年，又成婚，又不奉养母亲，数罪并罚，被赐死。

明英宗天顺三年（1459），沈王佶焞奏请，父亲康王在世时，为弟弟永年订婚，娶潞州民李刚女。妹妹长平郡主嫁给李磐，未及成婚而父王去世。现在，父王的丧事已进行了两年的大祥之祭，阴阳书上说，明年弟、妹结婚不利，请准许今年择日嫁娶。礼部侍郎邹干反对说："三年之丧，礼之大者。禁止丧服之内成亲，律有明文。沈王、郡王、郡主父丧未终婚嫁，断不可行。"沈王佶焞贵为朝廷王侯，而且只是申请，并没真的居父母丧婚嫁。尽管如此，朝廷还是把辅佐沈王的长史治了罪。

由此可见，官员犯不孝罪，轻者被罢官，重者被处死。甚至是稍微有一点不孝的念想，也严惩不贷。自隋朝到清朝的法律，都把"不孝"列于"十恶之条"，是十恶不赦之罪，官员当然更不能例外。

3. 齐桓公、高贵乡公亲近不孝子的惨痛教训

《孝经·圣治章》载孔子语曰："不爱其亲而爱他人者，谓之悖德；不敬其亲，而敬他人者谓之悖礼。"一个连自己的父母亲人都不爱的人，要让他爱别人是不可能的。同样，对父母不孝，就可能对君主不忠。

春秋时期，九合诸侯，一匡天下的齐桓公，宠爱易牙、竖刁、启方三个佞臣。齐相管仲有病，告诫齐桓公远离这三个小人。齐桓公说："易牙烹子给寡人吃，还不忠诚么？"管仲说："疼爱儿子是人的天性，不惜烹儿子以讨好国君的人，没有人性，能忠于国君么？"齐桓公又说："竖刁阉割自己亲近寡人，还不忠诚么？""自爱其身也是人的天性，对自身

都忍心阉割，又何爱一君主?"齐桓公又说:"启方为了奉侍寡人，父亲死都没回家服丧，对我还不忠诚么?""连父亲都不孝、不爱，岂能忠于君主?"齐桓公只好远离三人。于是，管仲下令把三人赶走了。

不久，管仲死了，齐桓公三年食不甘，心不怡，连日常政务都懒得处理了，叹息说:"仲父（管仲）太过分了吧?"又把易牙等三人召回身边。

不久，齐桓公病倒了，易牙、竖刁等趁机作乱，堵塞宫门，在齐桓公卧室周围筑起高墙，隔绝内外，每天以齐桓公的名义发号施令。齐桓公卧床没人照顾，有一宫女偷偷翻墙进来探视，齐桓公可怜地说:"我饿。"宫女无可奈何地说:"我无法搞到吃的。""我渴。""我无法弄到水。"接着，宫女述说了易牙等人作乱的情况，齐桓公老泪纵横，说:"圣人所见岂不远哉，若死者有知，我将何面目见仲父乎?"齐桓公被活活饿死后，尸体在床上停放了 67 天，腐烂生蛆，惨不忍睹。其中的原因及隐喻的道理，不言自明。

西晋尚书令贾充被认为是不忠不孝。说他不忠，是因为他背叛曹氏旧主，卖身投靠司马氏，唆恿成济杀高贵乡公曹髦，背上了弑君的骂名。贾充的父亲贾逵官至豫州刺史，受曹操、曹丕、曹睿三代恩遇。曹丕称赞贾逵是"真刺史"，布告天下以贾逵为楷模。魏明帝曹睿、高贵乡公曹髦都曾到贾逵庙中祭祀，一再下诏褒奖，修整庙宇。曹魏诸帝对贾家可谓皇恩浩荡，可就是这个逆子贾充成了司马氏篡魏的元凶。说他不孝，是因为他违背母训。贾母重节义，多次大骂成济是弑君的乱臣贼子，竟不知道主谋就是自己的儿子。贾充前妻李氏贤惠，贾母多次让他迎进家门，他都不听。贾母临死，贾充问母亲有什么嘱咐，贾母愤恨地说:"我让你迎媳妇李氏进门，你都不肯，还问什么?"直到咽气，不再说一个字。

当然，这并不是说凡是不孝子就一定是叛逆之臣，战国时的吴起就是一个例外。

战国时期卫国人吴起是著名军事家、改革家。离家求学时，割臂出血，与母亲诀别发誓说:"不为卿相，不再回卫国!"后拜曾参为师，母丧不归。曾参是个大孝子，见他母丧不归，便把他赶出师门，断绝师生关系。白居易《慈乌夜啼》诗讲:"昔有吴起者,母殁丧不临。嗟哉斯徒辈,其心不如禽。"其实,吴起不是"其心不如禽",他是个一切都不顾的"功名狂",杀妻求将,为士卒吮疽,最后为变法献出了生命。他把建功立业的价值放在母亲、妻子和自己的生命价值之上。与上述那些贪恋权势,不忠不孝的叛逆者不可同日而语。

自古忠臣必出于孝子之门。如果一个人真能爱父母、爱家庭、爱社会,也一定是忠臣。因为忠孝是一种情爱的发挥。"凡事不近情理者,鲜有不为大奸慝者。"试想一个唯利是图,没有基本的爱心,连自己父母亲都不孝顺的人,能够指望他对国家民族尽忠吗?

(二)落实孝道的"丁忧"制度

"丁忧"指古代官员有父母亲属丧,辞去官职,谢绝人事,在家居丧。有时因官员身寄国家之重,如大战在即或正在交战的将帅,有重要政务在身而别人又无法替代,朝廷急需孝子留任,或守制未满而召回朝廷任职,称为"起复"。"起复"出仕后,素服办公,不参加吉礼,称作"夺情"、"夺哀"、"夺丧"。

《礼记·曾子问》有"金革之事无避"的说法。"金革"指战争,在战争等紧急状态下,孝子因急于王事,父母死可以不解官居丧,穿着黑色丧服继续在战场上为国效力,叫做"墨绖从戎",也叫"金革夺丧"。

1. 汉文帝以日易月

清人赵翼《廿二史札记》卷三载:"汉文帝临崩,诏曰:'令到,吏民三日释服。'按:天子之丧,吏民尚齐衰三月,今易以三日,故后世谓之以日易月。"说的是汉文帝临终遗诏,把天下吏民应该为皇帝服丧三个月改为三天,后世叫做"以日易月"。由于汉文帝"以日易月",有"短丧之诏",究竟官员该不该辞官为父母服丧,朝廷没有明确的法令。

西汉东海郯(今山东郯城)人薛宣为丞相,弟弟薛修为临淄令。后母随弟弟薛修居住。薛宣想迎后母到长安,薛修不让。后母死,薛修辞官守制。薛宣认为,三年丧服"少能行之者",兄弟因意见不合而反目。结果薛修真的服丧三年,薛宣却没服丧。汉哀帝即位后,博士、给事中、东海(今山东郯城北)人申咸指责薛宣,不供养母亲,不为母亲服丧,薄于骨肉，前几年因不忠不孝免官，不应该再以列侯在朝廷供职。此事闹得不可开交，薛宣的儿子薛况雇凶手斫伤申咸，结果，薛况流徙敦煌，薛宣免为庶人。

这实际是一场为官者是否应该辞官为父母服丧，不服丧者有没有资格封侯、位列朝廷的争执。可见当时朝廷还没有对丁忧不离职的处理措施，如果不是薛况雇凶伤人，薛宣即便是遭到指责，也不会被免官。

东汉始把经典中的"金革夺丧"扩大为"政务夺丧"，由武将推延到文臣。东汉太尉赵熹请求为母服丧，汉明帝不许，派使者为他除服。太仆邓彪请求服母丧，"诏以光禄大夫行服"，也就是在光禄大夫任上服丧。桓荣的儿子桓郁、桓焉请求服母丧，汉章帝诏桓郁"以侍中行服"，桓焉"以大夫行丧"，都属于夺情起复。

因为有不服丧的先例，东汉邓衍不服父丧，汉明帝虽鄙薄他的为人，但朝廷没有服丧定制，也无法治他的罪。

到东汉安帝时，邓太后临朝，诏"长吏不为亲服丧不得选官"，有的官员提出，州牧郡守应当例外。邓太后死，汉安帝又取消此令。到汉桓帝又重申，不久又取消。

所以，汉代官员的丁忧不是很严格，很少有人为父母服丧三年。赵翼《廿二史札记》曾追述汉代的丧服，"两汉丧服无定制"，"行不行仍听人自便"，"臣下丁忧，自愿持服者，则上书自陈，有听者，有不听者，亦有暂听而朝廷为之起复者"。汉景帝时，"七国之乱"爆发，情势危急。御史大夫晁错的父亲死，十天后就帮助景帝调拨军粮。汉成帝时的丞相翟方进后母死，安葬后36天就除服办公。

能为父母守三年丧者，称作"终丧"、"终制"，都会受到舆论的赞扬，如汉武帝时的公孙弘、汉戎帝时的薛修、汉哀帝时的原涉、刘茂等都曾因为父母守满三年丧而得到好评。河间惠王刘良为母亲服丧三年，还被汉哀帝表彰为"宗室仪表"，并"益封万户"。

汉朝强调以孝治天下，是把孝道扭曲并推向极端的时代。自汉武帝"举孝廉"以来，那些追逐名声者，宁过之而无不及。东汉临淄人、人称"江巨孝"的江革，为母服孝三年后，仍不忍除服，郡太守派人为他除服。东汉东海王刘臻、濮阳县长袁绍，为母亲服丧三年礼毕，觉得当初父丧过于简陋，又重新为父亲服丧三年。

从这些随意、混乱的服丧、丁忧、夺情现象来看，汉朝还没有形成固定的制度。

2. 移孝为忠——"夺情"和"起复"

魏晋南北朝时期，官员辞职丁忧成为一时风气。西晋礼部尚书王戎、南朝宋太子洗马王僧达、尚书主客郎羊崇，北魏黄门侍郎张彝，都曾丁忧去职。

魏晋南北朝是乱世，夺情起复较多，但由于官风淳厚，夺情虽多而真心守丧的也多。北周镇远将军、太子舍人王述的父亲早死，祖父王罴把他养大。祖父去世后，王述丁忧在家。当时东魏高欢、西魏宇文泰连年交战，百官遇父母丧，卒哭之后，都起复办公。王述因祖父恩情深重，请求服丧完毕再任职。宇文泰见他情真意切，没再坚持夺情。其他像南朝宋的孔季恭、殷景仁、沈演之，南朝梁的任昉、王金，北齐的李德林等，都是固辞皇帝夺情而坚持终丧的，称为"夺服不起"。

北魏齐州清河绎幕（今济南历城东）人、骑兵参军、帐内统军房士达"父忧在家"，乡人刘苍生、刘均、房须等作乱，攻克郡县，屡败官军。齐州刺史元欣想让他出任将军平乱，房士达以丁忧固辞。元欣让房士达的朋友冯元兴劝告他说："现在盗贼势力很大，万一攻破齐州（治今济南），你的家也难保全。危急的情况下，顾不上名教了！"房士达不得已而出任将军，率领齐州军队扫平了变乱。这种情况下的夺情，完全是迫于形势所需要，是真正的"移孝为忠"。

隋朝考功侍郎薛浚的母亲去世，被夺情后多次请求丁忧回家，都没有被批准，由于过度悲哀而重病在身。薛浚的弟弟薛谟任晋王府兵曹参军，也夺情在扬州供职。薛浚写信给弟弟说："我家道贫寒，不闻诗礼。后禀母亲教诲，从师就业，登朝为官，到今天已 23 年了。虽不是什么大官，但俸禄足以供养母亲。现在我们兄弟都被夺情，不能为母亲寝庐枕块，举哀守制，让人扣心泣血，痛断肝肠。我虽重病在身，启手启足，没有毁伤，可以从先人于地下了。唯一担心的是你远在扬州，我忍死等待，想兄弟见面诀别，已十多天了。你既然没来，我们兄弟只好缅然永别了，你好自为之。"写完信就去世了。薛浚虽被夺情视事，没有丝毫的得意，仍然沉浸在母丧的悲哀之中，最后导致重病而亡，这种哀情是真挚的。

唐宋以后，官员夺情起复不一定是朝廷实际需要，而是朝廷的器重，官员的荣耀了。真诚拒绝起复，或起复后真心守丧的官员已是凤毛麟角了。

唐中宗时，工部侍郎张说遇母丧离职，服丧未满，唐中宗想让他起复任黄门侍郎。当时，官员都以起复为荣，张说却"固节恳辞"，坚持为母亲服丧期满，因此受到有识之士的称赞。唐玄宗时的中书侍郎张九龄母丧丁忧，柴毁骨立。朝廷下令夺哀，张固辞不肯，直到第二年才起复为中书令。

唐代宗时，宗正少卿李涵母丧夺哀，持朝廷节杖宣慰州县。在职仍然坚持为母服丧，非公事不说话，只吃蔬菜谷物，晚上席地瞑坐，不脱衣，不上床。还朝后，再次要求辞官为母服丧。代宗见他形容憔悴，心中不忍，答应了他的请求。

元朝宰相廉希宪丁母忧，率亲族行古丧礼，三日水米不进，恸哭呕血，搭草庐于母亲墓旁，寝卧草地之上。朝廷派来的使者来到草庐，老远就听到他的号哭声，竟不忍和他讲话。后来，令他夺情起复的诏书到了，廉希宪虽然不敢违背圣旨，但出外穿素服办公，回家马上换上斩衰丧服。

明武宗时内阁首辅杨廷和父亲病故，他恳请回乡奔丧丁忧，皇帝不许，经过再三请求，才得到批准。丁忧期间，皇帝要夺情起复，杨廷和再三推辞，始终没有起复。《明史·杨廷和传》说："阁臣之得终父母丧者，自廷和始也。"

咸丰七年（1857）二月四日，正在襄阳操办湘军的兵部右侍郎曾国藩的父亲去世。按说，当时正值和太平军交战的非常时期，"兵革夺丧"是情理之中的，可接到讣告后，曾国藩马上和弟弟曾国荃回籍服丧。不久，奉旨"墨绖从戎"，复出领军。

上述几例，在官员们投机钻营，谋求夺情起复的腐败风气下，能够真诚地为父母服丧守制，实事求是地接受夺情，是古代"移孝为忠"的典范。

3. 中原父老望旌旗——岳飞起复

南宋抗金名将岳飞，不仅是抵御外侮的英雄，还是一名大孝子。民间传说的岳母刺字，史书中虽查无依据，但岳飞背上的确刺有"尽忠报国"四字，深入肤理。他一生也的确是遵守母训，精忠报国。临刑受审时，他撕裂衣服亮出四字，以示"皇天后土，可表此心"。

岳飞从军后，母亲姚氏流落在河北，岳飞派人寻找迎归。母亲有痼疾，岳飞亲尝汤药。绍兴六年（1136）三月，岳母去世，岳飞三天水浆不入口，与儿子岳云等"跣足扶榇"，从鄂州（今湖北武昌）徒步前往庐山安葬。随后向宋高宗提出辞官丁忧的申请，入住庐山名刹东林寺，准备守三年之丧。宋高宗虽一意求和，苟且一隅，但深知金人尚未善罢甘休，必须以战求和，还要倚重岳飞这样的战将。在这个节骨眼上，是不会允许岳飞丁忧辞官的。

接到讣告，宰相赵鼎立即按例通过枢密院两次发文让岳飞起复，同时请宋高宗下起复诏。当天，高宗遣使慰问，在常规奠礼外，加赐银千两，绢千匹，同时下了第一道"即日降制起复"的起复诏。岳飞接到公文和诏令，接连三次上《乞终制》的札子，陈述"老母沦亡，忧苦号泣，两目遂昏"，反复恳请皇帝垂怜，"许终服制"。后来，高宗又亲笔写了两道起复诏，希望他"国耳忘家，移孝为忠"，"趁吏士锐气，念家国世仇，建立殊勋，以遂扬名显亲之美"。这样，岳飞才被迫起复，再任武胜、定国军节度使、宣抚副使之职，到襄阳主持军务。这才有岳飞誓师北伐，收复商、虢等大片河南失地的胜利。

宋高宗见岳飞起复后出师大捷，非常高兴，将刘光世所属部下五万人马拨到他的麾下，并说："中兴之事，一以委卿。"可由于张浚、秦桧从中梗阻，调拨人马的事成为泡影。岳飞胸中积忿，上了一道乞罢军职的札子，不等批示，又回到庐山母墓旁守制了。宋高宗闻知，立即诏令岳飞幕僚到庐山以死请求。又命李若虚、王贵去庐山请岳飞还军。众将佐苦劝岳飞六日，他才答应还军视事。

岳飞抗金，精忠报国，是忠孝两全的忠臣孝子，当然受之无愧。就他第二次请求为母亲终丧来看，显然夹杂了个人的情绪，或者说为母守孝成为他要挟朝廷的借口。尽管他出于收复中原的一片忠心，也可看成是他策略上的需要，但至少不是诚心诚意地为母亲守孝。

4. 世间吴起辈纷纷——"夺情"、"起复"的变质

夺情的本意是国家夺去了孝亲之情，是朝廷愧对官员。可后来反倒成为一种特殊的荣耀。如果哪个大臣有父母丧，朝廷夺情，就是对他的器重。于是，由朝廷的愧疚很快反转为皇恩浩荡。

实际上，隋唐以后除岳飞、曾国藩那样的"金革夺丧"外，夺情起复对朝廷来说已无任何价值，纯粹是一种恩宠。唐朝尚书右仆射房玄龄，中书侍郎苏颋、张九龄，宋朝参知政事寇准，都曾夺情起复，并非是朝廷真的离不开他们，而是显示皇帝对他们的器重。

唐朝狄仁杰死，其长子狄光嗣居丧备礼，唐睿宗命他起复为太府少卿，狄光嗣接连上表推辞。睿宗降敕说："朕念卿家忠于王室，夺情以展示特殊的恩宠。今天朕依从你的意愿，用来激励那些贪图功利者。"唐睿宗的话可谓一语道破天机，夺情是皇家特殊的恩宠，上表推辞夺情，更显得不贪图功利，可换来更高的声誉。可见，唐朝确有许多官员贪图朝廷的权力，而不肯辞官为父母守制。

唐肃宗时的宰相吕諲母丧，丁忧解职，三个月后起复为宰相。唐制，三品以上官员得门前立门戟，唐肃宗也隆重地为他赐门戟。有人说不能穿着凶服接受吉赐，吕諲脱掉丧服拜赐，因此而受到时人的讥讽。吕諲遭母丧，本来是倒霉的事，反倒得到赐门戟的荣耀，这种不寻常的"因祸得福"，哪还顾得上丧服不丧服？

因此，官员的丁忧与起复，是伦理孝道和功名利禄对他们的严峻考验。那些贪恋官位前程，希冀夺情起复者往往得到父母亡故的消息故意隐瞒，不离职奔丧，古代叫做"匿丧"。这样做如被发现，会受到严厉处分，而且为人们所不齿。

北魏明确规定："居三年之丧而冒哀求仕，五岁刑。"开创了将丧礼入于刑法的先例。北魏宣武帝时，偏将军乙龙虎居父丧27月后请求复职，领军元珍弹劾他没有扣除闰月，依律应判五年徒刑。可见北魏官员丁忧是非常严格的。

北宋凡宰相丁忧，一般都由皇帝下诏起复。为防止官员过早起复，北宋初规定"须经百日"，安葬父母之后方能起复。从富弼开始，宋代宰

相不再夺情起复，"多终丧者"。

宋仁宗时，富弼、韩琦同为宰相，一天谈论起宰相夺情起复的惯例。韩琦说："这并非朝廷盛事。"说者无心，听者有意，富弼听了，脸色顿时阴沉起来。原来他母亲老了，很快就要面临丁忧辞官。果然，嘉祐六年（1061）三月，富弼的母亲去世，因而辞去相位丁忧。宋仁宗虚位以待，五次下诏让富弼起复办公。富弼坚决推辞说："以前宰相起复是金革变礼，现在是太平年间。再说了，宰相韩琦也认为起复不是朝廷盛事。因此，我决不起复。"韩琦得知后，说："我不过是实话实说，谁知却被人怨恨。"从此，二人有了隔阂。富弼丁忧终丧，成为人人称道的一心为国、不贪荣禄的典范。我们可以看到，即便是富弼这样的品格高尚者，除了对母亲的孝道，除了矫正和平宰相丁忧起复的惯例外，还带有对韩琦的怨恨。至少他认为，韩琦的话是在影射自己，不让自己起复是恶意。在富弼和所有人的观念中，是非都颠倒了，让孝子终丧才是善意，让孝子夺情才是违背孝道的恶意。

隋唐创立了科举制，士子遇斩衰之丧不得应考。北宋时又规定，"期丧"百日内不准参加科举，尊卑长幼相同。士人们多匿丧冒哀进京参加考试，可一旦被人告发，则要论罪处罚。为父母丧耽误了科考倒也罢了，如果是为卑幼者服丧而不能参加科举就冤了。比方为小叔叔、小弟弟都服齐衰，也叫"期丧"，也不能参加科举。宋真宗天禧四年（1020）二月，采纳翰林学士晁迥的建议：诸州士人以期丧妨试，请自今以后，为卑幼者"期服"可以参加考试。南宋朱熹曾讲："祖父母丧不赴举，法令虽不禁止，士子宜行之。"可知，南宋的法律规定又放宽了许多。朱熹倡导，有祖父母丧，即使法令不禁止赴举，士子们也不应该赴举。

明朝特别强调官员守制，"内外大小官员丁忧者，不许保奏夺情起复"。明初虽是多事之秋，朝廷重臣刘基、宋濂、章溢有父母丧，都没夺情起复。明成祖靖难之役，中外臣僚始有夺情不丁忧者，以后又趋严格。明英宗正统七年（1442）下令，"凡官吏匿丧者，俱发原籍为民"。十二年（1447）又下令，"内外大小官员丁忧者，不许保奏夺情起复"。

从唐朝开始，朝廷官吏管理制度中又多了一项公务——审核、批准起复。京朝官及地方要员由吏部负责，武将则由枢密院负责。明朝吏部稽勋司专设立有"起复科"。

这样，朝廷夺情起复由最初的兵革、政事急需而演变为一种对大臣的恩宠，最后演变为一种多余的政务负担。对官员来说，夺情就是不对父母尽孝，就是孝子对父母的愧疚。官员们由拒绝夺情，到投机钻营谋求夺情，由"愧疚"演变为一种荣耀，一种互相排斥、倾轧的政治斗争的工具。从封建伦理道德上讲，从"移孝为忠"、忠孝两全的道德情操的陶冶，转变为贪恋荣禄、亵渎孝道的腐化败德。

5. 史嵩之、张居正的夺情风波

明朝文学家王鏊在《陆凤刲股愈母疾》诗中讲："君不见，世间吴起辈纷纷，母丧在床如不闻。"官员丁忧固然恪守了对父母的孝道，然而却贻误了自己的仕宦前程。虐以后，官员多以起复为荣，以至有人生怕朝廷忘了夺情或嫌夺情太慢而申请起复。地方上的中小官吏也奔走钻营以求起复。北宋欧阳修的奏疏中提到，太常博士茹孝标，在原籍为父亲服丧，偷偷到京师奔走权贵，营求起复，被御史所弹劾。还有个在法司等候判罪的新进士南宫观，母亲去世匿丧不报，升官娶媳妇后从容还乡。这个南宫观真有"魄力"，母丧期间，竟然占尽"金榜题名"、"洞房花烛"、"光宗耀祖"的风流。

丁忧过程中的夺情和起复，也往往成为政治斗争的工具。围绕着它，官场权力倾轧与派系政争也波澜迭起，以南宋理宗时的史嵩之夺情风波和明神宗时的张居正夺情风波影响最大。

南宋理宗淳祐四年（1244），右丞相兼枢密使史嵩之遭父丧丁忧解职，未满三月，宋理宗下诏起复。史嵩之佯作推辞，理宗又亲书手诏，遣使臣催促起复。由于史嵩之官声不好，为公论所不容。太学生黄恺伯、金九万、孙翼凤等144人，武学生翁日善等67人，京学生刘时举、王元野、黄道等94人，宗学生与寰等34人，建昌军学教授卢钺等纷纷上书反对。将作监徐元杰、刘镇等也上书辩论，史嵩之不应当起复。一时间舆论鼎沸，迫于压力，宋理宗才收回成命。这样，史嵩之丁忧后也没复职，在家居闲了13年后死去。

明神宗万历五年（1577）内阁首辅张居正收到父亲去世的讣告。独断朝政的张居正，当然不愿意在此紧要关头离开岗位。表面上上表乞归守丧，实际上连回家奔丧、落葬也不想去，生恐动摇了他的政治地位。

张居正的盟友、司礼监掌印太监冯保也认为他不应该丁忧，否则后果难以预料。于是，两人策划了丁忧和夺情的两全之计。先由冯保密谋由皇帝夺情，局面已定，再把讣告通报内阁同僚。奏疏送给皇帝时已经二更，天亮之前皇帝的挽留谕旨就下达，还赏赐大量香币、油蜡之类的供品。宫内的小太监络绎不绝来到张府，传递夺情的信息。张居正感动之极，命令仆人搀扶小太监站立，接受自己的跪拜，特别叮嘱：请把我的叩头带给冯公公。

在与冯保密谋的同时，又怂恿其党羽李幼孜、吕调阳、张四维等联名向皇帝奏请，希望援引前朝大臣金幼孜、杨溥、李贤由皇帝夺情的先例，挽留张居正。张居正知道，这一奏请并不符合旧制，明孝宗时的内阁首辅杨廷和已开了为父亲丁忧终制的先例。但这是制造夺情舆论不可缺少的一个环节。

由于冯保的一手促成，年幼的神宗皇帝一而再，再而三地挽留张先生。为了掩人耳目，张居正则一而再，再而三地请求回乡丁忧守制。记得王莽、曹丕篡汉时，逼迫汉帝把帝位让给他们，他们也曾虚伪地再三推让，最后才表示为了天下苍生不得不接受。那可是九五之尊的帝位啊！这种反复表演的滑稽剧却被张居正用在仅仅27个月的起复上。

最后的结果是，张居正在京师北京的家中为父亲守制，在家中处理公务。烧完"七七"以后，和往常一样到内阁办公。

张居正的夺情起复激起了官员们的普遍不满，翰林院编修吴中行、翰林院检讨赵用贤、刑部员外郎艾穆、刑部主事沈思孝，纷起弹劾。冯保擅自扣押这些弹劾奏疏，不送交皇帝，和张居正商量决定，打着"圣怒不可测"的名义，对四人实施"廷杖"。

这样一来，"夺情"的幕后戏，闹到了台前。官员们纷纷为四人求情、请愿，有许多人甚至闯入张府当面质问。张居正和冯保一意孤行，派锦衣卫逮捕吴、赵、艾、沈四人，在午门前"廷杖"。吴中行、赵用贤各杖六十大板，发回原籍为民，永不叙用。艾穆、沈思孝各杖八十大板，发配充军。

张居正是中国历史上屈指可数的改革家，贪恋权势而不为父亲回乡守制，使他人品大受贬议 被称为"蔑伦起复"。连支持他改革的人也叹息："张居正以不守制损誉勋名。"看来，孝亲的亲情远不如政治权力的诱惑。

（三）"亲亲相隐不为罪"——法律保护的孝道

由于儒家思想的完善、成熟和深入人心，从汉武帝起儒家思想就成为中国政治、法律的指导思想。以礼率法，纳礼入律成为封建法律建设的鲜明特征。儒家的礼仪和伦理道德规范纷纷以法律的形式被确定下来，有的则直接移植、提升为法律规范。中国古代法律中的"亲亲相隐不为罪"、"子孙告父母、祖父母者死"以及"存留养亲"制度等，即反映了儒学对法律的渗透，反映了国家政治对儒家孝道的关照，这也都是法律不公正的表现。

1. 古代法律对"子为父隐"的关照

前面曾提到，孔子的"子为父隐"使人们的道德是非观念失衡，甚至干扰了古代法律应有的公正。按说，"直躬者"属于公正无私，大义灭亲又舍身救父的高尚行为，无可厚非，可由于孔子的否定，却成了欺世盗名行为。中国古代的典故"直躬者盗名"，就反映了对其行为的否定。由此可知，真正使天下为公、大义灭亲获得社会性存在意义，并强调其公正、庄严的，不是儒家。

古代法律中的"子为父隐"，主要表现为"亲亲得相首匿"和子孙不得告发父母、祖父母。

子不得告父的风俗，战国时期业已存在。《战国策·齐策一》载，齐国章子的母亲被父亲杀掉，埋到马槽底下。章子既不敢告发父亲，也不敢改葬母亲。自秦朝开始，子孙不得告父母、祖父母即形成法律。

1975年湖北云梦睡虎地秦墓出土的竹简《法律答问》讲："子告父母、臣妾告主，非公室告，勿听。""非公室告"是指父母杀死或者残害儿子、奴仆。结合《法律答问》的其他记载，子告父母、奴仆告主人，不但不受理，而且还得治罪，别人再告，也不受理。

《汉书·宣帝纪》载："自今子首匿父母，妻匿夫，孙匿大父母（祖父母），皆勿坐。其父母匿子，夫匿妻，大父母匿孙，罪殊死（斩首），皆上请廷尉以闻。""首匿",指作为首谋而藏匿罪人,即现在的窝藏、包庇。也就是说,儿子包庇父母、妻子包庇丈夫、孙子包庇祖父母,法律一概不予追究。父母包庇儿子、丈夫包庇妻子、祖父母包庇孙子等尊者首匿卑者的行为,凡是死罪都要通过廷尉上奏皇帝做出决断。在法律上,叫"亲亲得相首匿"。到《唐律疏议·名例》发展为"亲亲相隐不为罪","亲不为证"。

《魏书·窦瑗传》载:"案律,子孙告父母、祖父母者死。""三公曹第六十六条,母杀其父,子不得告,告者死。"该书反复强调"子与父母,同气异息,终天靡报",所以"父母、祖父母,小者攘(偷)羊,甚者杀害之类,恩须相隐,律抑不言,法理如是,足见其直"。也就是说,儿子和父母,同气异体,至死也报答不了父母的恩情。父母、祖父母小到偷羊,大到杀人,念及恩情也得隐瞒,法律这样规定,足以显示公正了。

2. 死罪不死的"存留养亲"制度

"存留养亲"即身犯死罪者,如果父母或祖父母年老气衰,家中无别的男丁赡养,可赦免其死罪。这一制度开始于两晋,入律于北魏,一直实行到明清。

《太平御览》卷六四六《刑法部·弃市》引《晋书》载:东晋成帝咸和二年(327),句容令孔恢犯罪当弃市(在闹市执行死刑,暴尸街头)。朝廷下诏说:"恢自陷刑网,罪当大辟。但以其父年老而有一子,以为恻然,可特原之。"朝廷因孔恢是独子,念及其父亲年老无人赡养,特赦免了他。这虽不是朝廷正常的法律规定,但已开"存留养亲"的先例。

"存留养亲"制度是北魏孝文帝拓跋宏太和十二年(488)下诏创制的。《魏书·刑罚志》载,北魏的《法例律》规定:"诸犯死罪,若祖父母、父母七十以上,无成人子孙,旁无期亲者,具状上请。流者鞭笞,留养其亲,终则从流,不在原赦之例。"也就是说,对于身犯死罪,父母、祖父母没有成人子孙,又无亲近的亲属,可以申请皇帝批准,让他们暂留在家养老送终后再执行死刑。应该流放者,实施鞭笞之刑后,可存留养亲,为父母养老送终后再流放。

《魏书·刑罚志》还记载了当时一个案例:河东郡(治今山西永济)

李怜生因投毒被判死刑。其母陈诉，自己年老，没有其他亲人，依法应该申请存留养亲。郡府核实后，还没申请下来，李怜生的母亲就去世了。州府判决，准许他为母亲服孝三年后再执行死刑。可司州主簿李场坚持，已经给他假期，安葬母亲完毕，应马上执行，不能再拖了。最后，朝廷采纳了李场的意见。

这个李怜生真够倒霉的，他母亲死得也不是时候，如果晚死几天，他就可以堂而皇之存留养亲了。

元朝有两例存留养亲的记载。元世祖时，顺天路（治今河北保定）百姓王佳儿因过失杀人被判死刑，其母言于朝廷说："儿死，则妾亦死矣！"朝廷遂赦免王佳儿死罪，让其归家养母。元文宗至顺二年（1331），宁国路泾县（今属安徽）人张道杀人为盗，弟弟张吉协同犯罪，被囚禁了七年，后因母亲再无其他子孙，也免除其死罪，施以杖刑后释放回家养亲。

3. 父兄之仇，不共戴天——法律与孝道的冲突和协调

"父兄之仇，不共戴天"，是儒家孝道的重要内容之一。中国古代的复仇主要以血亲复仇为核心，指君主、父母、师长、兄弟、朋友等被人杀害或侮辱后，对仇人采取暴力手段进行报复。

（1）在礼，父仇不同天；在法，杀人必死

后来往往用"礼，父仇不同天"，或者"父兄之仇，不共戴天"来表述孔子的主张。

孔子的主张在很大程度上影响、左右了后世孝子们的行为，导致了中国古代凡为父报仇的行为，大多都触犯法律。中国的普通民众都知道"杀人者死，伤人者刑"，唐律中亦有"法，杀人必死"，但就是不知道运用这合法的手段。父仇不共戴天，明知要死，明知要受到法律的制裁，也要为父报仇。而如何处理这些为父报仇的孝子义士，往往成为法官的难题。为此，唐朝历史上曾发生多起州县与朝廷、皇帝与大臣、大臣之间的抵牾和争论。

隋朝大业年间，莱州即墨（今属山东）人王君操之父与乡人李君则斗殴被杀。王君操时年6岁，其母刘氏告到县里，李君则弃家亡命，追捕数年未果。隋亡唐兴，李君则觉得已经改朝换代，法律不会制裁了。

又见王君操孤幼，不会有复仇的想法了，遂到州府投案自首。谁知王君操把刀藏在衣袖里，突然抽刀把李君则杀死，剖腹取其心肝，啖食立尽，然后到州府自首。州里的司法官说："杀人偿死，律有明文，自动投案也难求生路。"王君操置生死于不顾，回答说："父死凶手，沉冤二十余载不得报。父仇不可同天，今大耻既雪，甘愿归死。"州司依法判王君操死刑，唐太宗却下诏赦免。

《新唐书·孝友传》载，武周时，下邽（治今陕西渭南东北）人徐爽被县尉赵师韫所杀，其子徐元庆手刃赵师韫后自动投案。武则天想赦免他的死罪，左拾遗陈子昂认为：父仇不同天，枕干仇敌，是人子的孝义，徐元庆报父之仇，束身归罪，堪称烈士；然而，国法诛罪禁乱，杀人者死，法不可二，徐元庆应该明正典刑。建议将徐元庆判处死刑，然后再予以旌表。

唐顺宗时，礼部员外郎柳宗元驳斥陈子昂说，徐元庆服孝死义，是达理闻道之人，并非与王法为仇敌，不应受戮。以后再遇到此类案子，不应依陈子昂的议论办理。

唐玄宗时，监察御史杨汪以谋反罪冤杀寓州都督张审素，抄没家产，幼子张瑝、张琇流放岭南。后来，这两个孩子逃回，趁黑夜袭击杨汪（已改名万顷）。13岁的张瑝砍断杨汪的马腿，11岁的张琇手刃仇人。弟兄俩写好杀杨汪的状子，系在斧上，又奔往江南，想把陷害父亲的仇人都杀光，然后再投案自首，路过汜水关时被抓获。中书令张九龄连声称赞这兄弟俩孝烈，应该免死。侍中裴耀卿等人认为不可饶恕。唐玄宗说："孝子者，义不顾命，杀之可成其志，赦之则亏律。转相仇杀，何时得休？"遂采纳了裴耀卿的意见。临刑，那个小张琇视死如归，说："下见先人，复何恨！"当时，天下人莫不冤之，纷纷敛钱安葬二人。如果这兄弟俩依靠法律，为父申冤，就不会死于非命了。

唐宪宗时，衢州（今属浙江）人谢全杀死余常安的父亲和叔叔，九年后余常安杀死谢全，报了父仇。州里建议从轻发落，刑部判为死刑。后又有富平（今属陕西）人梁悦为父报仇杀人案，朝廷下诏说："在礼，父仇不同天，而法，杀人必死。礼、法，王教之大端也，二说异焉，下尚书省议。"职方员外郎韩愈根据《周官》和《公羊传》，分析了子报父仇的各种情况：一种是父亲犯罪被诛，儿子为父报仇；一种是民间互相仇杀，子报父仇。按《厝官》所称，报父仇先告知官府，则无罪，可有些妇女儿童，力量孤弱，须伺机报仇，不能先声张。最后做出决定："有复父仇者，事发，具其事下尚书省集议以闻，酌处之。"最后，梁悦因有自首行为，从轻发落，被流放到循州。

总之，由于儒家的孝道和"父仇不同天"的伦理观念，使古代的法律量刑也对复仇者肯定、放纵和赞许，一直徘徊在"在礼，父仇不同天；在法，杀人必死"之间，既可法外施恩，又可明正典刑。甚至古代还形成了一种本末倒置的法律观念：不报父仇者，反倒法不容情！孙光宪《北梦琐言》卷十八载：后唐襄邑人周威的父亲为人所杀，周威不雪父冤，反与仇家和解，唐明宗降敕赐死。本来不去违法杀人报仇，是遵法的忠顺表现，但这样做为常理所不容，因而被赐死。

（2）法制缺失的危害——冤冤相报何时了

中国历史上也有依法报父仇的事例。如，明朝嘉靖（1522～1566）初，浙江山阴人俞孜的父亲俞华押解流人徐铎到长城以北，徐铎毒杀俞华而逃亡。俞孜发誓必报父仇，追踪徐铎数十郡都没有线索。后得知徐铎藏匿到外甥杨氏家，俞孜遂告知官府，与官兵一同把徐铎缉拿归案，缚送于官，绳之以法。上述那个明朝宜兴人何孝得的儿子何士晋持血衣诉官，将杀害父亲的罪犯拿衰抵法，也是依法报父仇。

《孟子·尽心上》载孟子吾曰："吾今而后知杀人亲之重也：杀人之父，人亦杀其父；杀人之兄，人亦杀其兄。然则非自杀之也，一间耳。"意思是说，我现在才知道杀害别人亲人的严重性，杀了人家的父亲，人家也会杀他父亲；杀了人家的哥哥，人家也会杀他哥哥。虽然不是他自己杀了父亲和哥哥，但也只差那么一点点了。孟子的说法，已看到互相仇杀的隐患。

东晋江播参与杀害桓温之父，15岁的桓温枕戈待旦，泣血三年。江播死，儿子江彪等兄弟三人知道桓温会来报仇，将刀藏在哭丧棒中。桓温假称吊丧，把江彪兄弟三人全部杀死，还受到时人的赞扬。

南朝齐有个朱谦之，把母亲葬在自家田地的旁边，坟墓被族人朱幼方燎火所焚，朱谦之一怒，杀死朱幼方，受到齐武帝的嘉奖。可不久，朱谦之又被朱幼方的儿子朱恽杀死。

由此可知，由于法制制止不力，使"父仇不同天"和"父债子还"观念牢固结合，双方一旦结仇，将世世代代冤冤相报。

唐朝濮州鄄城（今属山东）有一孝女贾氏，年方15岁，父亲被宗人贾玄基所害。弟弟贾强仁年幼，贾氏抚育弟弟，发誓不再嫁人。等弟弟贾强仁15岁时，姐弟二人埋伏于路旁，将贾玄基杀死，取其心肝，以祭父墓。贾强仁到县投案，被判以极刑。贾氏则进京自首，把罪责都揽在自己身上，请求代替弟弟死罪。唐高宗听后很受感动，将姐弟二人一同赦免，并把他们迁移到洛阳。之所以要迁移，就是怕对方子孙再来报仇。

清朝山东益都人杨献恒的父亲杨加官，被济南杨开泰殴打致死，杨献恒本人也被诬告入狱。后杨献恒上告，经青州府勘问，杨开泰以贿赂免罪。杨献恒进京告御状，事下山东巡抚会审，罚杨开泰纳埋葬银40两。杨献恒不服，再次进京申诉，事下山东巡抚因业已定案，杨献恒属于妄诉，笞四十。杨开泰派儿子杨承恩到青州贿赂官吏陷害杨献恒。杨献恒伺其出，用铁骨朵击倒他，拔刀砍断其喉咙，又挖出他的眼睛吞到肚里。父债子还，算是为父亲报了仇。杨献恒自首后，被流放戍边。

明清民国时期，村寨、宗族间的仇杀、械斗世代不休，也是出于"父兄之仇，不共戴天"的孝道。1912年6月10号的《民立报》有一篇《大伤人道之械斗》的报道，广东"惠州甲子步寮仔乡宏、简二姓械斗，两方伤亡之人共逾百数……日前，简姓有一少妇为宏族所获，轮奸既毕，遂并其肉烹而啖之。简族知之，亦以此法相报，其肉之供于砧（肉案）上者，不下十人。简姓擒获宏姓一七十岁之老翁，以充刀俎，洵（实在）惨无天日矣"。

（3）王恩荣含恨茹仇

清代曾发生一起含恨茹仇27年，三次为父寻仇的事例。

山东蓬莱人王恩荣9岁时，其父王永泰被本县一小吏殴打致死。祖母告官，不得申冤，仅得埋葬银10两，气愤自缢而死。母亲也泣血三年而死，临终拿出官府给的10两银子对王恩荣说："你家死了父亲、祖母、母亲三人，换来此银，你要牢记，不可忘！"王恩荣稍长六，即挟斧报仇。第一次遇到那小吏，挥斧不中，又投石块将仇人击倒，被人救免。

第二次，用斧砍仇人的头，因其帽子太厚，只受了点轻伤。这时已过去19年了，在官府的调解下，那位小吏逃避到栖霞县。又过了8年，王恩荣在城里小巷中遇到那位小吏，小吏向他乞求活命。王恩荣愤恨地说："我父亲含恨九泉几十年了！"用斧裂其脑，以足蹴其心，终于杀死仇人。

清朝法律规定："律不言复仇，然擅杀行凶人，罪止杖六十，即时杀死者不论。"王恩荣自首后，县里具状上报山东按察使，按察使以其"视死无畏，刚烈可嘉"，竟然将27年后的"擅杀"，判为"即时杀死者不论"，不但无罪释放，还要旌表他的门闾，最后因其舅舅推辞而作罢。

封建法律只会锦上添花，不知雪中送炭。上述几例为父报仇的孝子都有这样一个规律，杀了人，犯了法，也出了名，法律也就出来祖护他了。王恩荣含恨茹仇27年，反复寻仇，最后杀人了，再为他屈法开脱，甚至还要旌表一个杀人犯，这是神圣、庄严的法律么？

（四）天子亲书孝义家——旌表制度中的孝

旌表制度是历代王朝为了宣扬礼教，维护封建统治，对所谓义夫、节妇、孝子、贤人、忠义、卓行、功臣、隐逸以及累世同居等，以表门闾、赐匾额、立牌坊、封坟墓等带有标识性的形式予以表彰的一种道德激励机制。它折射着中国古代社会的基本道德精神，对普天下的民众有着强烈的示范和导向作用。其中，孝子顺孙、敬老尊长、家族和睦，即孝道是旌表的重要内容之一。

旌表制度萌芽于先秦时期，形成于汉朝，完善于隋唐时期，集大成于两宋，在明清时期达到了顶峰。秦始皇为巴蜀寡妇清筑女怀清台，可为旌表之始。《史记·货殖列传》载："清，寡妇也，能守其业，用财自卫，不见侵犯。秦始皇以为贞妇而客之，为筑'女怀清台'。"以后，历代王朝均对此制度奉行不替，并在形式上、旌表对象上不断充实完善。

1. 旌表的各类孝行

"行孝"是旌表的重要内容之一，历代王朝旌表的孝行可分为以下几类：

其一，色养父母

南朝郭世道埋儿养母，宋文帝命郡太守"榜表闾门"，蠲免赋税，把他居住的独枫里改为"孝行里"。唐朝常州晋陵（在今江苏常州）人刘祎之的父亲刘子翼，贞观初朝廷召他为官，因奉养老母而推辞，江南道巡察史李袭誉表所居为"孝慈里"。

其二，以身殉父母

东汉会稽上虞人曹娥的父亲五月五日迎波神而死，14岁的曹娥"沿江号哭，昼夜不绝声，旬有七日，遂投江而死"，上虞长度尚为其立碑。宋朝越州上虞（今属浙江）人朱娥为保护祖母被狂徒朱颜杀死，朝廷诏赐粟帛，会稽令董偕为朱娥立像于曹娥庙中，把她和孝女曹娥并称"二贤"。

东汉犍为孝女叔先雄的父亲叔先泥担任县功曹，在前往巴郡送公文的途中落水而死，尸体也被冲走了。叔先雄悲痛大哭，给一对儿女每人做了一个绣花的香袋，拿珠环等物装在里面，给儿女挂上。然后在父亲落水的地方投水自尽。当晚，她弟弟梦见姐姐托梦说："再过六天，我和父亲一起出来。"到了那一天，叔先雄果然与父亲一起浮尸水面。郡县为她立碑，"图象其形"。

其三，为父报仇

东汉酒泉人赵娥的父亲被同县人李寿杀死，赵娥的三个兄弟先后病死。赵娥暗暗感愤，袖里暗藏利刃，苦寻十年，终于刺死了仇人。州郡旌表其间。那个杀死焚毁母亲坟墓仇人的朱谦之，也受到齐武帝的嘉奖。王恩荣为父报仇，山东按察使也要予以旌表，但被他舅舅推辞了。由此可以看出封建法制漏洞百出，一个违法乱纪的杀人犯，在孝道的庇护下，竟然成为朝廷旌表的楷模。

其四，刲股疗亲

前文所述种种"刲股疗亲"行为，往往得到朝廷的旌表。《新唐书·孝友传》一口气列举了29人因"刲股"而受到朝廷旌表的事例。那个刺血写浮屠书，断两个手指的万敬儒，被州府旌表，改所居曰"成孝乡广孝聚"。明朝新乐（治今山东宁津北）人刘孝妇，为婆母"啗蛆刲肉"，明太祖朱元璋下诏，旌表门闾，免除徭役。自江伯儿杀子还愿后，朱元璋取消了对"卧冰割股"一类孝行的旌表。

其五，毁身丧亲

中国古代的丧葬风俗认为，居丧守制期间越是不吃不喝，越是形容憔悴，就越显示对父母有感情，越是大孝子。因此，"柴毁骨立"、"哀毁骨立"，被认为是居丧守制期间的孝子典范。隋朝人华秋幼丧父，母遇患，"容貌毁悴，须鬓顿改"，隋炀帝降使劳问，表其门闾。清人巢端明，母殁，在其墓旁建庐，37年"不离墓次"半步，死后被誉为"贞孝先生"。

其六，孝义之家

古代强调以孝齐家，凡那些多代同居共财的和睦之家、义门，都可以得到朝廷的旌表。唐朝张公艺九世同居，北齐、隋朝、唐朝均旌表其门。北宋江州德化人许祚，一家八世同居，长幼781口，宋太宗旌表其闾，每岁贷米千斛。北宋江州德安人陈兢一家自唐朝以来13世同居，唐僖宗诏旌其门，南唐立为"义门"。婺州浦江（今属浙江金华）郑义门，元武宗表其门闾为"东浙第一家"，明太祖朱元璋赐封为"江南第一家"，建文帝御书"孝义家"三字赐之，明初文学家方孝孺《郑义门》诗中的"天子亲书孝义家"即指此。

总之，只要是在衣食住行、婚丧生老等方面对父母亲人有孝悌行为的，都可能得到朝廷的旌表。

2. 旌表的各种方式

旌表制度与一般表彰不同的是，旌表必须是皇帝或各级官府给予带有标识的表彰。具体说来，旌表孝义的方式主要有以下几种：

其一，旌表闾里

闾，是古代城、镇、村街巷口的大门。里，是古代居民居住的地方，入口设有里门。表其闾里是一种常见的旌表方式，一般是在闾门、里门上题字。如前文旌表南朝宋郭世道"孝行里"，旌表唐朝刘子翼的"孝慈里"，就是把这几个字题在里门上。明朝铜仁（今属贵州）人杨通照、杨通杰兄弟，母亲病，二人争着祈祷以身代母死，母亲被劫持，又双双奋勇救母而死。朝廷旌表其闾曰"双孝之门"，也是把字题在闾门上。

旌表孝子闾里是最常用的方式。《南史·孝义传上》载：南朝王文殊因服丧伤悲，朝廷下令改所居为"孝行里"。董阳因三世同居，诏榜门曰"笃行董氏之闾"。贾恩因与妻护母棺被烧死，朝廷下令改其里为"孝义里"。张楚因烧指疗母，榜门曰"孝行张氏之闾"。严世期因"性好施"，榜门曰"义行严氏之门"。潘综以死救父，改其里为"纯孝里"。王彭父卒哀号，官府改其里为"通灵里"。余齐人事父，官府改其里为"孝义里"。

也有的旌表孝子所在的乡、村、社、坊。隋朝李德饶性至孝，朝廷下令改所居村曰"孝敬村"，里为"和顺里"。宋人姚宗明孝事父母及伯母，朝廷名其乡曰"孝悌"，社曰"节义"，里曰"敬爱"；徐承珪与兄弟同居，朝廷下令改乡名曰"义感"，里名曰"和顺"；杨庆毁身疗父母，朝廷异名其坊曰"崇孝"。

也有的是制作一个匾挂在闾里的门上，或者是在闾里旁刻字树碑。

我们常见的史书上的"旌表其门"、"旌表门闾"，如宋朝李罕澄七世同居，朝廷下令改乡里名及旌门闾。元朝太平（在今安徽黄山）人胡光远母丧，水獭献鱼，官府"表其闾"等，书中没有说明具体内容，或以字号、或以匾、或以碑，总得有个标识，具体是什么标识，就不得而知了。

隋唐以后，旌表由闾里扩大到乡、村、社、坊，赐名号的如"双孝之门"、"一门四孝友"、"孝烈"、"义士"等也显著增多，旌表的力度明显增大了。

其二，旌表其墓

旌表其墓是在孝子坟前树立标识旌表。如唐朝许州（治今河南许昌）人王博武母溺死，其投水殉母，岭南节度使卢贞表其墓曰"孝子墓"，"诏为刻石"。这是树碑为旌表的标志。唐朝廷在泉州莆田（今属福建）孝子林攒母亲的墓前树立了两座石阙，以示旌表，人称"阙下林家"。阙是古代宫殿、祠庙、陵墓前的高大建筑物，类似后来的牌坊。

其三，赐赠匾额

唐朝郓州寿张（今属山东阳谷、河南范县）张公艺之家九世同居，北齐文宣帝在天保元年（550）亲书"雍睦海宗"金匾，派东安王高永乐前去旌表。隋文帝开皇八年（588），派邵阳公梁子恭携"孝友可师"金匾重表其门。唐朝贝州武城（今属山东）人崔郿、崔郎、崔郁、崔鄯、崔郸兄弟，四世同炊，唐宣宗题字曰"德星堂"。百姓称其里为"德星社"。清人刘永之万里寻父，背负父亲骨骸归葬故土，光绪皇帝特颁赐"万里归亲"御匾以彰其孝行。

其四，刻石、立碑和画像

旌表门闾、坟墓，对被旌表者来说虽然荣耀，但寥寥数字，很难把孝子的孝行叙述清楚，更看不到孝子的形象。而刻石立碑、画像则更为详明、直观。

最著名的孝子碑，当然要数东汉会稽上虞的孝女曹娥碑了。后来，也把刻石立碑作为一种旌表方式。《新唐书·孝友传》载：唐朝宋思礼奉侍继母以闻孝，被任为萧县（今属安徽）主簿。天大旱，水井池塘干涸。继母老病，非泉水不能适口，宋思礼为母祈祷，院子里忽然喷出涌泉，味道甘甜适口。县里"为刻石颂其孝感"。这种旌表形式把孝子孝行的全部内容刻在石碑上，让人都能详细了解。

图画像则是一种直观的旌表方式，让人直接看到孝子的真面目。东汉犍为孝女叔先雄就被郡县立碑，"图象其形"。

其五，筑阙、立坊、建祠

筑阙，在"旌表其墓"一段中已经言及。《宋史·孝义传》载，江陵人庞天祐为父亲割股舐目，负土封坟，朝廷旌表门闾，州县"筑阙表之"。

立坊，即为孝子立牌坊，是明清时期一种普遍的旌表方式。《明史·孝义传》载：濮州宋显章以孝行闻名，宋显章死，妻子辛氏自缢以殉，"知州李绮为建孝节坊，并祠祀"。到晚清民国，从繁华的闹市到穷乡僻壤，到处都是旌表孝子及忠臣义士、贞节烈女、长命百岁的牌坊。

建祠，属于双重旌表，即在为孝子建祠庙为旌表标识的同时，还要四时祭祀。

东汉孝女曹娥有曹娥庙，宋代孝女朱娥被立像于曹娥庙中。明朝孝女诸娥滚钉板为父兄申冤，也被画像配祀曹娥庙。曹娥、朱娥、诸娥三孝女联袂接受人们的祭祀，在付出了痛苦的生命代价的同时，又成为了历史上的佳话。

除了以上几种旌表外，尚有朝廷下诏旌恤褒奖、免租税和徭役、授官赠封、载入史册、赐实物等多种形式，在此不一一详述了。

3. 朝廷旌表的陈氏义门

"义门"是中国古代家族文化的奇葩，受朝廷旌表的最著名义门主要有唐朝郓州寿张（今属山东阳谷、河南范县）张公艺之家、北宋江州德安（今属江西）陈义门、南宋至明朝的婺州浦江（今属浙江金华）郑义门等。现以陈氏义门为例做一介绍。

《宋史·孝义传》载：北宋江州德安（今属江西）陈义门从唐朝的陈伯宣开始。陈伯宣游庐山，因居住德安。陈伯宣的儿子陈崇为江州长史，增置田园，"为家法戒子孙，择群从掌其事，建书堂教诲之"，树立了陈氏家族家法、家长、家教的基本规模。唐僖宗时下诏，旌表其门。到五代十国的南唐时，又被朝廷立为"义门"，免除徭役。陈崇的儿子陈衮，任江州司户。陈衮的儿子陈昉，任奉礼郎。

陈昉子孙满堂，"十三世同居，长幼七百余口，不畜仆妾，上下姻睦，人无间言。每食，必群坐广堂，未成人者别为一席。有犬百余，亦置一槽共食，一犬不至，群犬亦皆不食"。陈义门的孝悌竟然感染到禽兽，后人把这个典故叫"一犬不至（未归），群犬不食"。

陈昉秉承祖上的家教传统，不仅教导家族子弟，还施教于社会，"建书楼于别墅，延四方之士，肄业者多依焉"。在陈义门的感化下，"乡里率化，争讼稀少"。

陈昉的弟弟之子叫陈鸿，陈鸿的弟弟叫陈兢。陈兢当家长时，是陈氏义门的兴盛时期。北宋开宝（968～976）初，宋太祖下诏免除陈家徭役。太平兴国七年（982），宋太宗又免除陈家的一切杂税。淳化元年（990），江州知州康戬上言朝廷，说陈兢家粮食不足，宋太宗诏江州每年贷给粟米二千石。

陈兢死后，堂弟陈旭主持家政，每年接受一半官府借贷的粟米，说是节省着吃，可以接济到秋收。当时谷价腾跃，政府借贷的粟米价格很低，有人劝陈旭接受全部借贷，然后高价出卖。陈旭说："朝廷以我家千口之众乏食不给，贷给公粮，岂可见利忘义，欺君罔上？"至道（995～997）初，宋太宗派遣内侍裴愈赐给陈氏御书，回朝后，盛赞陈家"孝友俭让，近于淳古"，并奏明了陈旭辞掉一半借贷，拒绝卖高价粮的事，宋太宗为之叹息。

宋真宗大中祥符四年（1011），以陈旭为江州助教。陈旭死，弟弟陈蕴主家事，又为江州助教。陈蕴死，弟弟陈泰、陈度相继为家长。陈度任太子中舍，陈度的两个侄子陈延赏、陈可，并举进士。

德安陈氏是从唐末到北宋经久不衰的孝义之门。北宋参知政事张洎称赞陈氏说："陈旭宗族千余口，世守家法，孝谨不衰，闺门之内，肃于公府。"

（五）闲梳白发对残阳——养老制度中的孝

国家的养老制度，早在儒家思想产生以前就开始了。据《礼记·王制》载，帝舜有虞氏用"燕礼"养老于"庠"，"深衣而养老"；夏后氏用"飨礼"养老于"序"，"燕衣而养老"；商朝用"食礼"养老于"学"，"缟衣而养老"；周朝兼用虞、夏、商三代的养老之礼，春夏用有虞氏的燕礼和夏朝的飨礼，秋冬用商朝的食礼。燕、飨、食，都是用酒食奉养的意思。深衣是白布长身衣，燕衣是黑色长衣，缟衣是生绢做的长衣，都是供给老人衣服的意思。

庠、序、学，都是学校。为什么要把老人养在学校呢？古代"行养老之礼必于学，以其为讲明孝悌礼仪之所也"。学校是学习孝悌之礼的场所，让学生耳闻目睹，亲身领会孝悌的真谛。所以，《礼记·王制》规定，凡养老，"五十养于乡（乡学），六十养于国（国中小学），七十养于学（大学）"。

儒家思想产生后，不断对统治者施加影响，汉武帝独尊儒术，儒家敬老尊长的社会理想，渗透到国家制度中，从而形成了历代王朝的养老制度。

1. 父事三老，兄事五更

《白虎通·乡射》称："王者父事三老，兄事五更者何欲？陈孝悌之德，以示天下也。"可见，敬侍三老五更是朝廷以孝悌教化百姓的手段，以孝治天下的具体措施。

三老五更有两种，一种是古代掌管教化的乡官。如西汉有乡三老，县三老。另一种是朝廷设立的三老五更，是年老而富有阅历的致仕者（退休官员），"王者父事三老，兄事五更"是指他们。

其实，朝廷设立三老五更只是做做样子，汉朝能当上三老五更的几乎是微乎其微，也可以说是凤毛麟角，史书中很少有记载。如东汉明帝的老师桓荣曾为五更，明帝亲执弟子之礼。东汉安帝时，左中郎将李充年80岁，为国三老，赐以几杖。东汉灵帝时，袁逢为三老，赐以玉杖。唐朝，皇帝亲养三老五更于太学，从致仕退休的三师、三公中选德行、年龄高者一人为三老，位居第二的为五更。普天之下只有一个三老，一个五更，可以说不尊而尊，不贵而贵。这样，皇帝以父兄事之，就容易多了。

《礼记·王制》中，孔颖达疏引南朝梁经学家皇侃解释三代的养老对象说："人君养老有四种：一是养三老五更；二是子孙为国难而死，王养死者父祖；三是养致仕之老；四是引户校年（核对户籍年龄），养庶人之老。"

这四种人中，三老五更和退休致仕的官员有爵位、有德行，称国老；为国难而死的父祖以及庶民中的年老者称庶老。

唐朝五品官以上致仕者为国老，六品以下致仕者为庶老。庶老的座位在国老之后。

从汉武帝开始，又增加了鳏、寡、孤、独等社会上的弱势群体。大概这就是儒家说的"老有所终"，"鳏寡孤独废疾者皆有所养"了。

2. 保全天子圣，几杖送余生

孟子提出了"为长者折枝"，这种简易而充满真情的行为恰恰是天子做不到的，天子只能以居高临下的、尊贵的"赐几杖"来表示敬老养老。

"几"的用途和现在的茶几不同，它与席配套使用。古人坐席必有几，衰老者居则凭几，行则携杖。如果说杖是行走的拐杖，那么几就是跪坐用的拐杖。跪坐时，把几放在左边作为凭依，或者放置物品。古人宽衣博带，凭依在几上后，就看不出来了。所以古代常称"隐几而坐"、"抚几而叹"。

古代的几，主要是用来礼敬老人。肆筵、设席、授几，是一整套礼仪。《礼记·曲礼上》讲："谋于长者，必操几杖以从之。"西晋张华在《倚几铭》中阐述几的用途说："倚几之设，设而不倚。作器于此，成礼于彼。"

《左传·襄公十年》载，晋国荀偃等人请求班师，"智伯怒，投以几"。从智伯能扔几打人来看，几应该类似今天的长方形小板凳。

先秦时期就有赐几杖制度。按照《礼记·王制》的规定，"五十杖于家，六十杖于乡，七十杖于国，八十杖于朝，九十者，天子欲有问焉，则就其室"。也就是说，50岁、60岁只能在家里或乡里用拐杖，70岁才能在国君面前用杖，80岁可在天子朝堂上用杖。到90岁，天子得亲自到家里来咨询问题。

《礼记·曲礼上》载："大夫七十而致事，若不得谢（卸任），则必赐之几杖。"大夫到70岁可以告老退休，称作"致仕"，如果不允许，就得赐几杖。《礼记·月令》也记载有仲秋之月"养衰老，授几杖"制度。

据《后汉书·礼仪志》载，汉代百姓到70岁，授给普通的玉杖，80岁受给"加赐玉杖"。这种玉杖也叫鸠杖，长九尺，顶端装饰有一只鸠鸟。鸠鸟为不噎之鸟，有祝老人不噎食之意。《风俗通义·佚文·阴教》载：汉高祖刘邦被项羽的军队追赶，藏到草丛中，有鸠鸟落在上面鸣叫，追者以为必无人，才逃得性命。刘邦即位后，作鸠杖以赐老人。

西汉吴王刘濞称病不朝，汉文帝赐几杖以示优宠。西汉哀帝曾赐丞相孔光灵寿杖，据说这种灵寿杖出自今天越南北部的九真郡。

西汉末年，卓茂任密县县令，教化大行，路不拾遗。东汉建立后，汉光武帝封卓茂为太傅，赐几杖车马。孔光、卓茂被授予几杖，在历史上影响很大。魏文帝曹丕赐给太尉杨彪几杖时说："昔孔光、卓茂并以淑德高年受兹嘉赐，其赐公延年杖及凭几。"

《后汉书·礼仪志中》载，每年仲秋之月，由县道根据户口核定年龄在70岁以上者，"授之以王杖，餔之糜粥"。甘肃武威磨咀子和旱滩坡汉墓出土有王杖实物。其中磨咀子汉墓王杖完整，长194厘米。旱滩坡汉墓鸠杖已残，但鸠鸟完好，鸣作蹲伏状，张口含食，正合"老人不噎之意"。王杖是老人身份的象征，由于它在名义上是皇帝赐予的，因此殴打、辱骂持王杖的老人，要受到法律的严惩。如云阳（在今河南南阳）白水亭长张熬因殴打受王杖者，并让其修治道路，结果被"弃市"。汝南郡男子王安世因"击鸠杖主，折伤其杖"，也被弃市。武威新出土《王杖诏令册》记录，在汉宣帝到汉成帝时，因殴辱王杖老人的案例涉及亭长二人、乡啬夫二人、一般百姓三人，均被"弃市"。

汉魏以后，随着人们起居方式由席地跪坐逐渐演变为垂足而坐，慢慢失去了拐杖的作用，赐几杖也演变为赐杖。如北魏孝文帝太和十六年（492）曾赐老人鸠杖。唐玄宗开元二年（714），于含元殿宴请京师的老人，赐90岁以上的老人几杖，80岁以上的老人鸠杖，老年妇人与男子相同。

明清时期，赐几杖已不多见。

3. 赐衣帛、絮绵、谷米、酒肉、茶、药、钱币、棺材，免除赋役

《礼记·王制》讲："五十始衰，六十非肉不饱，七十非帛不煖，八十非人不煖，九十虽得人不煖矣！"这里讲的内容，对老人还蛮体贴的。因此历代王朝都有对老人赐衣物、食物的养老制度。其中，两汉时期是比较多的。

汉高祖二年（前205），从50岁以上的民众中选举德行善良的一人为乡三老，从乡三老中再推举一人为县三老，免除徭役，每年十月赐给酒肉。

汉文帝元年（前179），令各县赐80岁以上的老人米每月一石，肉20斤，酒五斗。90岁以上外加帛一匹，絮三斤。受刑者及罪犯除外。

汉武帝元狩元年（前122），赐县三老帛五匹，乡三老帛三匹，年90岁以上及鳏寡孤独帛二匹，絮三斤，80岁以上每人米三石。

两汉各皇帝大都有类似的举措，仅史书记载的就有21次。东汉章帝、和帝、桓帝还曾赐三老、90岁以上者不同数量的钱币。北周武帝保定三年（563），也曾赐高年钱帛。

朝廷赐衣物、食物的养老制度，历代王朝一般奉行不替，赏赐的物品又有药、炭、茶、棺材、羊等。北魏孝文帝太和二十一年（497），亲见高年，赐爵及谷、帛、衣、药。宋太宗淳化四年（993），赐孤老贫穷人千钱、米、炭。宋真宗大中祥符元年（1008），赐父老时服、茶帛。明英宗天顺八年（1464）诏，百岁以上，给与棺具。辽圣宗统和十二年（994），霸州（在今河北）有个133岁高龄的李在宥，诏赐束帛、锦袍、银带，月给羊、酒，免除全家的赋税徭役。

汉武帝建元元年（前140）规定，90岁以上老人，免除子孙赋役，让他们竭力奉养父祖，一展孝心。这样，子孙们都得好好奉养老人，一

旦老人能活到 90 岁，就雯免除赋役。后唐、后晋 80 岁以上，免一丁差役。明太祖朱元璋洪武元年（1368）规定，年七十以上者，许一丁侍养，免杂泛差役。

4. 天恩国庆千叟宴

有的皇帝觉得赐给老人酒肉还不够排场，不能造成朝廷养老的强大声势，干脆直接设宴款待老人。

皇帝设宴招待父老，应首创于汉高祖刘邦。高祖十二年（前 195），征英布班师路过沛郡（治今江苏沛县），在沛宫与故人、父老、子弟纵酒高会。参加者虽是当地父老，但主要是刘邦怀念故乡和故人，敬老养老的色彩不太明显。

隋文帝开皇七年（587）幸蒲州（治今山西永济西南），宴请蒲州父老，则明显属于敬老养老了。隋炀帝大业五年（609），于武德殿设宴，到场的老人有 400 人。第二年又在江都宫宴请江淮以南的父老。唐高祖李渊也曾在稷州（治今陕西武功）召父老置酒高会，并赐老人帛。

以宴会的形式敬老养老，清朝较为典型。清朝康熙、乾隆、嘉庆时至少举行过四次，被传为盛世敬老养老的佳话。康熙五十二年（1713）在阳春园举行千人大宴，康熙帝即席赋《千叟宴》诗一首，因此将宴会称作"千叟宴"。乾隆五十年（1785），又在乾清宫举行了千叟宴，被邀请的老人约有三千名，有皇亲国戚、前朝老臣，也有民间奉诏进京的老人。当时推为上座的是一立 141 岁的长寿老人。乾隆皇帝和纪晓岚还为这位老人作了一副对子："花甲重开，外加三七岁月；古稀双庆，内多一个春秋。"上联的意思是，两个甲子年 120 岁再加三七 21 岁，正好 141 岁。下联是古稀双庆，两个 70，再加 1 岁，正好 141 岁。

5. 悦生者之意，慰死者之灵——赐官爵

古代为了尊敬、安慰老人，让老人享受一种心理上的虚荣，还授予老人一些名誉职衔，称作"板职"。古代的诏书称"诏板"，"板"即诏书的意思。当时授官，在诏板上书写姓名，如后世的委任状。北魏宣武帝时，大臣辛雄请求朝廷给年高老人授予"板职"，声称是为了"悦生者之意，慰死者之灵"。

为年高老人赐官爵制度始于北魏孝文帝。文帝太和十七年（493）南伐，赐 70 岁以上者爵一级。当年九月，巡幸洛、怀、并、肆四州，又规定，所过四州之民，百年以上者赐给县令的称号，90 岁以上者赐爵三级，80 岁以上者爵二级。到北魏孝明帝又规定，京师附近百岁以上的老人给"大郡板"，即赐给相当于大郡太守的诏板；90 岁以上者给小郡板，80 岁以上者给大县板，即赐给相当于大县县令的诏板；70 岁以上者给小县板。其他州郡百姓百岁以上者赐给小郡板，90 岁以上者赐上县板，80 岁以上者赐中县板。到北周朝，仍然继承了这种养老制度。周武帝保定三年（563），"赐高年板职各有差"。

以后历代王朝，亦有断断续续的赐官爵举措。如宋真宗大中祥符三年（1010）规定，父老年 90 岁以上者授摄官，80 岁以上者赐爵一级。明太祖洪武十九年（1386）规定，富民 90 岁以上赐爵里士，80 岁以上赐爵社士，都有相应的冠带。

清朝顺治元年（1644）规定，70 岁以上的老人，如有德高望重者赐给顶戴，以示光荣。陕西省彬县永乐村有一清代张四敏的墓碑，上面有墓主参加过"千叟宴"，并获赠"八品顶戴"和"黄补褂"的记录。

6. 百岁坊和人瑞坊

明清时期，又出现为年高老人树立牌坊的制度。明孝宗弘治（1488～1505）年间，太仓州人毛弼百岁时，孙子毛澄状元及第，官府为他建立了"人瑞状元坊"。万历（1573～1620）年间，程番（今贵州惠水）知府林春泽百岁时，官府为他在家乡福建建百岁坊。林春泽因而作《谢诸公建百岁坊》诗：

> 翠旗谷口万松风，喘息犹存一老翁。
> 讵意皋夔黄阁上，犹怜园绮白云中。
> 擎天华表三山壮，醉日桑榆百岁红。
> 愿借末光垂晚照，康衢朝暮颂华封。

清朝时，实行给百岁老人赐匾额制度。据《大清会典事例》卷四百五《礼部·风教》载，清代凡百岁、五世同堂、亲见七代、夫妇同登耆寿、兄弟同登百岁等，朝廷均以赐匾、赐银建坊的形式给以旌表，称作"建坊悬额"。如，康熙九年（1670）规定，命妇孀居寿至百岁者，题明给予"贞寿之门"匾额，建坊银30两。康熙四十二年（1703）又规定，平民男子年登百岁者，照例给予建坊银，并给"升平人瑞"匾额。老妇寿至百岁，建坊悬额，与命妇同。

雍正四年（1726）规定，年届118岁之人，实为稀有，著于定例，赐银30两外，加增两倍，共赏银90两。嗣后，年至110岁，加一倍赏赐，至120岁者，加两倍赏赐。

当时，匾额和牌坊上题写的名目还有"熙朝人瑞"、"南弧垂彩"、"再阅古稀"、"五世同堂"，老妇一般是"贞寿之门"。清乾隆二十七年（1762），山东章丘寿民王欣然103岁，弟弟王瑞然100岁，兄弟同臻百龄，请建坊旌表。乾隆帝题准，王欣然、王瑞然各赏给御缎一匹，银10两，赐予"熙朝双瑞"匾额。

乾隆五十五年（1790）又下诏旌表"亲见七代"者。凡亲见七代者，一般赏赐"七叶衍祥"的匾额。

另外，有的王朝对年高老人还有法律上的种种照顾。如，西汉宣帝元康四年（前62）规定，80岁以上老人，非诬告伤人者，其他罪行一概不予追究。汉光武规定，男子80岁以上，只要不是诏书点名抓捕的，不得拘捕监禁。北魏孝文帝太和十八年（494）下诏，其犯人70岁、80岁以上者释放回家。

古代朝廷的养老制度虽然不是子女对父母行孝，但作为朝廷的一种制度导向，在很大程度上控制和影响着社会上的敬老尊长风气，更影响着普通民众的孝养风俗。

三　中华民族的大忠大孝

（一）人生亦有祖，谁非黄炎孙——对炎黄子孙的认同和归属

远古时期，以黄河流域为中心的广大地区，散居着众多的氏族部落。关中、河东一带，有姬姓的黄帝部落和姜姓的炎帝部落。他们是世代通

婚的部落联盟，称为华夏或诸夏。《国语·晋语四》载："昔少典娶于有蟜氏，生黄帝、炎帝。黄帝以姬水（今陕西关中漆水河）成，炎帝以姜水（今陕西宝鸡清姜河）成。成而异德，故黄帝为姬，炎帝为姜。"炎黄部落向东发展到中原地区，并与蚩尤战于"涿鹿之野"，天下方国部落都归顺了黄帝。后来，黄帝部落在阪泉之战中打败了炎帝部落，两个部落渐渐融合成华夏族，炎黄二帝遂被尊为华夏族始祖。

1. "炎黄子孙"一词的由来

"炎黄子孙"或称"黄帝子孙"，最早出自《国语·周语下》。该书说，鲧、禹与夏人之后、四岳之后、共工之后，与各姜姓国，"皆黄、炎之后也"。

把黄帝华夏始祖的地位确立下来的人是司马迁。在他的《史记》中，尧、舜、禹、汤、文、武都是黄帝子孙，秦、晋、卫、宋、陈、郑、韩、赵、魏、楚、吴、越等诸侯国也都是黄帝之后。甚至蛮夷、匈奴也是黄帝苗裔。如被视为蛮夷的吴国是西周先祖古公亶父的儿子泰伯、虞仲建立的。楚国、秦国是黄帝之孙颛顼之苗裔，越国是大禹之苗裔，匈奴族是夏后氏之苗裔。《史记·三代世表》称："舜、禹、契、后稷皆黄帝子孙也。"东汉王充在《论衡·案书篇》讲："《世表》言五帝、三王皆黄帝子孙。"

自战国秦灵公开始，合祀炎黄。《史记·封禅书》载："秦灵公作吴阳上畤，祭黄帝；作下畤，祭炎帝。"公元前110年，汉武帝率军北巡，归途中祭"黄帝冢桥山"。可见，黄帝华夏始祖的地位，到汉代已经奠定了。

后来的少数民族也自认为是炎黄子孙。如辽朝大臣耶律俨《皇朝实录》称契丹为黄帝之后，《辽史·太祖纪赞》和《世表序》则自认为是"炎帝之后"。近年在云南发现的契丹遗裔，保存有一部修于明朝的《施甸长官司族谱》，卷首附一首七言诗，诗曰："辽之先祖始炎帝……"这些契丹人也自认为是炎黄的苗裔。

鸦片战争以来，"炎黄子孙"、"黄帝子孙"的概念随着中国民族主义的建构更加广泛地流传，成为以祖先崇拜为基本文化的中国人构建民族凝聚力的源泉。但这时的炎黄子孙仍各有所指。温和的资产阶级改良派认为"中国皆黄帝子孙"，激进的革命派则从驱除鞑虏出发，认为"炎黄之裔，厥惟汉族"。辛亥革命后，"五族共和"取代了"驱除鞑虏"，"炎黄子孙"亦由汉人的同义语转变为所有中国人。经过"五四"运动和抗日战争的洗礼，国人进一步形成了"中华民族之全体，均皆黄帝之子孙"的共识。这时的"炎黄子孙"，已融为一体。

2. 兄弟阋墙，外御其侮——"炎黄子孙"的感召力

《诗经·小雅·常棣》称："兄弟于阋墙，外御其务（侮）。"意思是哥儿弟兄在家里打架，却能一致抵御外来的欺侮。儒家的孝道培养了中国人对炎黄子孙、中华儿女的认同感和归属感，成为国家、民族凝聚力和爱国主义的精神源泉。每当中华民族危急时刻，"炎黄子孙"便显示出强大的感召力和民族凝聚力。

在列强瓜分，中华民族面临亡国灭种的危机下，长期蛰伏不显的"炎黄子孙"等称谓好像井喷一样涌现出来，频频见诸书刊报纸，成为广泛流行的口号。

"九一八"事变后，日寇向我华北节节进逼。1937年2月10日中共中央在给中国国民党的电报中称："我辈同为黄帝子孙，同为中华民族儿女，国难当前，惟有抛弃一切成见，亲密合作，共同奔赴中华民族最后解放之伟大前程。"1937年7月31日蒋介石在《告抗战全体将士书》中指出："我们大家都是许身革命的黄帝子孙，只有齐心努力杀贼，驱逐万恶的倭寇。"1937年4月5日清明节，国共两党同祭陕西黄帝陵，毛泽东亲撰祭黄帝陵文，蒋介石亲题"黄帝陵"三字，他们都以"炎黄子孙"自居。

抗日战争时期的"炎黄子孙"，已不仅仅指四万万血肉之躯，还是一种血缘凝聚成的旗帜和文化符号。它不断召唤中华儿女对祖国的依恋和关注。"四万万同胞"成为抗日战争最鲜明的口号，从1931年"九一八"事变，到"华北事变"、"一二九"运动、"七七"事变、"八一三"抗战，直到抗战胜利，每当民族危亡的紧要关头，一句"骨肉同胞们"、"兄弟姐妹们"，就能使人热血沸腾、同仇敌忾，这充分显示了孝意识和"炎黄子孙"的伟大力量。

（二）移孝作忠——丹心报国是男儿

孝和忠，齐家和治国，在古代是联系在一起的。孔子讲："夫孝，始于事亲，中于事君，终于立身。""君子之事亲孝，故忠可移于君。事兄悌，故顺可移于长；居家理，故治可移于官。"前文所述的扬名显亲、遗子孙以清白、替父充军、爱民如子的父母官、夺情和起复等，都属于移孝作忠的范畴。中国历史上忠孝两全，或者是在孝的激励下而显现的忠臣孝子不胜枚举。

1. 白发娘，望儿归，红妆守空闱——苏武牧羊

在 20 世纪初，学堂和儿童中，到处流传着《苏武牧羊歌》。一首民歌唱得滚瓜烂熟：

> 苏武留胡节不辱，雪地又冰天，忍苦十九年。
>
> 渴饮雪，饥吞毡，牧羊北海边。
>
> 心存汉社稷，旄落犹未还。
>
> 历尽难中难，心如铁石坚，
>
> 夜在塞上听笳声，入耳心恸酸。
>
> 苏武留胡节不辱，转眼北风吹，雁群汉关飞。
>
> 白发娘，望儿归，红妆守空闱。
>
> 三更同入梦，两地谁梦谁？
>
> 任海枯石烂，大节不稍亏。
>
> 终教匈奴心丧胆，共服汉德威。

这首民歌虽简单，但读起来总是有一种肃然起敬的庄严感。

苏武是中国古代不辱使命的楷模。汉武帝天汉元年（前 100），苏武奉命出使匈奴，被匈奴无理扣押。匈奴单于把他幽禁在一个大地窖里，断绝他的饮食。苏武和着雪块嚼毡毛。后来匈奴人又把他转移到荒无人烟的北海（今贝加尔湖）边放羊，说要等公羊产下小羊才能让他回归汉朝。在北海，苏武挂着汉朝使者的节杖放牧羊群。节杖也叫"汉节"，是用牦牛毛装饰成的，它象征着汉朝天子的使命和尊严。因此苏武节杖不

释手，久而久之，节杖上的饰毛全部脱落了。这期间，投降匈奴的李陵来见苏武，企图以为父进孝劝其归降，但苏武坚决地说："臣事君，犹子事父也，子为父死无所恨。愿勿复再言。"后来，汉匈关系缓和，到汉昭帝始元六年（前81），苏武才回到长安。在匈奴共被扣留19年，苏武去时风华正茂，归来已是须发尽白了。一首《苏武牧羊歌》是他用19年的年华和对忠臣孝子的执著追求而谱写的千古绝唱。

南宋词人洪皓与苏武有着几乎相同的遭遇。宋高宗建炎三年（1129）洪皓出使金国被扣留，流放到冷山（今黑龙江五常境内的大青顶子山）。金国数次胁迫他出任官职，都被他严词拒绝。在金国，洪皓屡次派人向被囚禁在五国城（在今黑龙江依兰）的徽、钦二帝及在临安（今浙江杭州）的宋高宗秘密传递消息，报告金王朝的虚实。直到绍兴十三年（1143）宋金议和后才回到南宋。他前后在金国渡过了15年，备尝艰辛，威武不屈，富贵不淫，被比作出使匈奴的苏武。在异国他乡，洪皓思念老母，愁肠百结，写了《出使怀母》，寄托自己对母亲的相思之情：

独活他乡已九秋，刚肠断续更谁留。

会知老母相思子，没药医治白尽头。

洪皓移孝作忠，肝胆可见。

2. 自古忠孝两难全——王陵母伏剑，赵苞母勉子

中国历史上经常称道的深明大义的母亲是西汉王陵的母亲。王陵原是沛县（今属江苏）豪杰，投靠汉王刘邦后成为著名将领。项羽劫持了王陵的母亲，企图招降王陵。王母对使者说："转告王陵，要尽力辅佐汉王，不要因为顾念老母而对汉王三心两意。"为了断绝王陵的挂念，成就儿子的功业，老人家深明大义，伏剑而死。

东汉辽西太守赵苞在家奉侍母亲是孝子，为官事君是忠臣。他有一个与王陵母同样刚烈的母亲。

赵苞任辽西太守第二年，派人到故乡迎接母亲和妻子。赶到了辽西郡治所不远的柳城境内（今属河北昌黎），遇到万余名鲜卑骑兵入塞寇略，将赵苞的母亲、妻子劫持为人质，之后挥师前来攻打辽西郡城。赵

苞率两万兵出城与鲜卑人对阵。鲜卑人把赵苞的亲人推到阵前，威胁母亲向儿子喊话劝降。赵苞见母亲被绑，心如刀绞，但古代将领，受命之日，便不问家事，于是他悲号地对母亲说："昔为母子，今为王臣，儿子不能顾私恩而毁忠节，唯当万死，以谢国家！"赵苞的母亲深明大义，远远地大声对儿子喊道："昔王陵母对汉使伏剑，以固其志，我儿努力，不要因我而玷污了忠义的名节！"随后，赵苞含泪下令进攻。鲜卑兵原以为赵苞会为了母亲而投降，根本就没做打仗的准备，汉军一进攻，顿时溃不成军，但气急败坏的鲜卑兵在败逃的路上杀害了赵苞的母亲和妻子。

打退敌军之后，悲痛欲绝的赵苞将亲人的尸身装殓起来，泣血祭奠。然后，申奏朝廷，护送母亲和妻子的棺柩归葬故里。汉灵帝虽然昏庸，也被赵苞母子的事迹深深感动了，他派使臣前来吊唁，并下圣旨封赵苞为鄃侯。丧事完毕，赵苞痛心地对乡亲们说："食禄而避难，非忠也；杀母以全义，非孝也。我还有何面目立于天下？"遂吐血不止而死。

"男儿要在能死国"。赵苞舍亲尽忠，舍命全孝，荡气回肠，是千古传诵的大忠大孝者。

3. 深明大义为忠孝的母亲

中国历史上，有许多教导儿子国而忘家，移孝作忠的母亲，除前文提到的责子受金的田稷子之母、退鲊责儿的陶侃母、教子勤忠的郑善果母、荐儿为将的柴克弘母、为儿刺字的岳母外，像卞壶母、许善心母、王义方母、桓彦范母、刘当可母、谢枋得母等，都是忠臣孝子之母。

东晋初年，苏峻作乱，卞壶都督大桁东诸军事，与苏峻苦战而死。两个儿子卞眕、卞盱见父亲战殁，也相随冲入敌阵而死。卞眕、卞盱的母亲裴氏抚摸着二子的尸体，哭着说："父为忠臣，汝为孝子，夫何恨乎？"

隋炀帝大业十四年（618），宇文化及发动"江都兵变"。隋朝的官员纷纷到朝堂归顺宇文化及，唯独通议大夫许善心不到，被宇文化及杀死。许善心的母亲范氏已92岁了，临丧不哭，抚摸着棺柩说："能死国难，我有儿矣！"绝食十余日而死。按说，残暴无道的隋炀帝不值得忠于他而死，许善心母子的死固然是愚忠，然而古代的人哪想得这么多？这是不能苛求的。

唐高宗时，奸相李义府私纵大理寺囚犯，迫使大理寺丞毕正义自缢死亡。由于李义府深受高宗宠幸，朝臣都噤若寒蝉。侍御史王义方决心为朝廷除奸，但想到这样做肯定会因此而得罪李义府，遂征求母亲的意见。王母慷慨陈词说："昔王母伏剑，成陵之谊，汝能尽忠，吾愿之，死不恨！"于是，王义方上书弹劾李义府，后被贬官为莱州司户。

武则天晚年，唐朝大臣张柬之等要发动政变，推翻武则天，拥立唐中宗。司刑少卿桓彦范征求母亲意见，桓母大义凛然，说："忠孝不两立，义先国家可也。"

南宋时，利州路提举常平司干办公事刘当可把母亲接到兴元（治今陕西汉中东）奉养。蒙古军攻破四川，提刑庞授召刘当可到署衙议事。刘当可拿着书信报告母亲王氏，王氏慨然勉励儿子说："汝食君禄，岂可辞难。"于是，刘当可奉母命走了。刘当可刚走，蒙古军就到了，兴元百姓遭到残酷屠杀。王氏义不受辱，大骂着投江而死。刘当可的妻子杜氏及婢仆五人，全部遇难。刘当可一家，儿子尽忠奔忙国事，母亲、妻子壮烈殉国，是典型的忠孝之家。

宋元之际，陆秀夫、张世杰、文天祥、谢枋得等忠臣烈士的慷慨志节与昏君奸臣的屈辱无耻，构成了一段既可歌可泣又痛心疾首的亡国历程。谢枋得母子就是其中的忠臣孝子的典范。

谢枋得，字君直，号叠山，江西信州弋阳人。伯父谢徽明在抗元中战死，父亲谢应琇因触犯贵官被冤枉而死。谢枋得自幼由母亲桂氏教养。宝祐四年（1256）与文天祥同科中进士。德祐元年（1275），任信州知州。元兵犯境，战败城陷，隐遁山林。南宋灭亡后，他坚决不出仕元朝。福建参政魏天祐把他强行送到大都（今北京），逼他做官，谢枋得坚贞不屈，绝食而死。

谢枋得是忠臣烈士，其母亲、妻子是忠臣烈女。谢枋得在外奔波，妻子李氏操持家务，养母抚子，无一怨语，别人提起，她说："义所当然也。"谢枋得率众抗元，失败后隐遁。元兵拘捕了谢母，逼问谢枋得的下落。谢母说："老妇今日当死，不应该教子读书知礼仪，识得三纲五常，是以有今日患难。若不知书不知礼仪，又不识三纲五常，那得许多事！老妇愿得早死。"表现得视死如归、从容不迫。元军无可奈何，只好把谢母释放。

说到谢枋得，不由想起明末变节降清的蓟辽总督洪承畴。有个清室诗人鄙视他晚节不保，敬佩文天祥（号文山）、谢枋得的气节，作《悼洪经略》诗说：

> 千古伤心是此间，感恩无奈得生还。
> 当年若是容君死，不比文山比叠山。

4. 忠孝观念下催生的"父子兵"

民间经常说的"打虎亲兄弟，上阵父子兵"，说起来很轻松，其实这是一种用真情、鲜血和胆气铸成的、出生入死的父慈子孝。

《南齐书·周盘龙传》载：南朝齐高帝时，北魏军进攻淮阳，右将军周盘龙的儿子周奉叔单马率两百余勇士冲入敌阵，魏军万余骑张开左右两翼把周奉叔紧紧围住。一骑兵回来报告说，周奉叔已没入敌阵。当时周盘龙正在吃饭，听说后立即扔掉筷子，驰马挺矟冲入敌阵。周盘龙久经沙场，威震敌胆，杀得北魏军望风披靡。这时，周奉叔早已杀出敌阵，周盘龙不见儿子，乃在阵中冲杀。周奉叔见父亲久战不出，再次跃马入阵。父子两骑在万军阵中横冲直撞，魏军大败。周盘龙父子由是名播北魏。

《宋史·张凝传》载：宋真宗时，契丹南侵，沧州无棣（今属山东）人、北作坊使张凝率军队设埋伏于瀛州（治今河北河间）西，契丹军一到，宋军出其不意，腹背奋击，张凝只身陷入敌阵，情势危急。张凝的儿子张昭远刚刚 16 岁，单骑疾呼，突入阵中，挟起父亲跃马而出，契丹军被他的勇力所震慑，皆披靡而不敢动。

周盘龙父子、张昭远父子，战场上生死相救，威震敌胆，听了让人扬眉吐气，他们是幸运的佼佼勇者，其他的父子兵就惨烈了。

宋徽宗时，济源人史抗为代州沿边安抚副使，金人包围了代州（治今山西代县），史抗夜呼两个儿子史稽古、史稽哲说："我估计明日城池必破，吾将与城池共存亡，你们不能顾念妻子而负吾，能听吾言，当令家属自裁，然后同赴大义。"二子哭泣说："愿听父命。"第二天，城池果然被攻破，父子三人突围力战，壮烈殉国。

中国历史上的杨业和杨延昭、岳飞和义子岳云等都是子随父从军征战的父子兵，也都有一段杀敌报国的佳话，他们用铁血铸成的父慈子孝，更是一种非凡的大忠大孝。

5. 出门忘家为国，临阵忘死为主

《汉书·贾谊传》曾讲："为人臣者，主耳忘身，国耳忘家，公耳忘私。"东汉马援也曾言："男儿要当死于边野，以马革裹尸还耳。"尤其是在抗击外敌的战场上，就应该"受命之日，不问家事"，放弃亲情，移孝作忠。

北宋名将呼延赞，鸷悍勇敢，行为怪异，曾言："愿死于敌。"不仅把自己全身都刺上"赤心杀贼"四个字，还让妻子、奴仆也都刺字。他给儿子们在耳朵后面刺上"出门忘家为国，临阵忘死为主"的话。严冬给幼儿洗冷水澡，希望他们耐寒而勇健。儿子有病，刲股做羹为儿子治病。从呼延赞这些怪异而不近情理的行为中我们看出，呼延赞在家是慈父，在国是忠臣。

"今日驱兵沧海涯，丈夫何处不为家。"明朝嘉靖三十三年（1554），抗倭名将、按察使金事任环正在前线与倭寇浴血奋战，接到儿子的来信，在给儿子的回信中说："我儿千言万语，只要我回衙。何风云气少，儿女情多耶。倭贼肆行，毒害百姓不得安宁，我领兵在外不能诛讨，啮毡裹革此其时也。幸而无事，与尔相安于太平，做个好人。一有意外之变，则臣死忠，妻死节，子死孝，大家成就一个是而已。"

任环的这封豪气干云的家信被称作是《军中寄子书》，这是一封不该被历史尘封的家书。其中"风云气少，儿女情多"，"臣死忠，妻死节，子死孝"，"啮毡裹革此其时也"，铸就了古代最具典型价值的"移孝作忠"。如果说李密的《陈情表》是孝的代表作，诸葛亮的《出师表》是忠的代表作，那么任环的《军中寄子书》就是大忠大孝的代表作。

（三）回瞻父母国，日出在东方——海外赤子的恋祖情结

"海外赤子"现在已经成为旅居海外的同胞的一个美称。"赤子"本指婴儿。《尚书·康诰》："若保赤子。"孔颖达疏曰："子生赤色，故言赤

子。"《孟子·离娄下》中有"大人者，不失其赤子之心者也"，是讲有德才的人能保持婴儿般纯朴之心。赤子被引申为子民百姓，最早见于《汉书·龚遂传》："故使陛下赤子，盗弄陛下之兵于潢池中耳。"唐太宗曾言："封域之内，皆朕赤子。"既然"封域之内，皆朕赤子"，那么侨居海外的中华儿女自然是"海外赤子"了。

前面讲到，儒家的孝道培养了中国人对炎黄子孙、中华儿女之称的认同感和归属感。从孝的角度讲，既然你是炎黄子孙，是"赤子"，就得对"父母之邦"、对"祖国"尽孝道。

从辛亥革命到抗日战争，是华侨爱国热潮迭起的时代，最突出的表现是慷慨解囊的无私捐献。

辛亥革命时期，孙中山先生讲，"同盟会之成，多赖华侨之力"，"非有华侨一部分，清室无由而覆，民国无由而建"，一句话："华侨为革命之母。"

抗日战争爆发后，海外一千多万华侨总动员，按地域成立"南洋华侨筹赈祖国难民总会"、"旅美华侨统一义捐救国总会"、"全欧华侨抗日救国联合会"三大集团，从财力、物力、人力、舆论上支援祖国抗战。

抗日战争期间，海外华侨还纷纷回国请战，直接投身国内抗战。他们参加救护工作，参加战时运输工作，参军杀敌。在回国参战参军的侨胞中，有不少人献出了宝贵的生命。东南亚各国华人子弟组成"南洋华侨机工回国服务团"，回国参加战时运输，其中有一千余人血洒疆场。"菲律宾华侨战场服务团"22人在前线抢救伤员，20人牺牲，仅有2人生还。在从军的华侨中为国捐躯者更多，李林就是其中的优秀代表。李林是爪哇归侨，回国后参加八路军，在战争中逐渐成长为一名智勇双全的指挥员，曾担任雁北抗日游击队第一支队政委，一二〇师雁北第68骑兵营教导员。每当临阵杀敌，他骁勇异常，屡建奇功。1940年4月，在晋绥边区与日军作战中，为掩护同志突围而壮烈牺牲，年仅24岁。像李林这样的爱国华侨数不胜数，他们和国内人民一样为实现祖国的独立、民族的解放，抛头颅、洒热血，在抗战史上写下了光辉的一页。

悠悠赤子情，拳拳报国心。无论祖国母亲处境多么艰难，海外华侨始终与祖国同呼吸、共命运，以财力、物力、人力各方面支援国内抗战，为取得抗战胜利作出了巨大的贡献，他们的不朽业绩，将永远彪炳史册。

旅居世界各地的同姓氏华人、华侨都组织了宗亲会，各宗亲会还组成了世界联合总会。如，1982年首届世界性的宗亲组织赖罗傅宗亲联谊会在菲律宾首都马尼拉召开。在各姓宗亲会中，竟然有弘农杨氏、江夏黄氏、太原王氏、颍川陈氏、陇西李氏、荥阳郑氏等历史上名门望族的后裔。这里既有对祖先的强烈认同，又有对故土家园的深切依恋。

对祖国文化历史的认同，是中国爱国主义的特征之一。菲律宾华人、华侨普遍信奉财神关公，与大陆不同的是，不仅家家供奉好几个财神关公，学校、宾馆、会社组织也供奉。红溪礼示市立人学校甚至在三层楼上修了个关帝庙，让这个赳赳武夫的关老爷置身于莘莘学子中深造，从而更加理解"忠义、勇武"的真谛，更加高瞻远瞩。

"海内存知己，天涯若比邻。"在海外华侨、华人举行的重大仪式中，往往是先奏所在国的国歌，再奏中华人民共和国国歌。华人、华侨在热爱他们现在繁衍生息的国家的同时，也依恋、热爱着他们的父母之邦。这种双重爱国情结越是浓厚，就越是希望两国永远友好，就越是世界和平稳定的因素！

（四）骨肉团圆定有期——祖国统一的血缘纽带

台湾自古就是中国领土不可分割的一部分，台湾文化自古以来就属于中华传统文化，先后移居台湾的所有同胞都是炎黄子孙。台湾与大陆不仅有着同气连枝的地缘关系，更有着血浓于水的血缘关系。自古以来，寻根问祖、至孝笃亲意识是系结两岸同胞的血缘纽带。

1. "闽台"千年是一家

闽、台千年以来是一家。西晋末永嘉之乱，中原"衣冠南渡，八姓入闽"，有林、黄、陈、郑、詹、邱、何、胡等姓，他们本是中原大族，入闽后先在闽北及晋安（今福州）定居，而后渐向闽中和闽南沿海以及台湾扩散。中原河洛文化风化闽台，使闽台文化如同中原。

唐高宗、武则天时，光州固始（今属河南）人、岭南行军总管陈政率唐军入闽，陈政阵亡，其子陈元光代领其众。后陈元光任首任闽南漳州刺史，为闽南的发展作出了突出的贡献。民众感其恩德，奉陈元光为"开漳圣王"。闽台和东南亚一带，陈圣王庙随处可见，仅台湾就有五六十座，至今虽逾千载而奉祀如初。

唐朝末年，光州固始（今属河南）人王审知任威武军节度使，尽有今福建之地。后梁开平三年（909），晋封闽王，被尊为"八闽人祖"。福建、台湾及东南亚一带都先后建有祭祀闽王的庙宇。每年农历正月十五、二月二，客家人聚集地都要举办集会或"金身巡游"活动，祭祀闽王王审知。

1662年，民族英雄郑成功打败荷兰殖民者，收复台湾，不仅郑氏及将士们的后人在台湾定居下来，而且还掀起了一次较大规模的移民热潮。台湾奉祀郑成功的庙有两百多座。较著名的如位于台南市中西区的延平郡王祠，是清代最早的官祀郑成功纪念祠，其前身是民间纪念郑成功所建的开山王庙，又名郑成功庙。台湾彰化南瑶宫之南的开台圣王庙，也是较为著名的郑成功庙宇。

福建谚语说："陈林半天下，黄郑排满街。"台湾也有与福建相似的谚语："陈林半天下，黄张排成山。"陈、林、黄三姓在两岸都占有很大比例，可见两省历史渊源深厚。

台湾从地域上和福建也同气连枝。从宋至清的900年间，福建在大部分时间里保持八府建制，故有"八闽"之称。1684年增设台湾府，管理台湾、澎湖，仍归福建省管辖。这样福建为九府建制，史称"九闽"。也就是说，"九闽"福建本身就包括台湾。

2. 孝子不顺情以危亲，忠臣不兆奸以陷君——郑成功收复台湾

明末抗清将领、民族英雄郑成功，本名森，字大木，福建泉州府南安人。后南明福州唐王隆武帝朱聿键赐国姓朱，改名成功，世称"国姓爷"。郑成功的父亲郑芝龙曾为海盗，后为南明水师将领。顺治三年（1646），唐王政权倾覆，郑芝龙降清。郑成功苦心劝告不听，遂至孔庙哭庙、焚儒服，对父亲说："若父亲一去不回，孩儿将来自当为父报仇。"郑芝龙降清后，郑成功率领父亲旧部继续进行抗清斗争。顺治十年（1653），清廷封郑芝龙同安侯，派使者带着朝廷的敕旨封郑成功为海澄公。郑芝龙知道儿子不会接受清廷的册封，写信给弟弟郑鸿逵，让他从

中劝降。郑成功果然拒绝了册封，并给父亲回信表明了自己的决心。第二年，清廷又封他为靖海将军，郑成功不仅拒绝册封，还把他驻军的中左所（今厦门）改为思明州，表示思念明朝，忠贞不贰。并遥尊广东肇庆南明桂王政权的永历帝朱由榔，被封为延平王。后来，郑芝龙被清廷夺爵下狱，令他"自狱中以书招成功，谓不降且族诛"，郑成功心如铁石，坚决不投降。

顺治十八年（1661），郑成功率领船队由金门出发，抵达台湾，在当地人民支持下，经过多次激战，到第二年十二月，终于收复了被荷兰殖民者占领38年之久的台湾。据《清史稿·郑成功传》载，郑成功收复台湾以后，"以陈永华为谋主，制法律，定职官，兴学校。台湾周千里，土地饶沃，招漳、泉、惠、潮四府民，辟草莱，兴屯聚，令诸将移家实之"。这些丰功伟绩，使他一直受到台湾人民的崇敬和缅怀。到康熙二十二年（1683），清廷派福建水师提督施琅督师攻克郑氏政权领有的澎湖，郑成功的孙子郑克塽遣使归降。清军进驻台湾，清廷设置台湾府，实行有效管辖。

光绪（1875～1908）初年，朝廷批准船政大臣沈葆桢的奏请，为郑成功在台湾立祠祭祀。

郑成功抗清，尤其是收复台湾，不仅在中华民族抗击殖民侵略史上写下了辉煌的一页，还为炎黄子孙树立了"扬名声，显父母"和大忠大孝的光辉典范。他多次拒绝父命，不为不孝。《孔子家语·曲礼子夏问》叫"孝子不顺情以危亲，忠臣不兆奸以陷君"。他是站在民族大义立场上的忠孝两全，恰恰是他对父亲的苦苦劝谏和多次违抗父命，恰恰是他抗清和收复台湾的辉煌业绩，弥补了父亲的过失，为郑氏宗族赢得了崇高的荣誉。否则，郑氏的名声早让郑芝龙给毁了。

（五）孝——中华民族凝聚力和爱国主义的精神源泉

列宁讲："爱国主义就是千百年来巩固起来的对自己祖国的一种最深厚的感情。"古代中国是个农业宗法社会，其爱国主义体现了对君主（国家）、炎黄先祖、父母之邦（领土）、民族历史文化的强烈认同和归属，中华民族的爱国主义有如下基本特征：

1. 附丽于固定的血缘

中华民族的爱国主义，是一种固定在同一民族上的"根"的意识。宗法血缘是联结、维系爱国主义的纽带，也是中华民族凝聚力和爱国主义的源泉。

公元前 284 年，燕将乐毅率军长驱直入齐国，连克七十余城，仅剩莒（今山东莒县）和即墨（今山东平度东南）两城，齐湣王被杀，国中无主，齐国危在旦夕。在亡国灭宗的危机面前，齐国民众自发地掀起了一场救国战争。莒城民众组织起来找到齐湣王的儿子法章，立为齐王，树起了一面复国的旗帜。即墨大夫战死，民众共推田单为将军，田单用火牛阵大破燕军，乘胜收复失地，使齐国转危为安。《史记·田单列传》载：即墨守将田单面对团团围困的燕军，使反间计说："我就害怕燕人挖我城外的祖坟，暴露先人的尸骨。"燕军果然上当，"尽掘垄墓，烧死人"。即墨将士从城上望见，"皆涕泣，俱欲出战，怒自十倍"。田单就是利用了齐人对祖先的血缘亲情来激发其爱国义愤，才创造了同仇敌忾、势不可挡的抗敌局势。

所以，传统的祖先崇拜意识和孝道培养了中国人对炎黄子孙、中华儿女之说的认同感和归属感，使宗法血缘关系成为中国人民最注重的价值选择。现在，称呼海外的华侨用炎黄子孙、海外赤子，国内用中华儿女、炎黄子孙，地方上用齐鲁儿女、父老乡亲。尤其是在民族危亡的紧要关头，一句"骨肉同胞们"！"兄弟姐妹们"！就能让人热血沸腾、同仇敌忾，召唤出无比强大的民族凝聚力。

2. 附丽于固定的地缘

故土家园、父母之邦的观念使中国的爱国主义不仅附丽于固定的血缘，而且附丽于固定的地缘：对父母之邦的依恋和对故土的热爱。这是最具有原始性、人民性和普适性的爱祖国。父母丘墓、父母之邦是不可选择和取代的，又是神圣的、至上的，它成为邦国意识、爱国主义的精神寄托。

鲁定公十三年（前 497），孔子离开鲁国，开始了周游列国的漫长历程，说："迟迟吾行也，去父母国之道也。"他迟迟而行，是因为"夫鲁，坟墓所处，父母之国"，舍不得离开生他养他的父母之邦。

春秋战国时期，各国民众的邦国意识是非常浓厚的。鲁庄公十年（前 684）齐国背盟进攻鲁国，曹刿，一介布衣参与指挥了长勺之战，并以卓越的军事指挥才能挽救了鲁国的危亡。

春秋时期，吴王阖闾在伍子胥、孙武的策划下大举进攻楚国，申包胥为挽救父母之邦的倾覆而赴秦乞师救楚，依庭墙而哭七日七夜，秦哀公感动而出师救楚。楚匡复国后，申包胥逃走不受赏赐。

战国魏国须贾诬告范雎背叛魏国，范雎说："楚国申包胥借秦军击退吴军，楚王给他五千户封邑，申包胥推辞不受，因为父母的丘墓在楚国。如今我的先人丘墓也在魏国，我怎么会背叛魏国呢？"

中国人安土重迁，老了要落叶归根，有强烈的恋土意识。中国的黄河、母亲河、黄土地是那么深入人心。有一首歌叫《我家住在黄土高坡》，歌词是："我家住在黄土高坡，大风从坡上刮过，不管是西北风，还是东南风，都是我的歌我的歌。不管过去多少岁月，祖祖辈辈留下我，留下我一望无际唱着歌，还有身边这条黄河。"这首歌唱的就是中国人的恋土之情。

3. 附丽于固定的文化

附丽于固定的文化即对祖国文化历史的坚定信念。梁启超曾说，历史是国民之明镜也，爱国心之源泉也。周恩来曾说，历史对一个国家、一个民族，就像记忆对于个人一样，一个人丧失了记忆，就会成为白痴，一个民族如果忘记了历史，就会成为一个愚昧的民族。

顾炎武的"天下兴亡，匹夫有责"，表述了古人爱国主义的文化观。他在《日知录·正始》中说："有亡国，有亡天下，亡国与亡天下奚辨？曰：易姓改号谓之亡国，仁义充塞而至于率兽食人，人将相食，谓之亡天下……是故知保天下，然后知保其国，保国者其君其臣肉食者谋之，保天下者，匹夫之贱，与有责焉耳矣。"其实，"天下兴亡，匹夫有责"就是由此概括的。在这里，"亡国"是改朝换代，这是君主和当官们谋划的事。而"亡天下"，即仁义败坏，道德沦丧。所以保天下是百姓义不容辞的责任。章太炎在《革命之道德》中解释说："匹夫有责之说，今人以为常谈，不悟其所重者，乃在保持道德，而非政治经济之云云。"以道德凌驾在政治经济之上，认为保持道德比保持国家政权更重要，这是以道德伦理为本位的国家观。可见，古人心目中的天下乃是文化观。对祖国文化的自信和优越感，也是封建时代爱国精神的体现。

总之，有了孝亲意识，才会有对炎黄先祖、父母之邦、故土家园、父老乡亲深深的眷恋，对祖国历史文化的认同和归属，这是爱国主义深厚的感情基础。这种孝亲意识基础，决定了中国人的爱国主义感情专一，就像爱自己的母亲不会移情别恋爱别人的母亲一样，要想移情别恋爱上别的国家、别的民族，也很不容易。有了这一感情基础，就能以天下、国家、社会、民族为己任，立事立功、无私奉献；就能在外族入侵，民族危亡的关头奋起抵抗、拼搏沙场；就能为维护国家民族的尊严和个人的气节从容牺牲。就能体现"以爱国主义为核心"的伟大民族精神。

参考文献

1. 恩格斯：《家庭私有制和国家的起源》，载《马克思恩格斯选集》第 4 卷，人民出版社，1972 年。

2. （清）阮元校刻：《十三经注疏》，中华书局，1980 年。

3. 上海师范大学古籍整理组点校：《国语》，上海古籍出版社，1978 年。

4. 《战国策》，上海古籍出版社，1985 年。

5. 《诸子集成》，上海书店，1986 年影印版。

6. （西汉）司马迁：《史记》，中华书局，1959 年。

7. （西汉）韩婴：《韩诗外传》，中华书局，1980 年。

8. （西汉）刘向：《说苑》，中华书局，1987 年。

9. （东汉）班固：《汉书》，中华书局，1962 年。

10. （东汉）王充：《论衡》，载《诸子集成》，上海书店，1986 年影印版。

11. （东汉）许慎：《说文》，中华书局，1963 年。

12. （东汉）刘熙：《释名》，中华书局，1985 年。

13. （东汉）应劭：《风俗通》，中华书局，1961 年。

14. （三国魏）王肃：《孔子家语》，上海古籍出版社，1991 年。

15. （西晋）陈寿：《三国志》，中华书局，1959 年。

16. （西晋）皇甫谧：《高士传》，辽宁教育出版社，2000 年。

17. （东晋）葛洪：《抱朴子》，载《诸子集成》，上海书店，1986 年影印版。

18. （南朝宋）范晔：《后汉书》，中华书局，1965 年。

19. （南朝宋）刘义庆：《世说新语》，载《诸子集成》，上海书店，

1986 年影印版。

20.（南朝梁）沈约：《宋书》，中华书局，1974 年。

21.（南朝梁）吴均：《续齐谐记》，商务印书馆，1930 年。

22.（北齐）魏收：《魏书》，中华书局，1974 年。

23.（北齐）颜之推：《颜氏家训》，载《诸子集成》，上海书店，1986 年影印版。

24.（唐）房玄龄等：《晋书》，中华书局，1974 年。

25.（唐）魏徵等：《隋书》，中华书局，1973 年。

26.（唐）李延寿：《南史》，中华书局，1975 年。

27.（唐）李延寿：《北史》，中华书局，1974 年。

28.（唐）孙无忌等编撰，刘俊文点校：《唐律疏议》，中华书局，1983 年。

29.（唐）道世：《法苑珠林》，上海古籍出版社，1994 年影印版。

30.（唐）段成式撰，方南生点校：《酉阳杂俎》，中华书局，1981 年。

31.（唐）唐临：《冥报记》，人民文学出版社，1959 年。

32.（唐）李冗：《独异志》，中华书局，1983 年。

33.（唐）封演：《封氏闻见录》，中华书局，1958 年。

34.（后晋）刘昫等：《旧唐书》，中华书局，1975 年。

35.（宋）欧阳修等：《新唐书》，中华书局，1975 年。

36.（宋）司马光等：《资治通鉴》，中华书局，1959 年。

37.（宋）李昉等：《太平御览》，中华书局，1960 年影印版。

38.（宋）李昉等：《太平广记》，中华书局，1961 年。

39.（宋）魏泰：《东轩笔录》，中华书局，1997 年。

40.（宋）孙光宪：《北梦琐言》，中华书局，2002 年。

41.（宋）司马光：《涑水家仪》，四川大学出版社，2010 年。

42.（宋）朱熹：《朱子全书》，上海古籍出版社、安徽出版社，2003 年。

43.（宋）王明清：《玉照新志》，上海书店出版社，2001 年。

44.（宋）叶梦得：《石林燕语》，中华书局，1984 年。

45.（宋）陆游：《老学庵笔记》，中华书局，1979 年。

46.（宋）孟元老：《东京梦华录》，文化艺术出版社，1998 年。

47.（宋）周密：《齐东野语》，中华书局，1983 年。

48.（宋）周密：《癸辛杂识》，中华书局，1988 年。

49.（宋）洪迈：《容斋续笔》，上海古籍出版社，1978 年。

50.（元）仇远：《稗史》．载《仇远集》，浙江大学出版社，2012 年。

51.（明）陆深：《金台纪闻》，商务印书馆，1915 年。

52.（明）宋濂等：《元史》，中华书局，1976 年。

53.（清）顾炎武：《日知录》，上海古籍出版社，1984 年。

54.（清）康熙：《庭训格言》，中州古籍出版社，2010 年。

55.（清）张廷玉等：《明史》，中华书局，1974 年。

56.（清）陈梦雷、蒋廷锡等：《古今图书集成》，中华书局，1934 年影印版。

57.（清）张潮：《虞初新志》，河北人民出版社，2001 年。

58.（清）曹寅、彭定求等：《全唐诗》，中华书局，1960 年。

59.（清）董诰等编：《全唐文》，中华书局，1983 年影印版。

60.（清）严可均校辑：《全上古三代秦汉三国六朝文》，中华书局，1958 年。

61.（清）赵翼撰，王树民校证：《廿二史札记》，中华书局，1984 年。

62.（清）赵尔巽等：《清史稿》，中华书局，1977 年。

63. 胡朴安：《中华全国风俗志》，中州古籍出版社，1990 年。

64. 丁世良、赵放主编：《中国地方志民俗资料汇编》，书目文献出版社，1995 年。

后 记

　　承蒙中国国际广播出版社领导、编辑的支持，《以孝治国——孝与家国伦理》与读者见面了。本书是我和我的关门弟子杨治玉共同努力的结晶。由我拟定提纲，杨治玉撰写草稿，我负责统一调整、充实、修改。山东省聊城水城中学教师王新文对全书作了校对。

　　由于水平和时间所限，本书难免有失漏、不当，甚至错误之处，敬请专家、读者赐正。

　　本书编写过程中，得到山东师范大学曹立前教授的大力支持，在此一并表示感谢！

秦永洲

2013 年 10 月